有色金属采选冶炼行业地下水数值模拟技术与实践

楚敬龙　郑洁琼　陈　斌　陈玉福　范书凯　等　著

U0251826

中国环境出版集团·北京

图书在版编目（CIP）数据

有色金属采选冶炼行业地下水数值模拟技术与实践/
楚敬龙等著. —北京：中国环境出版集团，2021.11
ISBN 978-7-5111-4820-9

Ⅰ. ①有… Ⅱ. ①楚… Ⅲ. ①有色金属冶金—冶金
工业—地下水污染—数值模拟—研究 Ⅳ. ①X523.2

中国版本图书馆 CIP 数据核字（2021）第 245267 号

出 版 人　武德凯
责任编辑　宋慧敏
责任校对　薄军霞
封面设计　岳　帅

出版发行　中国环境出版集团
　　　　　（100062　北京市东城区广渠门内大街 16 号）
　　　　　网　　　址：http://www.cesp.com.cn
　　　　　电子邮箱：bjgl@cesp.com.cn
　　　　　联系电话：010-67112765（编辑管理部）
　　　　　发行热线：010-67125803，010-67113405（传真）
印　　刷　北京中科印刷有限公司
经　　销　各地新华书店
版　　次　2021 年 11 月第 1 版
印　　次　2021 年 11 月第 1 次印刷
开　　本　787×1092　1/16
印　　张　21.25
字　　数　440 千字
定　　价　96.00 元

《有色金属采选冶炼行业地下水数值模拟技术与实践》

编著委员会

主　编：楚敬龙

副主编：郑洁琼　陈　斌　陈玉福　范书凯

编　委：（按姓氏拼音排序）

陈　谦　胡立堂　郇　环　林星杰　刘　芳

刘楠楠　马东卓　马倩玲　苗　雨　谭海伟

王金生　杨晓松　翟远征　张　弛　周连碧

前　言

我国是世界上重要的矿产资源大国,有色金属矿采选、冶炼行业(以下简称"有色金属行业")在国民经济中具有举足轻重的地位。随着我国经济的高速增长,各方面对有色金属的需求量逐步提高,促使有色金属行业迅猛发展。然而,早年的粗放式生产活动在助力经济发展的同时,也影响了生态环境,导致生态环境被过度占用、破坏和污染,包括有色金属采选业产生的历史遗留采空区、露天矿坑、废弃地、尾矿库等对生态环境的占用和破坏,以及有色金属冶炼业产生的高浓度废水、废气、固体废物等对生态环境的污染。

有色金属行业对地表生态环境的影响直接或间接造成了周围地下水环境的污染,尤其是重金属污染。据统计,全国废水中铅、砷、镉、汞等重金属产生量的约70%来源于有色金属行业。有色金属采选活动中,尾矿库及废石场产生的渗滤液、含硫和铁高的矿山的开采产生的酸性废水等可能通过下渗,对地下水产生潜在的污染风险,从而使地下水中的重金属超标;同时,矿井涌水的抽排也可能使地下水含水层遭到破坏,产生地下水资源枯竭等负面影响。有色金属冶炼活动中,高浓度含重金属的废水外排或渗漏、固体废物堆场产生的渗滤液渗漏等都可能对当地地下水产生较严重的污染。为了遏制地下水污染,国家颁布了《全国地下水污染防治规划(2011—2020 年)》、《地下水污染防治实施方案》以及多个地下水环境调查、预测评估的指南文件,旨在开展地下水保护与治理,推动全国地下水环境质量持续改善。

鉴于有色金属行业对地下水的污染风险,在对历史遗留污染问题的解决和新建项目的污染预防方面,地下水污染预测评价是必然选择,且地下水数值模拟技术是地下水污染预测评价的有效手段。数值模拟即是在建立研究区水文地质概念模型和数学模型的基础上,运用相应的软件,通过运行程序,模拟地下水及其中溶质的迁移特征和发展趋势。在数值模拟计算过程中,不能过分追求模拟结果的可视化效果,应从对基础资料的充分分析和模型的正确建立过程上下功夫。其中,对研究区进行充分调查分析并掌握水文地质特征、建立正确的数学模型以刻画实际系统内发生的物理过程的数量关系和空间形式、对应用软件建立的数值模型进行识别和检验，是数值模拟成功的关键。

环境保护部发布的《环境影响评价技术导则　地下水环境》第一次在规范层面上针对有地下水污染风险的建设项目提出了地下水环境影响评价要求，时至今日仍然在预防地下水污染方面发挥着重要作用；其中，要求对评价级别为一级的建设项目应用数值法进行影响预测和评价。而采用地下水数值模拟技术进行地下水预测和评价对很多环保从业人员（包括一些科研单位人员）而言都是一个难点。本书从有色金属行业的角度，对地下水数值模拟技术从理论和实践两方面进行系统的介绍，希望使相关行业从业人员能够系统地理解地下水数值模拟技术，并在实践中应用。

本书分为两个部分，上篇为理论篇，主要介绍有色金属行业地下水污染现状、有色金属行业地下水污染源、地下水数值模拟研究现状、地下水流动及溶质迁移的数学模型及计算机模拟计算的数值方法、地下水数值模拟思路及具体步骤，同时对当下比较常用的地下水数值模拟软件进行了介绍。下篇为实践篇，从不同水文地质特征、不同开采矿种、不同矿种的冶炼、不同地下水污染形式以及不同的数值模拟方法和地下水流态（稳定流和非稳定流）等多个维度，选取了5个典型案例进行重点分析。

本书具体分工如下：第1章由楚敬龙、陈玉福、陈谦、范书凯、陈斌、王金生完成；第2章由郑洁琼、郇环、胡立堂、陈玉福完成；第3章由陈斌、刘芳、刘楠楠、范书凯完成；第4章由楚敬龙、林星杰、马东卓、陈斌完成；第5章由陈斌、马倩玲、苗雨、陈玉福完成；第6章由郑洁琼、张弛、谭海伟、楚敬龙完成；第7章由楚敬龙、杨晓松、周连碧、陈玉福完成；第8章由郑洁琼、翟远征、范书凯完成。全书最后由楚敬龙统稿并定稿。

在本书编写过程中，得到了很多老师、同事、朋友的帮助，在此表示感谢。书中所引用的文献资料统一列在每一章后面的参考文献中，对部分做了取舍、补充和变动，而对于没有说明的，敬请作者或原资料引用者谅解，在此表示衷心的感谢。

限于著者的水平及时间有限，书中不足和疏漏之处在所难免，敬请读者批评指正。

著 者

2021 年 10 月于北京

目　录

上篇　理论篇

下篇 实践篇

上 篇

理论篇

第1章

有色金属行业地下水污染源

1.1 有色金属行业地下水污染现状

1.1.1 全国地下水环境质量状况

根据 2011—2016 年中国环境状况公报和 2017 年中国生态环境状况公报，通过对全国地下水水质监测点开展水质监测（见图 1-1），水质为优良级的监测点占 8.8%～11.8%、水质为良好级的监测点占 23.1%～29.3%、水质为较好级的监测点占 1.5%～4.7%、水质为较差级的监测点占 40.3%～51.8%、水质为极差级的监测点占 14.7%～18.8%。指标为总硬度、锰、铁、溶解性总固体、"三氮"（亚硝酸盐氮、氨氮和硝酸盐氮）、硫酸盐、氟化物、氯化物等，有的监测点存在砷、六价铬、铅、汞、镉等重金属超标现象。

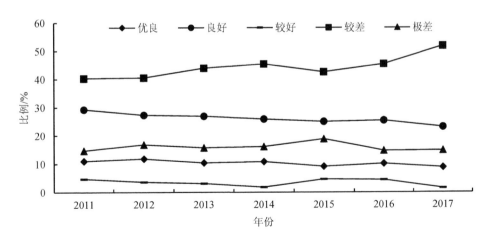

注：地下水水质评价依据《地下水质量标准》（GB/T 14848—93）。

图 1-1　2011—2017 年全国地下水水质类别比例状况

由图 1-1 可以看出，虽然我国地下水环境质量总体保持稳定，但水质为较差级和极差级的监测点共占 55%～70.6%。根据《2020 中国生态环境状况公报》，自然资源部门 10 171 个地下水水质监测点中，按照《地下水质量标准》（GB/T 14848—2017）评价，Ⅰ～Ⅲ类水质监测点占 13.6%，Ⅳ类占 68.8%，Ⅴ类占 17.6%；水利部门 10 242 个地下水水质监测点（以浅层地下水为主）中，Ⅰ～Ⅲ类水质监测点占 22.7%，Ⅳ类占 33.7%，Ⅴ类占 43.6%。可见地下水污染现状不容乐观，可以说目前人类的生产活动对地下水的污染已经达到了足应重视的程度，同时给人们的生命健康带来了巨大威胁，加快地下水污染防治已经刻不容缓[1]。

1.1.2 有色金属行业地下水重金属污染来源及研究现状

（1）重金属污染来源

有色金属是指除了黑色金属 Fe、Mn、Cr 之外的各种金属，可分为重金属（如 Cu、Zn、Pb）、轻金属（如 Al、Mg）、贵金属（如 Au、Ag、Pt）及稀有金属（如 W、Mo、Ge、Li、La、U），其中需要说明的是，砷（As）为类金属元素，但鉴于其毒性和重金属类似，因此在有色金属行业中常把砷（As）归为重金属。有色金属行业由有色金属矿物的勘探、采选、冶炼以及合金制造等行业组成，行业产品广泛应用于国民经济的各个领域[2,3]。然而，有色金属采选矿、冶炼加工过程中会产生各种含重金属的废水和固体废物，这些废水和固体废物中的重金属元素进入地下水中，给当地或者周围的生态系统造成严重的重金属污染，经水生态系统以及土壤-植物系统等进入人类的食物链，最终危害人类健康[4]。

有色金属行业污染地下水的主要重金属元素为 Hg、Cd、Pb、As、Cu、Zn、Cr^{6+}、Ni 等。含硫铁矿成分较多的矿山在开采过程中容易产生酸性废水，这种废水富集了可溶性的 Fe、Mn、Ca、Mg、Al 等以及重金属元素 Cu、Zn、Pb、As、Cd 等，通过地表径流污染地面水体或土壤，造成矿区甚至区域地表水、土壤以及地下水的重金属污染。此外，选矿过程中加入了大量的选矿药剂，如捕收剂、抑制剂，而这些药剂多为重金属的络合剂或整合剂，它们络合 Cu、Zn、Hg、Pb、Cd 等有害重金属，形成复合污染，改变重金属的迁移过程，加大重金属的迁移距离[5]。

有色金属冶炼对地下水环境的影响主要来自原料及固体废物堆存产生的淋滤废液渗漏和生产过程中产生的酸性废水、含重金属废水的排放或渗漏。有色金属冶炼行业的生产废水 pH 值低、重金属离子（Hg、Cd、Pb、As、Cr^{6+}等）浓度高、成分复杂、浓度不稳定、产生量大，富含重金属离子的酸性废水通过包气带渗入地下水的同时还会通过吸附、沉淀或者离子交换作用进入次生矿物相，对沉积物及周围地下水环境造成严重影响[6]。

（2）地下水重金属污染现状及评价

随着我国城市化进程的加快及工业的迅猛发展，矿产资源的开采、冶炼等生产过程中的地下水重金属污染问题日益凸显。国内外学者对重金属污染分布和特点进行了相关研究，认为地下水中的重金属污染主要来源于自然因素和人为活动[7-10]。地下水重金属污染与矿产资源的开采、冶炼密切相关，如在湖南、陕西、青海等矿石开采业较为发达的省份，部分地区地下水中重金属元素超标严重[11]。乔晓辉等[12]对华北平原地下水重金属污染分布特征进行了研究，发现研究区地下水 pH 值为 5.4～9.4，Fe 含量超标严重，平均值高于《生活饮用水卫生标准》（GB 5749—2006）的标准，Se、Cr^{6+}含量在部分地区出现超标，超标率分别为 3.54%和 1.77%。张兆吉等[13]的研究也表明，华北平原地区有 7.6%的地下水遭受重金属污染，Pb、As 等重金属污染呈点状分布，其中又以 Pb 污染最为严重，而浅层地下水、深层地下水 As 超标率分别达 12.97%、5.12%。张妍等[14]研究了黄河下游引黄灌区地下水重金属污染水平以及健康风险评价，调查了山东、河南两省 10 种重金属元素（Ba、Cd、Cr、Cu、Fe、Mn、Mo、Pb、Se 和 Zn）的含量，其中 Fe、Mn、Zn 和 Se 出现超标现象，并发现了饮水和皮肤暴露途径中，Cr^{6+}污染对人体健康风险均影响最大。文冬光等[15]对我国东部主要平原地区开展地下水质量与污染评价，发现重金属普遍检出，呈点污染特征，超标率为 0.2%～9.3%，其中 As、Cd、Pb 超标率分别为 9.3%、3.5%和 1.5%。

国外学者对地下水重金属污染也开展了相关研究工作，Graham 等[16]对有着悠久的金属采矿和冶金历史的罗马尼亚西北部两县地下水进行了调查，发现地下水中重金属浓度超过当地的环境质量标准，可能对人类健康产生潜在影响。Lei 等[17]对西澳大利亚硫化镍矿矿区地下水的研究表明，地下水中重金属（Co、Cu、Zn、Cd）和 Al、Mn 的平均含量比当地地下水背景值高 1～2 个数量级，可能是由于选矿过程产生的尾矿废水渗漏使深层地下水受到重金属污染。Singh 等[18]在对印度贾坎德邦东辛赫本矿区地下水的研究中发现，矿区地下水受到了 Cd、Pb 和 Cr 元素的污染，这些金属元素的来源为采矿活动和矿物加工时的人为输入。Okegye 等[19]对伊朗萨布泽瓦尔矿区附近农村的地下水进行了采样分析，发现地下水中 As 和 Cr 的浓度超过了世界卫生组织建议的饮用水标准，说明采矿活动对当地地下水造成了污染。

在重金属污染评价方面，有关学者通过对现有方法进行改善或者通过创新性研究，建立了不少新的方法。骆坚平等[20]用生物效应标记测试法弥补了水质化学分析方法的不足。莫时雄[21]在研究中提到，在地下水污染过程中，重力作用比较明显，会形成一个以泄漏体为核心的作用带。陈武等[22]应用多目标决策-理想点法的基本原理，建立了一个综合评价地下水质量的数学模型。许传坤等[23]主要阐述了地下水环境质量评价体系的理论和数学方法。汪珊等[24]按照单项参数评价和多项参数综合评价相结合的原则，评价了西北地区的地下水水质和污染情况。马振民等[25]提出地下水污染以地下水中宏量组分、NO_3^-、硬度、溶解性总固体（TDS）的迅速上升以及地下水遭受人为环境物质的污染为主要标志。滕应等[26]建立了一套针对稀土尾矿库重金属污染监测及调查评价的生物监测方法，采用发光菌的发光强度来表征地下水的重金属污染程度，并对稀土尾矿库进行了地下水环境风险评估。

1.1.3 地下水重金属污染危害

（1）地下水重金属污染对人体的危害

地下水受到重金属污染后，重金属通过食物链会直接或间接地进入人体，之后可以迅速进入人体的重要器官，影响相关酶的分解。更为严重的是，某些重金属可在微生物或外界环境的作用下变成毒性更强的化合物，增强人体肺脏等器官蛋白质的氧化性，对人体健康和生命安全造成威胁，并且一旦造成危害，危害将不可逆。相关的研究发现[27,28]，受到As、Cr污染的地下水进入人体后，使人急性或慢性中毒，还可诱发癌症；Cd污染会造成肾、骨骼病变，摄入硫酸镉20 mg就会造成死亡；地下水中Pb污染造成的中毒会使Pb在人体内积累，从而影响人体的神经系统、造血系统、消化系统以及生殖系统，危害人体健康，特别是对儿童的危害非常大。

（2）地下水重金属污染对植物的危害

受重金属污染的地下水补给土壤中的包气带水，而植物根系通过分解和吸收包气带水中的重金属，会将重金属毒素富集于体内，而后重金属与大分子活性点位结合，最终导致植物发生病变，并导致植物的光合作用和酶活性等受到抑制，严重时还会导致植物的繁殖受到影响。在地下水重金属污染相关研究中发现[29]，Cu会抑制植物叶绿素的合成，影响植物叶绿素含量，而且对水生植物的影响作用更加明显。

（3）地下水重金属污染对土壤微生物的危害

作为微生物的生存和生长环境，土壤可以为微生物提供碳、磷等营养元素，反过来微生物也可以通过分解有机质为土壤提供多种土壤酶和养分。一旦土壤-地下水系统受到重金属的污染，就会导致土壤酶和微生物的分解作用受到抑制，并且不同的土壤酶对重金属的敏感性不同，当土壤受到重金属污染，后期的治理工作将异常艰难[30]。

1.1.4 存在的问题

（1）地下水保护与治理的法律法规体系不完善

长期以来，我国水环境保护的重点是地表水，地下水环境的监管能力建设相对薄弱，相关工作明显滞后。在日常的监管中，部门各自为政的情况屡屡可见，难以构成一个有效的监管体系，因此有必要加强地下水环境监管能力建设。而目前与有色金属行业地下水保护与治理有关的内容散见于各种政策性文件，上升到法律、法规高度的还较少。应当在全面贯彻落实《中华人民共和国环境保护法》《中华人民共和国水法》《中华人民共和国水污染防治法》等法律法规的同时，使有色金属行业地下水保护与治理纳入法制化、制度化的轨道。2021年12月施行的《地下水管理条例》使地下水保护与治理进入了有法可依的新时代，在加强地下水管理、防治地下水超采和污染、保障地下水质量和可持续利用、推进生态文明建设等方面，将起到引领和规范的巨大作用，是地下水管理迈入新台阶的开始，未来仍需继续完善地下水保护与治理法律法规体系。

（2）有色金属行业地下水污染源点多面广，地下水污染监测预警体系亟待完善

全国有色金属矿山和冶炼企业数量巨大、分布范围广，造成地下水污染源点多面广。加之地下水污染具有隐蔽性、延时性、复杂性和不可逆性等特点，因此，有色金属行业面临的地下水污染风险和防控压力十分巨大。

然而长期以来，由于对地下水污染防治的重要性和紧迫性认识不足，部分企业地下水污染监测井布设不规范，没有制订地下水监测计划，因此难以查清地下水污染现状，不能准确地反映行业地下水污染问题。另外，地下水监测方法落后，未能实现多指标在线监测，很多企业仍采用人工检测的方式进行监测，现有的监测井布设数量、监测层位、监测指标和监测方法等均不能满足全国有色金属行业地下水环境监控与预警需求，亟待构建和完善地下水污染监测预警体系。

（3）地下水污染修复难度大，亟待开展技术集成创新

在传统地下水污染的治理修复中，地下水修复技术包括异位修复技术、原位修复技术和自然衰减监测技术等。有色金属行业污染场地水文地质条件及污染状况复杂，存在多种重金属、有机物的多组分复合污染问题，地下水修复难度大，单一修复技术存在修复效率低、污染易反弹等问题。随着地下水修复技术的发展，地下水污染修复开始向原位、绿色、高效的方向转变，因此亟须开发高效及适应性强的地下水污染强化修复与组合技术。

1.2　有色金属采选行业地下水污染源

1.2.1　金矿采选

1.2.1.1　金矿资源储量及分布概况

我国金矿资源分布广泛，资源储量丰富，全国共有 1 000 多个县的 7 000 多处金矿床已经探明金矿资源储量，其中岩金资源储量占探明储量的 63.2%[31]。

近年来，随着地质勘查投资增长，探明金矿资源量也在逐年增加。根据自然资源部发布的《中国矿产资源报告 2020》，截至 2019 年年底，金矿资源查明资源储量较 2018 年增长了 3.6%[32]，累计查明资源储量约 13 195.56 t，比 2010 年翻了一番[33]，居世界第二位。矿床规模以中小型为主，伴生金比重大，我国发现的超大型、大型金矿床有山东玲珑金矿、焦家金矿以及新城金矿等，近年来发现了几处大型金矿床，如甘肃阳山金矿、青海大场金矿等。其余矿床规模普遍以中小型为主。据不完全统计，在我国已勘查的 7 000 多处金矿床

中，具有一定规模的只有 1 000 多处。同时，我国金矿床主要由岩金、砂金及伴生金组成。与国外相比，伴生金储量占我国总储量比例很高，但我国成品金主要来源于岩金类矿床，伴生金产量仅占 12%左右[34]。我国的超大型、大型金矿床的矿石品位普遍较低，岩金类金矿床中，大中型矿床金品位为 6.56 g/t，小型矿床金品位为 8.04 g/t，平均为 7.19 g/t；砂金类矿床中，大中型矿床金品位为 0.33 g/t，小型矿床金品位为 0.499 g/t，平均为 0.39 g/t。小型金矿床中金品位反而较大中型金矿床高。但从平均值来看，我国金矿床中矿石品位为中等[35]。目前全球范围内已发现含金矿物 90 多种，我国有 20 多种，主要有自然金、银的金矿物、碲化金等；据不完全统计，我国难处理金矿资源储量占总储量的 1/3 左右[36]。

我国的金矿资源虽然分布较为广泛，但是大体可以分为几个金矿集区，相关学者已经做了大量的统计和研究工作，如王斌等将我国金矿资源划分为六大金矿集区[37]，主要包括：①胶东金矿集区：地处山东半岛，位于胶辽隆起之鲁东隆起区，以三山岛、焦家和招平三大断裂带为主要控矿构造，发现大中型以上金矿 70 多处，累计查明 2 000 m 以上深度的资源储量达 4 000 t，大于 1 000 t 资源储量的矿山有三山岛金矿、焦家金矿、玲珑金矿，深部资源潜力巨大。②小秦岭-熊耳山金矿集区：位于华北陆块豫西断裂南缘，主要包括熊耳山、小秦岭及崤山 3 个金矿田，是中国第二大黄金产地，大中型金矿床有 20 多个，查明资源储量 761.3 t，发现含金石英脉的断裂构造上千条但勘查不足一半，深部和断裂或裂隙构造部位找矿潜力巨大。③燕辽金矿集区：位于华北陆块北缘中段隆起带，主要集中在金厂沟梁—二道沟、排山楼、金厂峪—峪耳崖 3 个地区，发现岩金矿床近百处，查明资源储量约 200 t，深部找矿潜力大。④西秦岭金矿集区：处于陕甘川交界处，位于西秦岭—南秦岭华力西期—印支期褶皱带，包括阳山特大金矿、寨上特大金矿等，潜在资源量可达 2 200 t。⑤滇黔桂金矿集区：位于上扬子地块南缘，成型金矿 100 余处，发现一批 100 t 以上特大型金矿床（如水银洞金矿、烂泥沟金矿等），查明资源量在 600 t 以上，找矿前景较好。⑥冈底斯-拉萨金矿集区：位于班公湖-怒江缝合带和雅鲁藏布江缝合带之间，发现有驱龙、冲江等大型至超大型铜金矿床，探明资源储量 120 t，找矿潜力较大。王成辉等将中国金矿资源划分为 32 个矿集区[38]，其中以胶东、小秦岭、滇黔桂和燕辽 4 个矿集区最为重要；主要的 32 个矿集区为额尔古纳金矿集区、呼玛-黑河金矿集区、佳木斯金矿集区、阿尔泰金矿集区、准噶尔金矿集区、东天山-北山金矿集区、西天山金矿集区、华北陆块北缘东段金矿集区、燕辽金矿集区、华北陆块北缘西段金矿集区、营口-丹东金矿集区、五台-太行金矿集区、胶东金矿集区、鲁西金矿集区、小秦岭金矿集区、桐柏-大别金矿集区、东秦岭西段金矿集区、南秦岭-武当金矿集区、陕甘川金矿集区、祁连金矿集区、阿尔金-柴达木北缘金矿集区、长江中下游金矿集区、黄陵-枝江金矿集区、康滇地轴金矿集区、浙西-闽西-粤东金矿集区、粤桂琼金矿集区、滇黔桂金矿集区、台东金矿集区、西南三江金矿集区、哀牢山金矿集区、巴颜喀拉金矿集区、冈底斯金矿集区。

1.2.1.2　金矿资源勘查

黄金是人类较早发现和利用的金属，因其稀少、特有和珍贵，自古以来就被视为五金之首，有"金属之王"的称号。2011年以来，随着国土资源部全面实施矿冶权设置方案制度，对金矿资源勘查产生了一定影响。

王燕东总结了2009—2019年金矿资源勘查形势[39]，发现2009—2012年我国金矿勘查资金投入呈上升趋势，由35.31亿元增加至64.64亿元；2012年后持续下降，至2019年，金矿勘查投入仅有11.72亿元。社会资本投入趋势与总体投入趋势一致，峰值达到50.90亿元；无论是总体资金的投入，还是社会资本的投入占比，均明显高于非油气矿产资源。截至2019年，我国累计探矿权存量2 716个，探矿权面积3.33万km^2；2019年新立探矿权0.26万km^2，完成钻探工作量77万m，累计查明资源储量约13 195.56 t。

1.2.1.3　金矿采选工艺

（1）金矿采矿

金矿采矿可笼统地分为地下开采及露天开采两种工艺，以地下开采为主。地下采矿方法主要有大直径深孔采矿法、充填采矿法、自然崩落采矿法、溶浸采矿法等。对大直径深孔采矿法，国内首先在凡口铅锌矿试验成功；与传统的采矿方法相比，该法具有采场结构简单、生产能力大、机械化程度高、作业安全等优点；在国内金矿山的应用是金厂峪金矿等。充填采矿法在大埋深、赋存条件复杂、地表需要特殊保护的矿床中使用广泛。自然崩落采矿法是利用矿体固有的软弱性、节理裂隙、容易崩落等特性，在矿块或盘区底部拉底后，借助重力引起自然崩落，并使矿体破碎成适宜的块度，经底部出矿系统放出的一种采矿方法；该方法是一种产量大、效率高和最经济的唯一能和露天开采媲美的地下采矿方法，适用于矿石储量大、品位低的矿山进行强化、低成本的矿石回采。溶浸采矿法是在人们环境保护意识加强的基础上发展起来的，既回采了人们所需要的矿物，又能在很大程度上降低采矿作业对环境的破坏作用；该方法于20世纪80年代开始在我国黄金矿山进行试验，目前技术已经相当成熟和完善，在低品位的黄金矿山中应用较广。

（2）金矿选矿

总体来讲，金矿选矿工艺可以分为涉氰工艺及不涉氰工艺，以工艺过程是否使用氰化物来界定。常用的不涉氰工艺包括混汞法、重选法及浮选法，涉氰工艺主要为氰化法，在此基础上发展出堆浸法、氰化-炭浆吸附法、全泥氰化-炭浆吸附法以及浮选-氰化联合、堆浸-氰化联合、两段氰化-吸附回收等联合选矿法。近年来，由于环境保护要求的不断提升，也开发了更为安全的氰化选金工艺，如金蝉法等。针对不同的矿石类型，采用单一的或联合的提金方法，下文对几种主要的单一选矿方法进行介绍。

①重选法。

重选法是在黄金选矿中应用较为久远的方法，其原理主要是根据矿石与金元素密度及粒度的差异进行分选。该方法为物理分选方法，无需添加化学药剂，对环境污染较小，可根据矿石性质进行设备研制[40]。但在实际应用中，重选法多与其他方法联合使用，如重选-浮选联合、重选-氰化联合等；重选时采用跳汰机、螺旋溜槽及摇床配合，提前回收粗粒单体金，以利于其后的浮选和氰化作业，获得合格的金精矿[41]。重选法工艺流程见图 1-2，一般用于粗粒金及砂金的选矿。

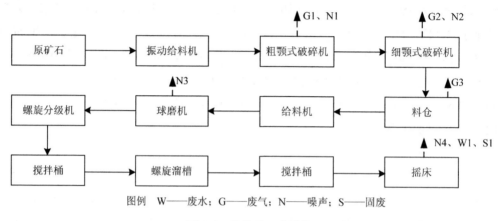

图 1-2　重选法工艺流程图

重选法对环境的污染较小，废水中主要污染物为悬浮物（SS），对地下水影响较小。

②浮选法。

浮选法是金矿选矿过程中应用较为广泛的方法之一，国内约 80%的黄金矿山采用该方法。该方法是根据矿物颗粒表面物理性质、化学性质的差异，从矿浆中选出目的矿物的选矿方法。泡沫浮选法是工业上常用的浮选法，矿石经破碎球磨后，向矿浆内鼓入气体、产生泡沫，矿物颗粒选择性地吸附在泡沫表面并浮出液面，从而实现分离。选矿过程中需要加入起泡剂、捕收剂等药剂。该方法适用范围广，分选效果好，多用于硫化矿石的分选，对浮选回收率影响最大的是浮选药剂的选择和添加，工艺流程见图 1-3。

采用浮选法时，由于在选矿过程加入了选矿药剂，导致废水中 COD 含量偏高，发生泄漏的情况下会对地下水环境造成影响。

③混汞法。

混汞法是利用金在矿浆中与汞产生选择性润湿，并形成金汞合金，与其他矿物分离，最终通过蒸馏使合金中的汞挥发，从而回收金的一种方法。混汞法是一种比较古老的工艺，由于其生产过程中需要加入汞，对环境产生较大污染风险，已逐步被重选法、浮选法和氰化法所替代，混汞法在我国应用较少。单一混汞法适用于处理含粗粒金的石英质原生矿石或氧化矿石，其优点是工艺简单、投资少、廉价而快速，不足是汞挥发有毒，威胁人体生命安全，同时污染环境。混汞法工艺流程见图 1-4。

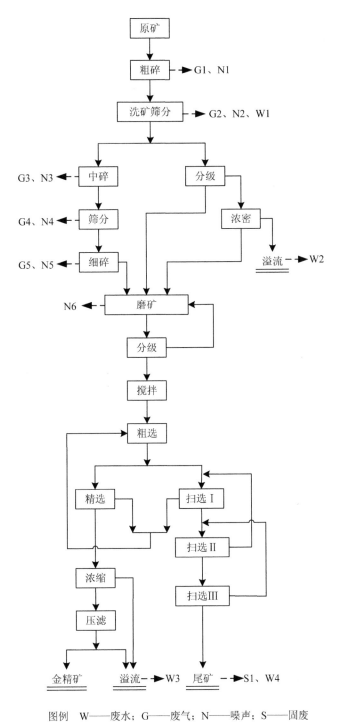

图例　W——废水；G——废气；N——噪声；S——固废

图 1-3　某金矿浮选工艺流程图

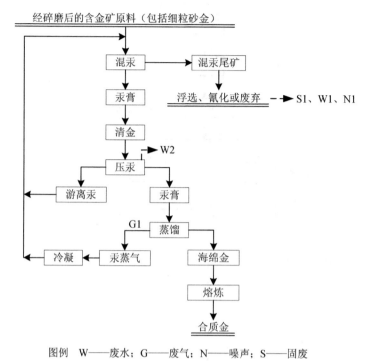

图例 W——废水；G——废气；N——噪声；S——固废

图 1-4 混汞法工艺流程图

④氰化-炭浆吸附法。

氰化-炭浆吸附法提金工艺是在全泥氰化-锌粉置换提金工艺的基础上发展起来的，主要由浸前浓密、氰化浸出与炭吸附、炭解吸电积、炭酸洗及热再生、药剂制备、污水处理、金熔炼等工序组成，优点在于省略了全泥氰化后的固液分离部分。该方法对低品位矿、氧化矿和大规模金矿石的选矿经济效益较为显著，但对银含量较高的金矿效果较差。近年来，在活性炭吸附金工艺的基础上又发展出采用离子交换树脂吸附回收金的工艺，离子交换树脂与活性炭相比具有吸附性能更强、解吸过程更简单等优点。氰化-炭浆吸附法及氰化-锌粉置换法工艺流程见图 1-5。

该方法在使用过程中需添加剧毒物质氰化物，使得选矿废水中含氰化物及重金属，虽然选矿废水在厂内闭路循环，但对地下水环境亦存在潜在污染风险。

⑤堆浸法。

堆浸法是把含金矿石破碎到适当粒度，筑堆后用碱性氰化液喷淋提金的方法。堆浸法工艺简单、操作方便、基建投资少、建设速度快，可处理低品位矿石、表外矿石与含金银尾矿，但是浸出效率低，对环境造成污染且产生的浸出液处理难度大。

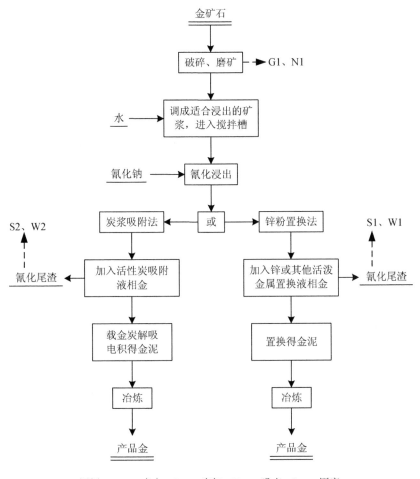

图例 W——废水；G——废气；N——噪声；S——固废

图 1-5 氰化-炭浆吸附法及氰化-锌粉置换法工艺流程图

堆浸法工艺流程为：矿石经破碎至 0～12 mm 后，直接运至堆场筑堆。筑堆后的浸出流程采用分批分期浸出；采用滴淋方式，按照一定强度滴入浓度为 0.05%的氰化钠溶液。一般浸出单元堆为 2～3 个，周期为 120 天。滴淋工艺可以降低水的蒸发损耗。浸出贵液直接流到贵液池。贵液经泵送至吸附车间的吸附槽，用活性炭吸附回收金，经吸附后的贵液变成贫液，吸附槽内的载金炭经水力输送至解吸车间进行解吸电积。贫液添加氰化钠后，从贫液池中返回到浸出单元堆滴淋浸出，整个浸出液组成一个循环闭路，含氰污水不外排。堆浸法工艺流程图如图 1-6 所示。

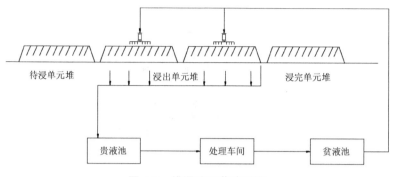

图 1-6　堆浸法工艺流程图

该方法需要在筑堆底部、贵液池、贫液池等构筑防渗系统。一旦防渗系统出现破裂或由于施工质量问题导致浸出液泄漏，一方面损失经济价值，另一方面也会对地下水造成直接污染。

⑥金蝉法[42]。

金蝉法指的是金蝉环保型黄金选矿剂提金-炭浆法（金蝉环保型黄金选矿剂见图 1-7），实际上也是一种氰化-炭浆吸附法，只是在提金过程中采用金蝉选矿药剂代替剧毒物质氰化钠。金蝉环保型黄金选矿剂是化工合成的混合物，并非单一的物质，其主要成分包括碳化三聚氰酸钠、碱性硫脲、碱性聚合铁等，其中碳化三聚氰酸钠 $[Na_3(CN)_3C_3H_3N_6O_3]$ 是核心组分，具有络合、溶解金、稳定核心物质结构的作用；辅助成分由少量络合剂和保护剂构成，主要作用是助浸、协助核心物质络合、溶解金及提高主要成分的稳定性等。碳化三聚氰酸钠中的氰基（—CN）是以共键价的方式连接在一起的；由于结构上的原因和空间位阻的关系，这类氰基（—CN）在碱性条件下通常不会解离出游离氰根离子（CN⁻），因此与氰化物相比，毒性极低。同时，在浸金过程中，金蝉环保型黄金选矿剂的辅助成分会产生协同作用，使氰基具有与游离氰根类似的络合性能，可以络合、溶解金，进而达到提金的目的。

图 1-7　金蝉环保型黄金选矿剂

其主要反应式是：

$$4Na_3(CN)_3C_3H_3N_6O_3 + 12Au + 3O_2 + 6H_2O \longrightarrow 4Au_3(CN)_3C_3H_3N_6O_3 + 12NaOH$$

上述多元化的金氰络合离子经活性炭吸附电解或用锌置换，最后得到单质金。

1.2.1.4　金矿采选地下水污染源

我国金矿资源储量较大，矿产资源开发活动频繁，矿山开采过程对生态环境造成了较大影响。选矿过程中使用的氰化物由于具有剧毒，控制不当会对周边环境造成污染，在国内外发生了不少污染事故。如 2000 年 1 月末，罗马尼亚北部奥拉迪亚市乌鲁尔金矿发生氰化物废水泄漏事件，暴雨导致储存氰化物废水的水库漫顶，废水混合雨水排入周边河流，导致鱼类大量死亡；2009 年 8 月，我国陕西黄龙金矿尾矿库排洪涵洞两处坍塌，发生尾矿泄漏，污染青泥河及水源地观音河水库；2010 年 7 月，紫金矿业旗下公司发生污水渗漏事故，污染下游汀江。金矿选矿过程中需要添加选矿药剂（如氰化物）等，容易造成选矿水中氰化物及重金属含量较高，一旦选矿水泄漏进入地下水，将污染地下水。因此，识别金矿采选过程的地下水污染源并采取相应防治措施显得尤为必要。

金矿采选主要的地下水污染源包括采矿矿井（坑）涌水、选矿厂选矿废水、尾矿库废水、废石场淋溶水等。由于矿床成矿条件及选矿工艺的特殊性，各废水污染源含有有毒有害物质（如重金属、氰化物等），废水未经处理直接排放或下渗会对水环境及土壤环境造成污染。

（1）采矿矿井（坑）涌水

矿床开采势必会对地下水含水层造成一定破坏，将含水层中的地下水疏排至井下巷道或露天矿坑。金矿由于其赋存条件及伴生元素的影响，矿井（坑）涌水中含少量重金属离子，外排后渗入地下，可能对水环境及土壤环境造成污染。田园春等对广东省境内开采多年的金矿山矿井涌水进行了统计[43]，结果见表 1-1，主要污染物为 COD 及少量重金属等。

表 1-1　广东省不同金矿矿井涌水水质统计表

监测因子	A1 金矿	A2 金矿	A3 金矿	A4 金矿	A5 金矿
pH 值	5.96	7.30	7.76	6.01	7.25
COD 质量浓度/（mg/L）	2.7	12.4	10.0	8.9	11.3
SS 质量浓度/（mg/L）	2.9	12.0	5.0	6.7	5.5
Zn 质量浓度/（mg/L）	0.45	0.60	<0.010	0.20	0.25
Pb 质量浓度/（mg/L）	0.001 6	0.045	0.050	0.001 9	0.007 6
As 质量浓度/（mg/L）	<0.000 5	0.05	<0.000 5	0.08	0.009
Cd 质量浓度/（mg/L）	<0.000 1	<0.000 1	<0.000 1	0.01	0.013
Cr^{6+} 质量浓度/（mg/L）	<0.004	<0.004	0.030	0.015	0.009
Hg 质量浓度/（mg/L）	<0.000 05	<0.000 05	<0.000 05	0.000 56	<0.000 05
硫化物质量浓度/（mg/L）	15.10	<0.005	<0.005	12.50	<0.005

（2）选矿厂选矿废水

根据选矿工艺的不同，黄金矿山产生的废水总体可划分为两类：一类为氰化废水，另一类为无氰废水。

无氰废水主要来源于非氰化选金工艺，如重选法、浮选法等。使用广泛的为浮选法，主要通过添加浮选药剂（如捕收剂、起泡剂等）达到选金的目的。主要的浮选药剂包括增加矿物表面疏水性的捕收剂，如黄药、黑药等；另外还包括起泡剂，起泡剂可降低水的表面张力、形成泡沫，使充气浮选矿浆中的空气泡能附着于选择性上浮的矿物颗粒上，从而达到选矿的目的。浮选法的选矿废水一般水量大，有害物质含量较低，主要污染物为浮选药剂、悬浮物及重金属离子。该部分废水通过调节 pH 值、投加混凝剂和 PAM 等药剂混凝沉淀处理后返回选矿工艺流程使用。由于废水中含有重金属，一般情况下该废水管控较为严格，但矿山选矿生产及废水处理需要大量池体或槽体，在非正常状况下，可能存在池体防渗结构破裂、废水泄漏并污染土壤和地下水的风险。

氰化废水是采用氰化提金工艺必然要产生的废水。氰化废水中主要污染物为氰化物及重金属离子。随着氰化工艺的发展，不同工艺废水中氰化物的含量也略有不同，全泥氰化含氰尾矿浆氰化物质量浓度一般为 80～240 mg/L，而采用金精矿作为原料，氰化-炭浆吸附法的废水中氰化物质量浓度为 800～10 000 mg/L。氰化物属于剧毒物质，对人类及动物的危害极大。根据相关数据，HCN 的人口服致死平均量为 50 mg；氰化物对鱼类及其他水生生物也有较大的危害，水中 CN^- 的浓度大于 0.3 mg/L 时可导致鱼类及其他水生生物死亡。氰化物在选矿废水中主要以游离态、与重金属离子相结合态、硫氰酸盐及氢氰酸等形式存在，含氰废水中的氰化物及重金属一旦泄漏，将对地下水及土壤造成严重污染[44,45]。

（3）尾矿库废水

尾矿库废水包括库内澄清水及渗滤液。尾矿库库内澄清水水质基本与入库时尾矿浆内废水水质一致或略优于入库水质；运行中尾矿库的澄清水一般经回水设施返回选矿使用，当需要外排时，必须达标外排。渗滤液为尾矿堆积过程中从尾矿坝（初期坝和堆积坝）的坝脚部位渗出的废水，是与澄清水有密切水力联系的；渗滤液在满足生产要求的情况下也可回用于选矿生产，当需要外排时，也必须达标外排。澄清水及渗滤液的下渗都可能对地下水造成污染。我国典型有色金属矿山尾矿库见图 1-8。

采用氰化工艺产生的尾矿属危险废物。对堆存氰化尾矿的尾矿库，需要按照危险废物标准设计防渗措施，以避免污染地下水，但按照《黄金行业氰渣污染控制技术规范》（HJ 943）要求进入尾矿库处置或进入水泥窑协同处置的，处置过程氰化尾矿可不按危险废物管理。氰化尾矿堆存过程中产生的渗滤液中的污染物主要包括氰化物、重金属离子等，如内蒙古某金矿矿山尾矿压滤回水中氰化物的质量浓度达 111 mg/L，而其尾矿渗滤液中依然可能会含有较高浓度的氰化物及重金属，若防渗结构不能满足要求或防渗措施不当，可能导致渗滤液大量渗漏、污染地下水。

图 1-8 典型有色金属矿山尾矿库

采用浮选法产生的尾矿基本为一般工业固体废物，其渗滤液中仅含有少量的选矿药剂及重金属离子。

（4）废石场淋溶水

矿山采矿废石堆积在废石场内，降水条件下产生淋溶水。在降水及其他微生物的作用下，可能会有少部分重金属被淋出，对地下水存在潜在污染风险。

综合来说，金矿采选废水可分为采矿矿井（坑）涌水、含氰废水及无氰废水（包括选矿厂选矿废水和尾矿库废水）、废石场淋溶水。采矿矿井（坑）涌水及废石场淋溶水通常回用至选矿生产，不能完全回用时达标外排。无氰废水通常采用自然降解法，随选矿尾矿浆排入尾矿库，经澄清和自然净化后返回选矿工艺使用，不能完全回用时达标外排。对于含氰废水，近年来发展出较多的处理技术，从 20 世纪 70 年代初开始使用碱性氯化法处理金矿含氰废水，其原理是在碱性条件下，利用活性氯氧化废水中的氰化物，使其分解，从而达到除氰的目的；SO_2-空气法又称 INCO 法，利用 SO_2 和空气的混合物在碱性条件下分解氰化物，该方法同时也适用于贫液中氰化物的处理，对重金属离子也有一定处理效果，且具有设备简单、投资低等特点，是目前金矿破氰的常用方法，经处理后的氰化物质量浓度可降至 2 mg/L 以下。其主要原理为在一定的 pH 值范围内，利用 SO_2 和 O_2 氧化 CN^- 成无毒的 CNO^- 及 NH_3、CO_2，化学反应式如下：

$$CN^- + SO_2 + O_2 + H_2O \Longrightarrow CNO^- + H_2SO_4$$

$$CNO^- + 2H_2O \Longrightarrow OH^- + NH_3 + CO_2$$

其中 SO_2 可以是气体、亚硫酸、可溶性的亚硫酸盐或亚硫酸氢盐的形态供给。氧化 1 g CN^- 约需要 2.47 g SO_2。

我国部分矿山氰化废水中氰浓度高，具有回收利用价值，酸化法采用硫酸将含氰废水酸化至 pH 值为 2～3，并采用空气曝气使氢氰酸挥发出来，利用氢氧化钠溶液吸收，吸收液重新用于氰化选矿。对于含氰废水的处理，国内外还有过氧化氢法、电解氧化法、硫酸锌法、Helmo 法、生物降解法及自然净化法等，含氰废水处理达标后返回选矿工艺使用。

采用氰化工艺产生的尾矿渣属于危险废物，如果其满足《黄金行业氰渣污染控制技术规范》（HJ 943）要求进入尾矿库处置或进入水泥窑协同处置，则其处置过程不按危险废物管理。《黄金行业氰渣污染控制技术规范》（HJ 943）对氰渣的贮存、处置过程进行了规范：①进入尾矿库处置的，必须采取防渗措施，采用黏土或高密度聚乙烯膜复合衬层进行防渗，入场时浸出液中氰化物质量浓度不得大于 5 mg/L，并采取相关方法进行除氰处理。②采用堆浸工艺的，应在堆浸前对浸堆进行防渗处理，倒堆作业前应进行淋洗处理；堆浸结束后，堆浸尾渣可原位关闭处理，但对堆浸尾渣产生的渗滤液应进行收集回用。③利用氰渣进行回填利用的，应首先采用固液分离法进行脱氰处理，分离后的滤渣应进一步进行脱氰处理；作为回填骨料的替代原料时，浸出液中氰化物质量浓度应低于 GB/T 14848 规定的回填所在地地下水质量分类的相应指标限值，并且第一类污染物浓度应满足 GB 18599 中第 I 类一般工业固体废物要求，回填作业泌出液应同矿井水一同收集处理，用于回填作业或生产，如需排放，应满足 HJ 943 的相关要求。

1.2.2　稀土矿采选

1.2.2.1　稀土矿概况

稀土分为独居石、氟碳铈矿、磷钇矿、离子吸附型稀土矿、镧钒褐帘石。

独居石（monazite）又名磷铈镧矿，是一种含有铈和镧的磷酸盐矿物，产在花岗岩及花岗伟晶岩、稀有金属碳酸岩、云英岩与石英岩、云霞正长岩、霓长岩与碱性正长伟晶岩、阿尔卑斯型脉、混合岩及风化壳与砂矿中。由于具有经济开采价值的独居石的主要资源是冲击型或海滨砂矿床，因此独居石主要分布在澳大利亚、巴西以及印度等的沿海。

氟碳铈矿产于稀有金属碳酸岩，花岗岩及花岗伟晶岩，与花岗正长岩有关的石英脉、石英-铁锰碳酸盐岩脉及砂矿中。氟碳铈矿是提取铈族稀土元素的重要矿物原料。

磷钇矿主要产于花岗岩、花岗伟晶岩中，亦产于碱性花岗岩以及有关的矿床中。在砂矿中亦有产出。含三氧化二钇 61.40%，常含铒、铈、镧和钍等元素。

离子吸附型稀土矿是 1969 年在我国江西首先被发现的一种新型外生稀土矿。多年的生产实践证明，离子吸附型稀土矿不仅为世界稀土工业发展提供了中重稀土资源，而且为稀土元素的地球化学研究增加了新的内容，丰富了稀土元素成矿理论。

镧钒褐帘石是含有稀土镧和稀有金属钒的一种特殊褐帘石。2013 年 3 月 1 日，这种矿物被国际矿物学协会认定为新矿物，并被命名为"镧钒褐帘石"。

我国是世界第一稀土资源大国，稀土基础储量达 8 900 万 t（以稀土氧化物计），资源量达 6 780 万 t。全国稀土资源总量的 98% 分布在内蒙古、江西、广东、四川、山东等地区。我国有工业利用价值的稀土矿物主要有氟碳铈矿、独居石和离子吸附型稀土矿三种，稀土资源有内蒙古白云鄂博的氟碳铈矿与独居石的轻稀土混合矿，四川冕宁牦牛坪和山东微山的氟碳铈矿，江西、广东、广西、湖南、福建、云南、浙江等的离子吸附型稀土矿，广东、广西、湖南、台湾等的独居石矿[46]。根据《稀土行业准入条件》，禁止开采单一独居石矿。因此，我国工业上将稀土矿原料一般划分为混合型稀土矿、氟碳铈矿、离子型稀土矿三大类，具有北轻南重的分布特点。

混合型稀土矿和氟碳铈矿采用传统采选工艺，即露天或地下开采-破碎-浮选工艺，地下水污染源主要为矿坑涌水、排土场淋溶水、尾矿库渗滤水。而离子型稀土矿为风化型矿，先后经历了三种不同的采矿工艺，即池浸工艺、堆浸工艺和原地浸矿工艺，三种工艺对矿山环境治理与生态环境状况的影响显著不同。根据《稀土行业准入条件》《产业结构调整指导目录》《中国的稀土状况与政策》白皮书等，离子型稀土矿池浸工艺和堆浸工艺属于淘汰类工艺，只有原地浸矿工艺符合要求，后续利用离子交换原理、采用化学法选矿。此外，环境保护部门及矿山管理部门、离子型稀土矿山企业等对原地浸矿生产工艺造成的资源损失和潜在的环境破坏也表示出担忧[47]。我国以离子型稀土矿为原料的稀土采选企业涉及中国五矿集团公司、中国铝业公司、厦门钨业股份有限公司、中国南方稀土集团有限公司、广东省稀土产业集团有限公司等。本节着重介绍离子型稀土矿的地下水污染源。

1.2.2.2　原地浸矿原理及工艺

（1）原地浸矿原理

离子型稀土矿的形成机理如下：在自然界中，稀土元素大多分布在火山岩中，这些岩石在长期的风化作用下，形成质地更软的黏土矿堆，在地表水的冲刷作用下，解离出以水合离子或羟基水合离子形式存在的稀土离子（RE^{3+}），稀土离子吸附在黏土矿物上，最终形成离子型稀土矿。由于离子型稀土矿中的 RE^{3+} 既不溶于水、也不水解，无法通过物理洗涤的方式进行提取，故只能采取化学法来提取。

原地浸矿工艺提取稀土离子（RE^{3+}）的流程如下：①选定开采的矿藏地表，挖设注液孔以及建设 RE^{3+} 收液系统；②配制一定浓度的浸矿液，通常为硫酸铵［$(NH_4)_2SO_4$］溶液，配制浓度为 1%～2%，配好后，以一定的加液速度缓慢加注到各注液孔中；③经过一段时间后，浸矿液与附着在黏土矿物上的 RE^{3+} 充分接触并发生置换反应，吸附在黏土矿物上的 RE^{3+} 游离到浸矿液中并进入收液系统，最终进入集液池，原来游离的 NH_4^+ 则吸附在黏土矿物（高岭土）中；④集液池中含大量 RE^{3+} 的浸矿液被送至母液车间，再经除杂、净化、澄清、沉淀、过滤、洗涤等工艺，即可获得混合中重稀土碳酸盐产品[48]。

具体反应如下。

①通过置换反应，解除 RE^{3+} 的吸附。

$$2RE^{3+}（高岭土）^{3-}+3(NH_4)_2SO_4 \longrightarrow 2(NH_4)_3（高岭土）^{3-}+RE_2(SO_4)_3$$

反应后，原来吸附在黏土矿物上的 RE^{3+} 则游离到浸矿液中，原来游离的 NH_4^+ 则吸附在高岭土上。为了保证置换反应的充分进行，一方面，反应物硫酸铵溶液的浓度应保持在一个较高的水平；另一方面，对反应时间也应给予充分保障，通常浸矿阶段时间应超过半年。然而，反应过剩的硫酸铵会渗漏进入地下水，从而对地下水造成污染。

②通过沉淀法对游离的 RE^{3+} 进行沉淀。具体的操作是向收集的含大量 RE^{3+} 的浸矿液中加入碳酸氢铵（NH_4HCO_3）溶液，使 RE^{3+} 沉淀。

$$2RE^{3+}+3NH_4HCO_3 \Longrightarrow RE_2(CO_3)_3\downarrow+3NH_4^++3H^+$$

（2）原地浸矿工艺及工程组成

离子型稀土矿原地浸矿工业场地由原地浸矿场和母液处理车间组成，工艺流程如图 1-9 所示。其中采场收液系统存在浸矿液渗漏问题、母液处理车间池体可能存在泄漏风险，是污染地下水的重点风险源。

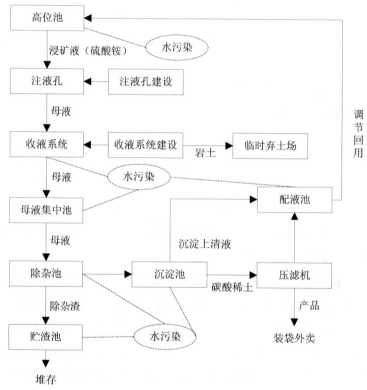

图 1-9　原地浸矿工艺流程图

①原地浸矿场注-收液系统。

目前，国内无离子型稀土原地浸矿工艺相关设计规范。针对离子型稀土矿山污染治理，在技术理论和试验研究基础上，北京矿冶科技集团有限公司提出了人工防渗监控收液系统[49]。

a. 注液系统。

注液工程主要由高位池和注液孔组成。

高位池布置在原地浸矿场山顶，作用是进行原地浸矿注液，在池底和池壁均采用 HDPE 膜进行防渗处理，防止浸矿液腐蚀池壁和池底，池顶均加盖。

在采场表面布置注液孔。孔深一般为见矿 1～1.5 m，按照一定间距布置。每个注液孔安装注液管道及闸阀以控制注液量。

对母液处理车间配液池制备的浸矿液，用泵送至高位池，由注液管自流至各注液孔，注液管采用 PVC 管。注液管网采用地上敷设方式。

b. 收液系统。

据调查，现有企业原地浸矿母液收集时采用的方法或者是集液导流沟收集，或者是收液巷道收集，或者是收液孔收集，对母液基本未进行动态监控，母液的收集率一般在 80% 左右，即 20% 左右的母液流失进入土壤、地下水和地表水环境，对土壤和水体造成污染。为了最大限度收集母液，减少对原地浸矿场周边土壤和水体造成的污染，北京矿冶科技集团有限公司提出母液收集采用人工防渗两级监控收液系统，第一级为收液巷道母液监控收液系统，第二级为集液导流孔监控收液系统。

第一级收液巷道母液监控收液系统是原地浸矿场最主要、最重要的收集工程，收液巷道底板采用抗渗混凝土构筑人工防渗层，对收液巷道母液氨氮、稀土元素等的含量进行长期监控，母液被收集后进入收液池；第二级集液导流孔监控收液系统是在收液巷道底板下方或坡脚地带建设集液导流孔，对集液导流孔收集液氨氮、稀土元素等的含量进行监控，如达到可回收利用的标准，启动第二级收液系统，收集渗漏的母液，根据原地浸矿场现场情况确定集液导流孔孔径、孔深和孔间距，坡度约 1%，倾向孔口，集液导流孔底部采用抗渗混凝土构筑人工防渗层。

根据对某稀土矿原地浸矿场母液收集率的调查，采用该监控收液系统，母液收集率可达 85% 以上。

注-收液系统现场示意图见图 1-10，典型原地浸矿工程平面图、剖面图见图 1-11。

②原地浸矿工艺过程。

原地浸矿工艺过程主要包括 5 个阶段。

a. 注水检漏。

原地浸矿场施工期一般为半年左右，施工结束后，开始注水检漏。首先将高位池中的清水注入矿体的注液孔中，注入清水的水量和正常采矿时注入的浸矿液水量相同；然后通过收液巷道将注入的清水进行收集并考察清水的回收。如果注入矿体的清水回收率能够达到设计指标（母液回收率≥85%），说明注液孔和收液巷道的布置比较合适，可以进行浸矿作业。注水检漏时间约 1 个月。

图 1-10 注-收液系统现场示意图

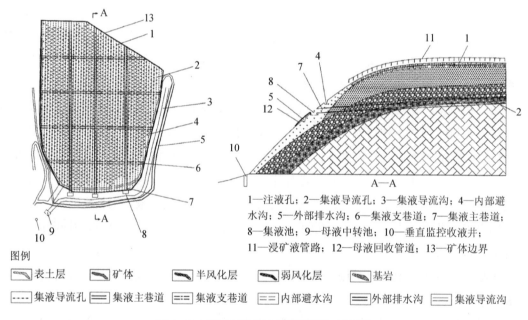

1—注液孔；2—集液导流孔；3—集液导流沟；4—内部避水沟；5—外部排水沟；6—集液支巷道；7—集液主巷道；8—集液池；9—母液中转池；10—垂直监控收液井；11—浸矿液管路；12—母液回收管道；13—矿体边界

图例

表土层　　矿体　　半风化层　　弱风化层　　基岩

集液导流孔　集液主巷道　集液支巷道　内部避水沟　外部排水沟　集液导流沟

图 1-11 典型原地浸矿场平面图和剖面图

b. 注液浸矿。

硫酸铵溶液通过注液孔注入原地浸矿场中,浸矿液与附着在黏土矿物上的RE^{3+}充分接触并发生置换反应,吸附在黏土矿物上的RE^{3+}游离到浸矿液中并集中流向集液系统。

c. 加注顶水。

矿体中的稀土矿注液浸取完成后,对矿体进行加注顶水处理,将矿体中的稀土母液顶出。

d. 淋洗。

在加注顶水完成后，原地浸矿场的岩土体内残留氨氮、硫酸盐，存在潜在环境风险，因此在加注顶水完成后，要求矿山加注清水或淋洗剂清洗，加速岩土体中浸矿剂的淋出。

e. 封孔闭矿。

淋洗完成后，将注液孔周边的岩土回填，恢复植被，封孔闭矿即完成。

③母液处理车间生产过程。

收集的母液在母液处理车间经除杂-沉淀-压滤工序得到稀土碳酸盐产品。

a. 母液除杂。

从离子吸附型稀土浸取工段得到的稀土母液除含有稀土离子外，还含有 Al^{3+}、Fe^{3+}、Ca^{2+}、Mg^{2+} 等杂质离子，需要除杂。通过加入饱和碳酸氢铵水溶液或氢氧化钠，并不断用气泵搅拌均匀，控制溶液 pH 值为 5 左右，提供的 OH^-、CO_3^{2-} 与杂质离子沉淀。碳酸氢铵是一种典型的弱酸弱碱盐，由于 NH_4^+ 的水解弱于 HCO_3^- 的水解，水解产生的 OH^- 浓度大于 H^+ 浓度，因此碳酸氢铵在水溶液中呈碱性。除杂过程是利用杂质离子与稀土离子生成碳酸盐沉淀及氢氧化物沉淀所需的 pH 值不同来使杂质析出，并通过固液分离来达到分离的目的。除杂渣的主要成分为含有 Al、Fe、Ca、Mg 等元素的沉淀物。其主要反应方程式如下：

$$Al^{3+}+3OH^- \!=\!\!=\! Al(OH)_3 \downarrow$$
$$Fe^{3+}+3OH^- \!=\!\!=\! Fe(OH)_3 \downarrow$$
$$Ca^{2+}+CO_3^{2-} \!=\!\!=\! CaCO_3 \downarrow$$
$$Mg^{2+}+CO_3^{2-} \!=\!\!=\! MgCO_3 \downarrow$$

b. 母液沉淀。

经除杂后的母液进入沉淀池后，往池中加入饱和碳酸氢铵水溶液，并不断用气泵搅拌均匀，控制碳酸氢铵水溶液用量至池中母液 pH 值为 6.7 左右即可。池中溶液经澄清后，沉下的部分为碳酸稀土，上部的溶液为上清液，上清液可进入配液池处理后重新配液或作为顶水使用。

c. 上清液回调及配液。

母液沉淀池的上清液 pH 值在 6.7 左右，须用硫酸回调 pH 值至 5.3 左右后，才能用来配液或作为顶水使用。配制硫酸铵溶液时必须用气泵搅拌均匀，配制的浓度一般为 1%～2%。由于上清液里还含少量的硫酸铵溶液，所以配液时应充分利用上清液以节省硫酸铵用量。

d. 压滤及包装。

沉淀池里的碳酸稀土进入产品池后，再进入板框压滤机以压滤装包入库。

1.2.2.3　离子型稀土矿采选地下水污染源

离子型稀土矿采选企业生产过程中与地下水密切相关的部分主要为废水产生和处理环节以及固废产生和处理环节。

（1）废水污染源识别

①原地浸矿场。

原地浸矿场在注液、淋洗生产过程中，由于受地质条件及开采技术限制，母液进入矿层、不能全部回收，部分浸矿液或淋洗液经土壤入渗到地下，造成不同程度的水环境和土壤环境污染[50]。因此，原地浸矿场地下水污染源主要为收液系统渗漏（面源污染）。此外，原地浸矿场高位池、收液池也存在泄漏风险。

a. 生产期渗漏母液。

根据国内的几个稀土矿山实际生产及相关室内外试验，一般采用1%～2%硫酸铵水溶液作为浸矿剂，采用二级收液系统，即第一级收液巷道母液监控收液系统（收液巷道底板采用抗渗混凝土构筑人工防渗层）集液，第二级集液导流孔监控收液系统（导流孔底部采用抗渗混凝土构筑人工防渗层）集液。某稀土矿原地浸矿场母液收集率的调查显示，母液收集率可达85%以上。其余母液会渗入地下、对地下水产生污染。

收集几家稀土采选企业浸矿母液水质的实测数据，母液中氨氮和硫酸盐浓度见表1-2。

表1-2　母液中污染物质量浓度

单位：mg/L

企业	氨氮	硫酸盐
稀土采选企业1	2 200	4 556
稀土采选企业2	2 100	4 400
稀土采选企业3	2 210	4 420

b. 淋洗期渗漏母液。

原地浸矿场清水清洗的尾水中氨氮浓度超过《稀土工业污染物排放标准》（GB 26451—2011）中的限值（15 mg/L）。利用原地浸矿场的收液系统进行尾水收集，将收集的尾水全部输送到母液处理车间，尾水中氨氮浓度较高，大部分尾水经处理、降低氨氮浓度后作为清洗水返回采场清洗，小部分用于配液后作为下一个矿块的浸矿液。未收集到的尾水会渗入地下、对地下水产生污染。

氨氮尾水处理通常采用特种膜工艺，尾水处理工艺流程见图1-12。各系统对氨氮的去除率见表1-3。

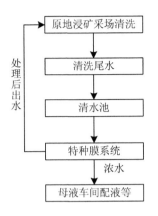

图 1-12　尾水处理工艺流程图

表 1-3　特种膜工艺各系统对氨氮的去除率

特种膜处理工艺	进水质量浓度/（mg/L）	出水质量浓度/（mg/L）	去除率/%
超滤系统	1 100	440	60
一级特种膜系统	440	44	90
二级特种膜系统	44	4.4	90

可以看出，氨氮总去除率达到 99% 以上，工艺出水氨氮的质量浓度小于 15 mg/L，可用于采场清洗，特种膜处理浓水氨氮质量浓度约为 2 500 mg/L，稀土含量为 200～300 mg/L，可进一步回收稀土。

②母液处理车间。

母液处理车间地下水污染源包括母液集中池、配液池、除杂池、沉淀池、贮渣池、事故池。池子依山坡呈梯段布置，一旦发生泄漏，则池中液体会渗入地下、对地下水造成污染。因此，对母液处理车间水池的池底和池壁需用 HDPE 膜防渗，防止液体腐蚀池壁和池底并防止液体泄漏事件的发生。

母液处理车间存在池体泄漏污染地下水的风险，其污染因子主要为氨氮、硫酸盐，其中源强浓度最大的为配液池。由于浸矿液是配制浓度为 1%～2% 的硫酸铵溶液，因此，配液池氨氮源强为 2 727～5 455 mg/L，硫酸盐源强为 7 273～14 545 mg/L。

（2）固废污染源识别

稀土矿采选工业固体废物为母液处理车间除杂渣。除杂渣为含有 Al、Mg、Fe 等元素的碳酸盐沉淀。由于在 pH 值为 5 左右条件下进行除杂，除杂渣 pH 值通常小于 6，为第 II 类一般工业固体废物。除杂渣产生的比例为碳酸稀土产量的 1% 左右。除杂渣贮存于室内贮渣池，池体及地面应采用单人工复合衬层作为防渗衬层：其中人工合成材料应采用高密度聚乙烯膜，厚度不小于 1.5 mm，采用其他人工合成材料的，其防渗性能至少相当于 1.5 mm 高密度聚乙烯膜的防渗性能；黏土衬层厚度应不小于 0.75 m，且经压实、人工改性等措施处理后的饱和渗透系数不应大于 1.0×10^{-7} cm/s，使用其他黏土类防渗衬层材料时，应具有同等以上隔水效力。

正常情况下，贮渣池采取了严格的防渗措施，除杂渣渗滤液不会泄漏至地下水，但在事故情况下，防渗系统有可能发生裂缝或其他破裂情况，导致渗滤液沿破裂处泄漏、污染地下水。另外，部分企业的除杂渣贮存设施由于建设历史较久远或者由于各方面原因建设不规范，除杂渣贮存设施防渗系统的防渗性能较差甚至无防渗系统，不能有效拦截渗滤液的下渗，会导致除杂渣渗滤液缓慢而持续地下渗，可能造成持续性的地下水污染。因此，除杂渣贮存设施防渗系统的有效性是阻止污染物下渗、污染地下水的重要指标，应予以重点关注，并定期进行巡视和检查。

1.2.3　其他矿种采选

我国有色金属工业是以开发利用矿产资源为主的重要基础原材料产业。除金、稀土以外，有色金属还包括铜、铅、锌、铝、镁、钨、钼、锡、锑、银等。采矿工艺分为露天开采及井下开采，选矿工艺包括重选、浮选、磁选、电选、化学选矿等。其他矿种采选过程地下水污染源基本可划分为采矿废水及选矿废水，其中采矿废水主要有矿井（坑）涌水及废石场淋溶水，选矿废水主要包括选矿工艺废水及尾矿废水等。矿井（坑）涌水因矿床种类、地质构造等因素的不同，水质差别较大，一般在矿山含硫铁矿成分较多时形成酸性含重金属废水；在矿山含硫铁矿成分较少时，矿井（坑）涌水主要含悬浮物及少量的重金属。废石场淋溶水与矿井（坑）涌水类似。选矿工艺废水及尾矿废水水量大，通常含选矿药剂（如黄药、黑药、2 号油等）、重金属（如铅、镉、砷）等污染物。

1.2.3.1　铜矿采选

铜由于其自身具备的良好导热性、导电性及延展性，被广泛应用于工业、农业、军事、航空航天等领域。我国是世界上铜矿较多的国家之一。根据自然资源部发布的《中国矿产资源报告 2020》，我国累计查明的铜矿资源量逐年增加，截至 2019 年年底，我国铜矿资源储量已超过 10 000 万 t，2019 年新增铜金属量 363.8 万 t，居世界第 6 位[32,51]。我国铜矿资源储量较为丰富，分布范围广泛，尤其是在西藏、江西、云南、新疆、内蒙古、安徽、甘肃、湖北、山西以及黑龙江的资源量较多，合计探明储量占全国的 80%以上[52]，分布相对集中。矿床规模以小型为主，占全国已探明铜矿床的 88.4%，大型及超大型矿山较少，仅占 2.7%；矿床类型以斑岩型铜矿为主，矽卡岩型铜矿次之，多数矿床品位偏低，伴生矿较多。

铜矿床的采矿工艺主要包括露天开采、地下开采及溶浸采矿，以露天开采为主，露天开采的在产铜矿山数占全国在产铜矿山总数的 55% 左右。采矿方式与金矿类似，不同的是溶浸采矿中铜矿山以稀硫酸浸矿，而金矿是采用氰化钠。原生硫化铜矿选矿一般采用浮选工艺，部分低品位硫化矿或氧化矿采用堆浸-萃取-电积的选冶联合工艺。

（1）浮选

浮选是大部分铜矿山的选矿工艺。矿石经粗碎、中碎、细碎后进入粉矿仓，由卸料口通过皮带输送至球磨机磨矿，合格产品进入浮选流程，通过粗选、扫选、精选获得产品铜精矿，铜矿浮选工艺流程见图 1-13。

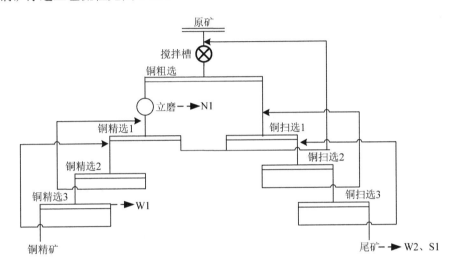

图例　W——废水；N——噪声；S——固废

图 1-13　铜矿浮选工艺流程图

由于浮选工艺过程加入丁基黄药等浮选药剂，导致废水中含较高浓度的 COD 及少量重金属，存在地下水潜在污染风险。

（2）堆浸-萃取-电积工艺

堆浸是国内外化学选矿运用广泛且成熟的工艺，常用于地表氧化矿的提铜。其基本原理为：将氧化铜矿石破碎、筑堆，采用硫酸浸出，氧化铜在硫酸的作用下生成铜离子进入浸出液中，对浸出液采用有机相进行萃取，使低浓度的铜离子转入有机相中，再用硫酸反萃含铜离子的有机相，将荷铜为 50 g/L 的反萃液送入电积车间电积，获得阴极铜。

堆浸-萃取-电积工艺主要流程为矿石破碎、汽车运输筑堆、喷灌浸出、萃取电积，工艺流程见图 1-14。筑堆过程中，需要在矿堆底部按照 2%～3% 的坡度布设压实黏土保护层并铺设 2 mm 厚的高密度聚乙烯防渗层，矿堆周边设集液沟及集液池，浸出液由泵输送至萃取厂房萃取，萃余液返回堆场使用。

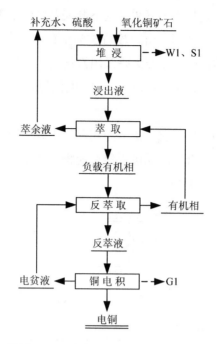

图例　W——废水；G——废气；S——固废

图 1-14　氧化铜矿石堆浸工艺流程图

　　该工艺存在较多的地下水污染风险点，一旦防渗系统破裂，浸堆、集液池、集液沟等均有可能出现浸出液泄漏情况，浸出液中铜的质量浓度约为 3 g/L、pH 值约为 2.5，泄漏后会造成地下水污染。

　　铜矿采选地下水污染源与金矿采选基本类似，也分为矿井（坑）涌水、选矿厂选矿废水、尾矿库废水、废石场淋溶水等。不同的是铜矿山很多伴生硫铁矿，致使矿井（坑）涌水及废石场淋溶水容易呈酸性，加速重金属等污染物的溶出。另外，由于铜采选过程中不涉及氰化物，因此铜矿选矿废水及尾矿库废水中不含氰化物，而主要含选矿药剂及重金属。

　　矿体开采过程中，势必要破坏部分含水层，使岩石暴露于空气中，而地下水在淋溶含铁、硫高的铜矿石以及空气的作用下形成酸性废水。含铁、硫高的废石堆存至废石场，降水淋溶后也极易形成酸性废水。FeS_2 的氧化过程就是矿山酸性废水的形成过程[53]。FeS_2 在氧气、水分及微生物的作用下，被氧化成硫酸盐，进而使废水 pH 值降低，其反应式如下：

$$2FeS_2+7O_2+2H_2O \longrightarrow 2Fe^{2+}+4SO_4^{2-}+4H^+$$
$$4Fe^{2+}+O_2+4H^+ \longrightarrow 4Fe^{3+}+2H_2O$$
$$FeS_2+14Fe^{3+}+8H_2O \longrightarrow 15Fe^{2+}+2SO_4^{2-}+16H^+$$

　　矿山酸性废水的 pH 值一般在 4.5～6.5 之间，极端条件下 pH 值可以低至 3.0 以下。

苟习颖等通过对大宝山槽对坑及铁龙尾矿库内酸性废水进行采样分析，发现酸性废水的 pH 值可低至 2.72[54]，废水中重金属的浓度已严重超过《地下水质量标准》（GB/T 14848—2017）III 类标准（见表 1-4）。酸性废水的产生加速了矿体及围岩中重金属元素的溶出，导致酸性废水水质进一步恶化。酸性废水会对采矿设备造成腐蚀，未经处理直接排放会导致水体被污染（见图 1-15），长期渗入土壤中会导致土壤盐渍化[55]及重金属污染。

表 1-4　大宝山矿酸性废水统计结果

检测因子	最大值	最小值	平均值
pH 值	6.64	2.72	3.56
Mn 质量浓度/（mg/L）	154	2.01	73.01
Cu 质量浓度/（mg/L）	55.1	0.059	17.05
Zn 质量浓度/（mg/L）	232	0.029	55.68
Pb 质量浓度/（mg/L）	1.690	0.080	0.44

据苟习颖等[54]。

图 1-15　酸性废水污染

需根据酸性废水的来源及组成成分选择和调整矿山酸性废水的治理方法，常用的技术包括中和法、吸附法、膜处理法、微生物法及人工湿地处理法等处理技术，酸性废水的污染防治重点还是在源头控制，通过老窿硐封堵、废石堆覆盖或阻隔等方式减少酸性废水的产生。

1.2.3.2　铅锌矿采选

世界范围内铅锌矿产资源极为丰富。我国查明的铅锌矿产资源量位居世界第二，仅次于澳大利亚，目前全国已经有 29 个省、自治区、直辖市发现并勘查了铅锌矿床。根据《中国矿产资源报告 2020》，我国累计查明的铅锌矿资源量逐年增加，截至 2019 年年底，我国铅资源储量已超过 10 000 万 t，锌资源量超过 20 000 万 t，2019 年新增铅金属量 605.2 万 t、锌金属量 1 479.5 万 t。我国铅锌矿床主要集中于云南、内蒙古、甘肃、广东、湖南、四川、广西等地，铅锌资源量占全国总查明资源储量的 66%[56,57]。虽然我国探明的铅锌资源储量大，但贫矿多、富矿少，铅平均品位仅 1.40%，锌平均品位仅 2.69%，且矿床物质成分复杂，共伴生组分多，综合利用价值大，也使得选矿流程较为复杂。超大型、大中型铅锌矿床和铅锌成矿带主要集中分布在扬子地台周缘地区、三江地区及其西延部分（特别是滇西兰坪）、冈底斯地区、秦岭-祁连山地区、内蒙古狼山-渣尔泰地区、大兴安岭区带以及南岭等地区。

铅锌矿原矿性质复杂多变，原矿为硫化矿和氧化矿的混合矿，部分矿石氧化率高。矿物之间的嵌布关系复杂，共生密切，比较难磨难选。选矿时，多在细磨后用浮选方法分离有用矿物与脉石，产出铅精矿和锌精矿。国内某铅锌矿山选矿工艺流程见图 1-16。

铅锌矿山采选废水主要包括采矿矿井涌水、选矿废水及尾矿库废水、废石场淋溶水等。由于其成矿特点，废水中不同程度地含有少量重金属离子、选矿药剂等；若处理不当，可能对地下水、地表水、土壤等造成污染。

（1）矿井涌水

矿床开采破坏局部含水层，将含水层中的地下水疏排至井下巷道。铅锌矿本身就富含铅、锌等重金属离子，废水渗入地下，对土壤及地下水存在潜在污染风险。鲁春艳等对康家湾铅锌矿区矿井涌水及选矿废水水质进行了检测分析，发现矿井涌水中主要污染物为 COD 及重金属等[58]，见表 1-5。

表 1-5　康家湾矿矿井涌水及选矿废水水质　　　　　单位：mg/L（pH 值除外）

水样名称	COD 质量浓度	Pb 质量浓度	Zn 质量浓度	Cd 质量浓度	Cu 质量浓度	As 质量浓度	SS 质量浓度	pH 值
矿井涌水	31	1.39	3.82	0.286	0.468	0.191	46	6.58
选矿废水	95.7	2.532	4.65	0.135	0.146	0.288	206	10.28

（2）选矿废水

铅锌选矿废水具有高碱度、高硬度等特点，含重金属、选矿药剂及悬浮物等污染物，若不经处理直接排放，将会对矿区周边的地表水、地下水、土壤、农田等造成污染，甚至威胁人类身体健康[59]。鲁春艳等对康家湾铅锌矿区选矿废水水质进行了检测分析，发现选矿废水中 pH 值高达 10.28，铅质量浓度高达 2.532 mg/L，锌质量浓度高达 4.65 mg/L，均超过《地下水质量标准》（GB/T 14848—2017）Ⅲ类水质标准限值，泄漏后存在极大的地下水污染风险。

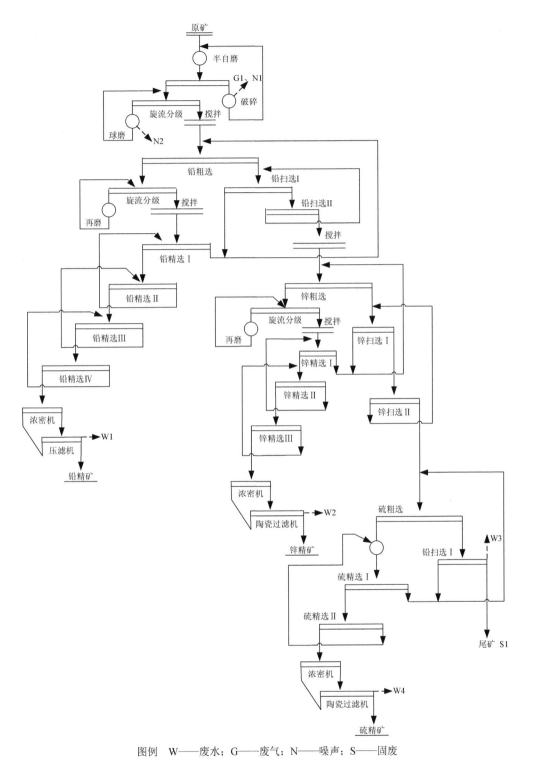

图例 W——废水；G——废气；N——噪声；S——固废

图 1-16 国内某铅锌矿浮选工艺流程图

铅锌选矿废水处理常用的方法包括酸碱中和法、化学沉淀法、混凝沉淀法等，往往不是单独使用一种处理方法，而是多重方法组合构成铅锌选矿废水处理工艺，如凡口铅锌矿采用自然澄清+多级沉淀+絮凝沉淀等的工艺组合，栖霞山铅锌矿采用酸碱调节+混凝沉淀+活性炭吸附的处理工艺组合，会泽铅锌矿采用酸碱调节+化学沉淀+混凝沉淀+活性炭吸附+臭氧氧化等的处理工艺流程。选矿废水经处理后一般返回选矿工艺流程循环使用。

（3）尾矿库废水

尾矿库废水水质基本与选矿废水类似，尾矿库的废水渗漏对地下水环境存在污染风险。

（4）废石场淋溶水

废石场淋溶水一般在降水条件下形成，水量一般较小，污染物浓度也较低。部分属性为第 I 类一般工业固体废物的矿山废石直接充填井下采空区。

1.3 有色金属冶炼行业地下水污染源

1.3.1 铜冶炼业

1.3.1.1 铜冶炼概况

（1）基本情况

铜冶炼指以铜精矿、铜矿石（主要为氧化铜矿、低品位硫化铜矿等）为主要原料提炼铜的生产活动，包括火法铜冶炼和湿法铜冶炼，其中以火法铜冶炼为主。根据 2019 年我国精炼铜年产能情况分析，60%为矿产铜火法冶炼产能，而湿法铜冶炼产能仅占 2%左右，其余为再生铜冶炼产能。本节涉及的铜冶炼行业情况均指矿产铜冶炼。

近年来，随着铜冶炼业的快速发展，我国铜冶炼企业基本完成产业技术改造，产业集中度明显提高。江西铜业集团公司、铜陵公司、云南铜业公司、大冶有色金属公司、金川集团公司、白银公司、中条山有色金属公司等已发展成为大型铜冶炼联合企业；这些大型铜冶炼企业的精炼铜产量已达到全国总产量的 70%以上。

与其他有色金属冶炼产业比较，我国铜冶炼产业集中度相对较高。我国铜冶炼工业呈现厂家众多、工艺纷繁的特色，主要工艺为闪速熔炼法、浸没式顶吹（奥斯麦特、艾萨）法、富氧底吹法、双侧吹法和白银法等，吹炼仍以 P-S 转炉为主，闪速吹炼已在几家大型铜厂应用，产能达 120 万 t/a 以上[60]。

（2）主要生产工艺

铜矿物原料的冶炼方法可分两大类：火法冶炼与湿法冶炼。在我国，火法炼铜是生产铜的主要方法，特别是对硫化铜矿，基本全部采用火法冶炼工艺。其生产过程一般由以下几个工序组成：备料、熔炼、吹炼、火法精炼、电解精炼；最终产品为电解铜。

备料工序：其目的是将铜精矿、燃料、熔剂等物料进行预处理，使之符合不同冶炼工艺的需要。

熔炼工序：其目的是通过不同的熔炼方法，对铜精矿造锍熔炼，炼成含铜、硫、铁及贵金属的冰铜，使之与杂质炉渣分离；产出的含二氧化硫烟气经收尘后用于制造硫酸或其他硫制品，烟尘返回备料工序。

吹炼工序：其目的是除去冰铜中的硫铁，形成含铜及贵金属的粗铜，使之与炉渣分离；产出的含二氧化硫烟气经收尘后用于制造硫酸或其他硫制品，烟尘返回备料工序。

火法精炼工序：其目的是将粗铜中氧元素、硫元素等杂质进一步去除，浇铸出符合电解需要的阳极板。

电解精炼工序：其目的是除去阳极板的杂质，进一步提纯，生产出符合标准的电解铜成品，并把金、银等贵金属富集在阳极泥中。

湿法炼铜是在常温常压或高压下，用溶剂或细菌浸出矿石或焙烧矿中的铜，浸出液经过萃取或其他净液方法，使铜和杂质分离，然后用电积法将溶液中的铜提取出来。氧化矿和自然铜矿通常采用溶剂直接浸出方法；硫化矿通常采用细菌浸出方法。

1.3.1.2　地下水污染源识别

在进行地下水污染源识别时，应根据铜冶炼的生产工艺及产污环节，结合现场调查，对可能影响地下水的工序或设施设备（包括地上设施及地下隐蔽工程）进行逐一排查。以火法炼铜为例，火法铜冶炼企业生产过程中与地下水密切相关的部分主要为废水产生和处理环节以及固废产生和处理环节。

（1）废水污染源识别

①废水的产生。

铜冶炼生产过程中产生的废水主要包括生产废水、生活污水及初期雨水。

a. 生产废水。

生产废水主要为污酸、酸性废水和一般生产废水等。

污酸指冶炼烟气制酸过程净化工序排出的含有硫酸、重金属等和其他有害杂质的稀酸溶液。主要来源于铜冶炼烟气制酸过程中的净化工序，主要污染物为稀硫酸、重金属、氟化物和悬浮物等。污酸主要污染物成分及含量见表1-6。

酸性废水指铜冶炼过程产生的含有重金属、酸、悬浮物等有害物质的废水。主要来源于污酸处理后液、烟气制酸系统排出的电除雾器冲洗水、脱硫废水、制酸区地面冲洗水、湿法车间工艺排水、酸雾净化排水、污染地面冲洗水、实验室废水、危险废物填埋场或临时贮存场的渗滤液、萃余液等，主要污染物为重金属、酸、氟化物、悬浮物等。酸性废水主要污染物成分及含量见表1-7。

表 1-6　污酸主要污染物成分及含量

成分	含量/（mg/L）	成分	含量/（mg/L）
总铜	50～500	总钴	1～10
总砷	1 000～15 000	总汞	0.1～10
总锌	20～300	氟化物	30～1 000
总铅	1～50	悬浮物	500～3 000
总镉	1～150	H_2SO_4	1%～10%
总镍	10～150		

注：H_2SO_4 浓度单位为质量百分比浓度。

表 1-7　酸性废水主要污染物成分及含量

成分	含量/（mg/L）	成分	含量/（mg/L）
总铜	10～70	总钴	1～5
总砷	10～200	硫化物	1～20
总铅	10～20	氟化物	10～200
总锌	20～300	悬浮物	1 000～2 000
总镉	10～80	pH 值	2～5
总镍	1～5		

一般生产废水指污酸和酸性废水之外，生产过程中排出的其他废水。主要包括锅炉排出的热污染水，除盐水站和软水站排出的浓盐水，间冷循环冷却水系统的排污水，一般工业固体废物贮存及处置场渗滤液，公辅及配套设施排出的含悬浮物、油等污染物的废水。

b. 生活污水。

生活污水主要来自卫生间、食堂、浴室，含有 BOD、COD、氨氮等污染物。

c. 初期雨水。

初期雨水主要指铜冶炼过程中富集在厂区地面、屋顶、设备表面的颗粒物和跑冒滴漏的污染物随雨水形成的初期径流。新（改、扩）建企业初期雨水收集量宜按不少于被污染区域的 15 mm 降水量确定。初期雨水按照受污染程度的不同分为硫酸场地初期雨水和其他生产区域初期雨水。硫酸场地初期雨水受污染程度重，含酸、重金属等污染物质；其他生产区域初期雨水受污染程度轻，但仍需要处理。另外，初期雨水收集之后的后期雨水基本可认为是洁净雨水，可以直接排放。

②废水的治理及排放。

a. 废水分级处理设施。

废水处理设施一般为：污酸处理站处理污酸；综合废水处理站处理污酸处理后液、酸性废水和一般生产废水；废水深度处理站处理综合废水处理站的处理后液；初期雨水处理站处理初期雨水；生活污水处理站处理生活污水。其中，污酸处理站、综合废水处理站、废水深度处理站与初期雨水处理站可根据实际情况合建或分建[61]。

b. 废水分级处理工艺。

污酸处理工艺：目前，铜冶炼项目中最常用的污酸处理技术是石灰中和法、硫化法或组合工艺。砷含量小于 500 mg/L 时，宜采用石灰中和法处理；砷含量超过 500 mg/L 时，宜采用硫化法+石灰中和法。污酸处理后液 pH 值宜控制在 2 左右，后续处理工艺与酸性废水处理相同。

酸性废水处理工艺：宜选用中和法、石灰-铁盐法或电化学法，也可根据需要选择组合工艺。

一般生产废水处理工艺：需根据污染物成分选用 pH 值调整、气浮、絮凝沉淀等工艺。

生活污水处理工艺：多采用较为成熟的生化处理技术，如接触氧化法，选用地埋式生活污水成套治理设备。

初期雨水处理工艺：宜选用中和法、石灰-铁盐法、电化学法或重金属捕集剂去除重金属，可与酸性废水合并处理，也可单独处理。

其中，有些企业为了提高水的重复利用率、减少新水取用，在生产废水处理的末端，增加一套深度处理工艺，即膜处理工艺，以提高回用水的水质，使之能回用于对水质要求高的生产工序。膜处理工艺通常采用"超滤+反渗透"或"超滤+纳滤"等工艺。

在废水治理的基础上，部分企业可以实现废水零排放，或者含重金属废水零排放，而部分企业在生产过程中必须排放一部分废水以维持生产的水平衡，废水的排放需要达到《铜、镍、钴工业污染物排放标准》（GB 25467）等国家或地方相关排放标准的要求。同时，为了防止废水污染源对土壤和地下水造成污染，根据《铜冶炼废水治理工程技术规范》的要求，铜冶炼企业建设涉及重金属等有毒有害物质的生产装置、储罐和管道，或者污水调节池、处理池和应急池等存在土壤污染风险的设施，应当按照国家有关标准和规范的要求，设计、建设和安装有关防腐蚀、防泄漏设施和泄漏监测装置，防止污染土壤和地下水。而且对铜冶炼企业产生的废水，应分类收集、分质处理，实现清污分流、雨污分流。应优先回用含有重金属的废水。废水处理达标后，宜优先回用。随着环保要求的提高和环保意识的增强，企业对废水的处理从被动到主动，特别是生产工艺的不断改进和完善为废水的循环利用提供了技术保证[62]。

③污染源识别。

在铜冶炼企业生产运行过程中，大部分工序都有废水产生，其中对地下水有污染风险的废水污染源包括以下 4 个部分。

a. 生产废水处理站。

铜冶炼企业生产过程中产生大量生产废水，尽管废水产生的环节不同，但废水最终都进入生产废水处理站（包括污酸处理站、综合废水处理站、深度处理站）。废水中的污染物主要为酸、Zn^{2+}、Cu^{2+}、Pb^{2+}、Cd^{2+}、Ni^{2+}、As^{3+}、Co^{2+}、F^+、Hg^{2+}等，因此生产废水处理站是全厂区废水最集中的部分。生产废水处理站分布有废水调节池、反应池、沉淀池、回水池等多个废水贮存水池，且各池体多为地下或半地下设施，一旦废水发生泄漏，则直接泄漏至地下，对地下水产生污染风险；生产废水处理站内还分布有加药间、污泥池、污泥压滤间等含有毒有害物质的场所；加之废水中污染物成分及浓度均是全厂区最复杂的，因此铜冶炼企业的生产废水处理站是最大的地下水污染源，应予以重点关注。

b. 事故池及初期雨水收集池。

除了生产废水处理站，铜冶炼厂区内还分散有多处接地的事故池或应急池，如制酸系统净化工序的事故集液池、电解车间及净液车间的废液收集地坑、车间冲洗水收集池以及全厂区的事故池等。部分铜冶炼企业的这些事故池或应急池平时都有少量废水积存，甚至有的事故池长期处于集满状态，一旦池体的防渗系统发生破裂，将导致废水泄漏污染地下水的情况发生。另外，初期雨水收集池（部分企业建有初期雨水处理站）收集全厂降雨时的初期雨水，初期雨水中含有酸、重金属、悬浮物等污染物，如不能及时消耗，也是较大的地下水污染源。因此，铜冶炼厂区内分散在各工序的事故池或应急池、初期雨水收集池及初期雨水处理站是较大的地下水污染源，也应予以重视。

c. 悬空的槽罐及浓密池。

铜冶炼企业的部分工序分布有储存生产废水、成品酸或有毒有害物质的槽罐，如制酸系统的污酸槽、硫酸储罐，电解系统的电解槽，还有地上悬空的浓密池等。尽管悬空装置的下方均设有防渗的事故池或围堰，但这些槽罐及浓密池中存有大量有毒有害的物质，一旦发生事故，且事故池或围堰未能全部拦截事故废水，就会造成事故废水漫流，进而下渗污染地下水。因此，对于悬空的槽罐及浓密池也要予以重视。

d. 管线设备的跑冒滴漏。

根据现场调研，大部分铜冶炼企业（尤其是老厂区）均或多或少地存在管线设备的废水跑冒滴漏现象。即便有防止跑冒滴漏的措施，有时也不能覆盖全厂区的管线和设备。长时间的废水跑冒滴漏可能污染包气带，进而通过降水淋溶而下渗污染地下水。因此，铜冶炼厂区的管线、设备等的跑冒滴漏也是地下水的一个污染源，应给予一定的重视。

（2）固废污染源识别

①固废的产生。

铜冶炼主要分为火法和湿法两种。目前，国内外铜冶炼企业较多采用火法冶炼工艺。火法炼铜产生的固体废物主要有渣选矿尾矿、污水处理渣、脱硫副产物、铅滤饼、砷滤饼、白烟尘、废触媒、黑铜粉等以及一些中间产物。湿法炼铜产生的固体废物主要为浸出渣。其中，渣选矿尾矿为一般固废；污水处理渣、湿法炼铜浸出渣、脱硫副产物的属性需经过鉴别；铅滤饼、砷滤饼、白烟尘、废触媒、黑铜粉为危险废物；而中间产物一般回用于生产工序的内循环中，如熔炼过程中产生的粗烟尘作为返料返回熔炼炉；吹炼炉和阳极炉产生的炉渣含铜量在 20%～50%之间，作为返料返回熔炼炉。

铜火法冶炼的工艺一般为：铜精矿经熔炼炉熔炼产出铜锍，再经吹炼炉吹炼产出粗铜；粗铜经阳极炉精炼并浇铸成阳极板，阳极板再经电解精炼得到纯度为 99.99%的阴极铜。在火法冶炼过程中，铜精矿中的硫被氧化成 SO_2 并进入冶炼烟气，经制酸系统回收硫酸，其他元素大部分进入冶炼渣和烟尘等固体废物中[63]。铜火法冶炼的典型工艺流程及固废产生环节见图 1-17。

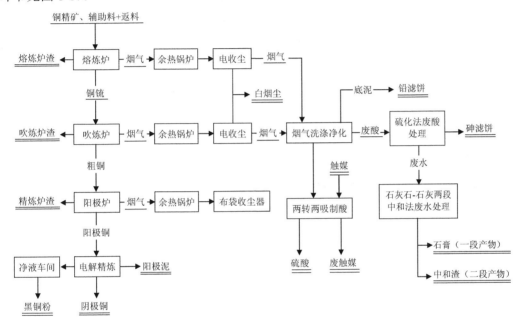

图 1-17　火法铜冶炼过程固废产生节点

a. 一般工业固体废物。

铜火法冶炼产生的一般工业固体废物主要为渣选矿尾矿，若有燃煤锅炉，还产生炉渣。熔炼工序的熔炼炉产生熔炼渣，其主要成分为 SiO_2、Fe、S、Cu 等，产率为 2.5～3.0 t/t，密度约为 3.5 t/m^3，渣中铜品位一般在 2%～3%，具有回收价值，多采用浮选工艺回收铜精矿，浮选尾矿即为渣选矿尾矿，尾矿中铜的含量一般可控制在 0.35%以下，为一般工业固体废物。

b. 危险废物。

铜火法冶炼产生的危险废物主要为铅滤饼、砷滤饼、白烟尘、废触媒、黑铜粉等。火法炼铜过程中，熔炼炉和吹炼炉产生的烟气经过电收尘器进行收尘，收集的部分细烟尘需要进行开路，开路烟尘即为白烟尘。电解净液车间脱铜电解工序产生的底泥即为黑铜粉。熔炼及吹炼过程中产生的 SO_2 烟气经过制酸系统净化工序洗涤后，沉淀下的污泥经压滤后即得到酸泥（铅滤饼）；而制酸系统净化工序洗涤后产生的污酸含砷量高达 10 g/L，目前处理含砷污酸大多采用硫化沉淀法，沉淀渣经压滤后即得到砷渣（砷滤饼）；在制酸系统转化工序需利用触媒作为催化剂生产硫酸，失效的触媒即为废触媒。其中以白烟尘、砷滤饼及铅滤饼的量为最大，是火法铜冶炼的主要危险废物。

②固废处理处置。

对各类固废的处理处置，一般遵循厂内设暂存场地、自身回收利用加外委处置的综合利用方案。其中，对暂时无法利用或需要周转的固体废物，需企业自建堆场和仓库。固废在厂内暂存期间，一般要求堆存在仓库内，避免露天堆放而产生扬尘和降水渗流等二次污染。一般工业固体废物暂存堆场或仓库的建设应遵循《一般工业固体废物贮存和填埋污染控制标准》（GB 18599）的相关要求，危险废物暂存堆场或仓库的建设应遵循《危险废物贮存污染控制标准》（GB 18597）的相关要求。有些冶炼企业配套了相应设施以回收固废中的有价金属，如利用砷滤饼生产 As_2O_3；从冶炼烟气中回收铜、锌、铟等有价金属的工艺也比较成熟并应用广泛，主要是采用湿法冶炼工艺，通过浸出、净化、电积等回收铜、锌，也有企业采用火法工艺先回收铅后，再采用湿法工艺回收其他有色金属等。

受建设规模、场地条件、经济效益等因素影响，铜冶炼企业难以做到对所有固废的再回收利用，外委处置是重要的解决途径。其中，渣选尾矿多作为水泥厂原料，石膏渣多作为建筑材料进行综合利用；白烟尘、砷滤饼和铅滤饼多作为湿法冶炼厂的原料回收有价金属，废触媒一般由专业生产厂家负责更换，回收废触媒进行再生。由于白烟尘、砷滤饼、铅滤饼和废触媒属危险废物，在外委处置时须按照危险废物转移联单要求并委托有相应处理资质的单位处置。

③污染源识别。

铜冶炼企业生产运行过程中产生的固废包括一般工业固体废物及危险废物。一般来说，厂内均设有一般工业固体废物及危险废物的临时堆存场或临时渣库，对地下水污染风险较大的是危险废物临时渣库，主要体现在两个方面。

a. 渣库地面发生泄漏。

正规的危险废物临时渣库的地面及四周围墙均进行了防渗设计，避免危险废物堆存过程中产生的渗滤液下渗污染地下水。防渗系统分为多层结构，核心结构为 HDPE 膜，其典型结构见图 1-18。一般情况下，渣库地面不会发生防渗系统破裂而使渗滤液泄漏至地下的情况，但在事故情况下，防渗系统有可能产生裂缝或发生其他破裂情况，导致渗滤液沿破裂处泄漏污染地下水。另外，部分企业的渣库由于建设历史久远或者由于各方面原因渣库建设不规范，导致渣库地面防渗系统的防渗性能较差甚至无防渗系统，不能有效拦截渗滤液的下渗，导致渣库的渗滤液缓慢而持续地下渗，造成了持续性的地下水污染。因此，渣库地面防渗系统的有效性是阻止污染物下渗污染地下水的重要指标，应予以重点关注，并定期进行巡视和检查。

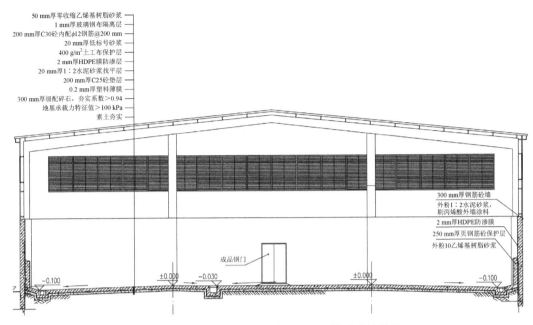

50 mm厚零收缩乙烯基树脂砂浆
1 mm厚玻璃钢布隔离层
200 mm厚C30砼内配φ12钢筋@200 mm
20 mm厚低标号砂浆
400 g/m² 土工布保护层
2 mm厚HDPE膜防渗层
20 mm厚1：2水泥砂浆找平层
200 mm厚C25砼垫层
0.2 mm厚塑料薄膜
300 mm厚级配碎石，夯实系数＞0.94
地基承载力特征值＞100 kPa
素土夯实

300 mm厚钢筋砼墙
外粉1：2水泥砂浆，刷丙烯酸外墙涂料
2 mm厚HDPE防渗膜
250 mm厚页钢筋砼保护层
外粉10乙烯基树脂砂浆

成品钢门

−0.100　　±0.000　　−0.030　　　±0.000　　　−0.100

图 1-18　典型危险废物渣库地面及围墙防渗结构图

b. 渣库的集液池发生泄漏。

一般情况下，危险废物渣库都配套有室内渗滤液收集池（集液池）以及室外洗车系统，而洗车系统则配有洗车废水沉淀池。其中，集液池是收集危险废物渗滤液的设施，需重点防渗，其收集的渗滤液的重金属浓度比沉淀池废水中重金属的浓度大，因此集液池是重点关注对象。事故情况下，一旦集液池的防渗系统发生破裂，则废液将泄漏至地下污染地下水。若集液池防渗系统不规范、性能较差，或者没有防渗系统，则废液将造成地下水的持续污染。因此，渣库的集液池也是地下水的重点风险源。

1.3.2　铅锌冶炼业

1.3.2.1　基本概况

（1）铅冶炼

近年来，我国铅冶炼工业得到了长足的发展，我国已成为全球最大的精铅生产国和第二大精铅消费国。我国精铅生产主要分布在资源禀赋比较好的湖南、云南，以及大量利用进口原料的河南和大量生产再生铅的湖北等[64]。铅冶炼是指将铅精矿熔炼，使硫化铅氧化为氧化铅，再利用碳质还原剂在高温下使氧化铅还原为金属铅的过程。铅冶炼通常分为粗铅冶炼和精炼两个步骤。

粗铅冶炼过程是指铅精矿经过氧化脱硫、还原熔炼、铅渣分离等工序，产出粗铅，粗铅含铅 95%～98%。目前，世界上粗铅的生产主要采用火法工艺，火法炼铅工艺包括传统炼铅法和直接炼铅法。当前,我国铅冶炼企业采用传统工艺(如烧结-鼓风炉熔炼法、电炉熔炼法等)的比重已大幅减少,近年来投产或即将建设的铅冶炼厂多采用直接炼铅法,如富氧熔池熔炼-液态高铅渣直接还原工艺、富氧闪速熔炼工艺、富氧熔池熔炼-鼓风炉还原工艺等。

粗铅中含有铜、锌、镉、砷等多种杂质,再进一步精炼、去除杂质,形成精铅,精铅含铅99.99%以上。粗铅精炼分为火法精炼和电解精炼,我国通常采用电解精炼。铅冶炼生产工艺流程及主要产污环节如图1-19所示。

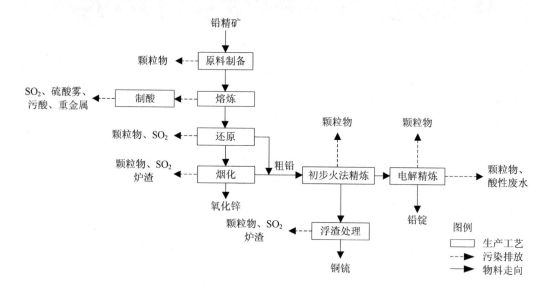

图1-19 铅冶炼生产工艺流程及主要产排污环节

铅冶炼过程中产生的废水包括炉窑设备冷却水、冲渣废水、高盐水、冲洗废水、烟气净化废水等。铅冶炼主要水污染物及来源见表1-8。

表1-8 铅冶炼主要水污染物及来源

工序	产污节点	主要污染物
熔炼-还原工序	炉窑汽化水套或水冷水套、余热锅炉	盐类
烟化工序	炉窑汽化水套或水冷水套、余热锅炉	盐类
	冲渣	固体悬浮物(SS)、重金属(Pb、Zn、As等)
烟气制酸工序	制酸系统烟气净化装置	酸、重金属(Pb、Zn、As、Cd、Hg等)、SS
浮渣处理工序	炉窑汽化水套或水冷水套、余热锅炉	盐类
电解精炼工序	阴极板冲洗水、地面冲洗水	酸、重金属(Pb、Zn、As等)、SS
软化水处理站	软化水处理后产生的高盐水	钙离子、镁离子等

工序	产污节点	主要污染物
初期雨水收集	熔炼区、电解区、制酸区等区域的初期雨水	酸、重金属（Pb、Zn、As、Cd、Hg 等）、SS
废气湿式除尘	湿式除尘器	SS、重金属（Pb、Zn、As、Cd、Hg 等）

　　铅冶炼过程中产生的固体废物主要包括烟化炉渣、浮渣处理炉渣、含砷废渣、脱硫石膏渣及废触媒等。铅冶炼主要固体废物及来源见表 1-9。

表 1-9　铅冶炼主要固体废物及来源

工序	产污节点	主要污染物
烟化工序	烟化炉	烟化炉水淬渣（含 Pb、Zn、As、Cu 等）
烟气制酸工序	污酸处理系统	含砷废渣（含 Pb、Zn、As、Cd、Hg 等）
	制酸系统转化工序	废触媒（主要成分为 V_2O_5）
浮渣处理工序	铜浮渣处理	浮渣处理炉渣（含 Pb、Zn、As、Cu 等）
电解精炼工序	电解槽	阳极泥
烟气脱硫系统	烟气脱硫系统	脱硫副产物

（2）锌冶炼

　　我国是锌的生产和消费大国，锌资源储量位居世界第一位，占世界储量的 15%[65]。锌冶炼是指以硫化锌精矿或氧化矿为主要原料生产锌锭的全过程，分为火法冶炼和湿法冶炼。其中，锌火法冶炼是指在高温下从矿石、精矿或其他物料中提取和精炼锌的过程；锌湿法冶炼是指将矿石、精矿、焙砂或其他物料中某些金属组分溶解在水溶液中，从中提取锌的过程。

　　火法炼锌有竖罐炼锌和 ISP 炼锌，竖罐炼锌属于淘汰炼锌工艺，已逐步被其他工艺所取代。ISP 炼锌工艺适合于铅锌混合精矿，在我国韶关冶炼厂、葫芦岛锌业公司、陕西东岭冶炼厂及白银公司第三冶炼厂采用此工艺。

　　湿法炼锌厂通称电锌厂，湿法冶炼是当今炼锌的主要方法，其产量约占锌总产量的 85% 以上。湿法炼锌具有劳动条件好、环保、能耗较低、金属回收率高和生产易于连续化、自动化、大型化等优点，新建锌冶炼厂普遍采用。世界各国电锌厂主干流程是相同的，均为浸出—净化—电积—熔铸。根据浸出过程不同，分为部分湿法炼锌工艺和全湿法炼锌工艺。部分湿法炼锌工艺包括常规湿法炼锌和高温高酸湿法炼锌；全湿法炼锌工艺包括加压氧浸工艺和常压氧浸工艺。以我国典型湿法炼锌工艺——常规湿法炼锌为例，其生产工艺流程及主要产污环节见图 1-20。

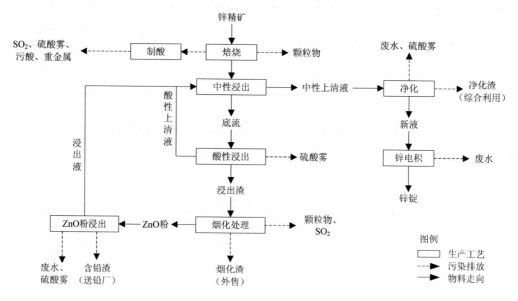

图 1-20　锌冶炼生产工艺流程及主要产排污环节

锌冶炼过程中产生的废水包括设备冷却水、锅炉排污水、冲渣废水、高盐水、车间冲洗废水、烟气净化废水等。锌冶炼主要水污染物及来源见表 1-10。

表 1-10　锌冶炼主要水污染物及来源

工序	产污节点	主要污染物
焙烧工序	风机、水泵冷却水、余热锅炉	盐类
回转窑工序	设备冷却水、余热锅炉	盐类
	冲渣	固体悬浮物（SS）、重金属（Pb、Zn、As 等）
烟气制酸工序	制酸系统烟气净化装置、地面冲洗水	污酸、重金属（Pb、Zn、As、Cd、Hg 等）、SS
浸出净化工序	泵冷却水	盐类
	碱洗废水、地面冲洗水	碱、重金属（Pb、Zn、As、Cd、Hg 等）、SS
电积工序	阴极板冲洗水、地面冲洗水	酸、重金属（Pb、Zn、As 等）、SS
软化水处理站	软化水处理后产生的高盐水	钙离子、镁离子等
初期雨水收集	焙烧区、浸出净化区、电积区、制酸区等区域的初期雨水	酸、重金属（Pb、Zn、As、Cd、Hg 等）、SS
废气湿式除尘	湿式除尘器	SS、重金属（Pb、Zn、As、Cd、Hg 等）

锌冶炼过程中产生的固体废物主要包括回转窑渣、浸出渣、铅渣、净化渣、含砷废渣、脱硫石膏渣及废触媒等。锌冶炼主要固体废物及来源见表 1-11。

表 1-11　锌冶炼主要固体废物及来源

工序	产污节点	主要污染物
回转窑工序	回转窑	窑渣（含 Pb、Zn、As 等）
烟气制酸工序	污酸处理系统	含砷废渣（含 Pb、Zn、As、Cd、Hg 等）
	制酸系统转化工序	废触媒（主要成分为 V_2O_5）
浸出净化工序	浸出处理	浸出渣（含 Pb、Zn、As、Cd 等）、铅渣（含 Pb、Zn、As 等）
	净化处理	铜镉渣（含 Cu、Zn、Cd、Pb、As 等）、镍钴渣（含 Ni、Zn、Co 等）
熔铸工序	锌熔铸	浮渣（含 Zn 等）
烟气脱硫系统	烟气脱硫系统	脱硫副产物

1.3.2.2　地下水污染源识别

在进行地下水污染源识别时，应根据铅锌冶炼的生产工艺及产污环节，结合现场调查，对可能影响地下水的工序或设施设备（包括地上设施及地下隐蔽工程）进行逐一排查。铅冶炼以火法工艺为主，锌冶炼以湿法工艺为主，而国内许多大型企业为铅锌联合冶炼企业，同时具备铅冶炼和锌冶炼的生产工艺及污染物产排环节。

与铜冶炼类似，铅锌冶炼企业生产过程中与地下水密切相关的部分主要为废水产生和处理环节以及固废产生和处理环节。废水主要包括污酸、酸性废水、一般生产废水、生活污水、初期雨水，其治理、排放以及地下水泄漏风险点与铜冶炼废水的情况大同小异；固废主要包括一般工业固体废物和危险废物，其地下水泄漏风险部位主要为固废堆存场或渣库的地面防渗系统以及配套集液池的池体防渗系统。相关地下水泄漏风险点现场照片见图 1-21。

铅冶炼制酸系统稀酸地坑　　　　　　　铅冶炼危险废物渣库地面防渗系统

锌冶炼污酸处理工序污酸储罐　　　　　　　　锌冶炼污水处理工序半地下废水池

锌冶炼回转窑工序窑渣冲渣水池　　　　　　锌冶炼浸出工序浓密机底部事故收集地坑

锌冶炼制酸系统废酸收集地坑　　　　　　　　锌冶炼湿法脱硫工序跑冒滴漏

锌冶炼企业事故水池　　　　　　　　　锌冶炼浸出渣场及渗滤液收集池

图 1-21　铅锌冶炼地下水泄漏风险点

1.3.3　其他冶炼业

有色金属冶炼包括常用有色金属冶炼、贵金属冶炼、稀有稀土金属冶炼。其中 10 种常用有色金属包括铜（Cu）、铝（Al）、铅（Pb）、锌（Zn）、镍（Ni）、锡（Sn）、锑（Sb）、汞（Hg）、镁（Mg）、钛（Ti）。2020 年，我国 10 种常用有色金属产量首次突破 6 000 万 t，达到 6 168.0 万 t，同比增长 5.5%，多年来总体保持稳中有升的态势。有色金属冶炼工艺基本上可以分为火法、湿法以及火法+湿法等工艺，其冶炼生产过程中对地下水的潜在影响主要是由冶炼过程中的贮水设施及固废堆场所产生的含重金属废水或渗滤液的泄漏或下渗引起的。

有色金属冶炼业是重金属污染防控重点行业，排放的重金属种类多、危害大，特别是废水中的汞、镉、铬、铅、砷 5 种重金属排放量大，占我国工业废水重金属排放量的 72%。有色金属冶炼业中，铜、铅、锌、镍、钴、锡、锑、汞 8 个冶炼行业排放的重金属量占绝对优势，约占有色金属冶炼业重金属排放量的 98%[66]。所排放的重金属的去向主要为大气、废水、固废。其中，废水和固废中的重金属一旦通过泄漏或下渗至地下，将会对地下水环境产生严重污染。

除铜、铅、锌冶炼业外，其他冶炼业的地下水污染源也基本类似。从整体冶炼工艺来看，火法冶炼中，由于涉及贮水的设施相对于湿法冶炼少，因此火法冶炼工艺中的地下水污染源少于湿法冶炼工艺，湿法冶炼工艺是地下水污染的重点源头；从各类工艺中的产污环节来看，以贮水设施的地下水污染风险最大，固废堆场的地下水污染风险次之；从各产污环节的具体设施来看，重点地下水污染风险源为污酸及酸性废水贮水设施，其次为固废堆场渗滤液贮水设施及厂区一般性生产废水的贮水设施，而厂区内的悬空贮水设施及临时性贮水设施则相对风险较小，但仍需在分区分类防控的同时，统一加强监督管理，防止任何污染源发生泄漏事故污染地下水。

根据以上对地下水污染源的识别，继而可以进行污染源泄漏或渗漏分析，并通过数值模拟技术或解析法进行地下水污染影响预测，模拟污染的程度、范围、污染物迁移规律等，然后进行地下水污染"源头控制—过程阻断—末端治理—风险防控"的全链条污染治理设计。其中，防渗技术是源头控制和过程阻断的常用手段，也是有色金属冶炼行业普遍采用的地下水污染防控技术。在防渗需求分析的基础上，应针对需要防渗漏（控制）处理的区域或部位，开展防渗工程设计。

一般来说，防渗工程的设计使用年限不应低于其主体工程的设计使用年限，且不得少于 10 年；主体工程服务年限到期后，污染源仍持续存在的，应对防渗设计的性能进行检测和评估。根据装置及设施发生污染物泄漏后是否容易及时发现和处理、所在区域的天然包气带防污性能以及污染物的危害程度，将地下水污染防渗分区划分为重点防渗区、一般防渗区、简单防渗区。防渗层可由单一或多种防渗材料组成，采用的防渗材料及施工工艺应符合健康、安全、环保的要求。具体防渗技术及要求可参见《地下水污染源防渗技术指南（试行）》（2020 年）。

目前，国内地下水防渗工程采用的防渗技术包括压实黏土防渗、混凝土防渗、高密度聚乙烯土工膜（HDPE 膜）防渗、钠基膨润土防水毯防渗等，其中最常见也是最有效的是 HDPE 膜防渗，其具有服务年限长、防渗性能优越、抗拉抗压性强、施工技术成熟等优点，但也会在填埋环境下发生氧化和老化，导致防渗性能下降或丧失。国内外许多学者针对影响 HDPE 膜耗损的不同因素及其影响规律开展了许多研究，最新的研究成果显示[67]，通过在 HDPE 膜中加入一定比例的抗氧化剂，可有效延缓其氧化和老化的程度，从而延长其使用寿命，并分析了不同因素（暴露介质、暴露条件、渗滤液特性、膜品牌、膜厚度、温度等）对抗氧化剂耗损的影响，结果表明在各因素最优组合下，HDPE 膜抗氧化剂完全耗损的时间为 900 年，反之最不利组合下，仅需要 6 年。因此在有利情况下，HDPE 膜中抗氧化剂的存在和有效可保证膜的防渗性能，也凸显出膜品牌、规格选择以及优化其服役暴露环境的重要性。

另外，在与地下水数值模拟预测有关的前期工作、模拟技术与要求、后期防控等方面，相关部门已经出台了多项有针对性的技术规范或指南，包括《地下水污染防治实施方案》（2019 年）、《地下水环境状况调查评价工作指南》（2019 年）、《地下水污染模拟预测评估工作指南》（2019 年）、《地下水污染防治分区划分工作指南》（2019 年）、《地下水环境监测技术规范》（HJ 164—2020）、《废弃井封井回填技术指南（试行）》（2020 年）等，可供借鉴。

参考文献

[1]　杨清龙，彭思毅. 我国地下水污染原因分析以及策略思考[J]. 环境科学导刊，2020，39（S1）：34-35.

[2]　邓湘湘. 我国有色金属行业环境污染形势分析与研究[J]. 湖南有色金属，2010，26（3）：55-59.

[3]　刘和国. 有色金属矿产资源开发利用的环境问题研究[J]. 中国高新技术企业，2013（24）：83-85.

[4]　黄远东，刘泽宇，许璇. 中国有色金属行业的环境污染及其处理技术[J]. 中国钨业，2015，30（3）：67-72.

[5]　廖国礼. 典型有色金属矿山重金属迁移规律与污染评价研究[D]. 长沙：中南大学，2005.

[6]　邵立南，杨晓松. 我国有色金属冶炼废水处理的研究现状和发展趋势[J]. 有色金属工程，2011，1（4）：39-42.

[7]　Qu W J，Wang C Y，Luo M H，et al. Distributions，quality assessments and fluxes of heavy metals carried by submarine groundwater discharge in different types of wetlands in Jiaozhou Bay，China[J]. Marine Pollution Bulletin，2020，157：111310.

[8]　Khaiwal R，Suman M. Distribution and health risk assessment of arsenic and selected heavy metals in groundwater of Chandigarh，India [J]. Environmental Pollution，2019，250：820-830.

[9]　Chiamsathit C，Auttamana S，Thammarakcharoen S. Heavy metal pollution index for assessment of seasonal groundwater supply quality in hillside area，Kalasin，Thailand[J]. Applied Water Science，2020，10（142）：8.

[10]　钱建平，李伟，张力，等. 地下水中重金属污染来源及研究方法综析[J]. 地球与环境，2018，46（6）：613-620.

[11]　贺亚雪，代朝猛，苏益明，等. 地下水重金属污染修复技术研究进展[J]. 水处理技术，2016（2）：1-5.

[12]　乔晓辉，陈建平，王明玉，等. 华北平原地下水重金属山前至滨海空间分布特征与规律[J]. 地球与环境，2013（3）：209-215.

[13]　张兆吉，费宇红，郭春艳，等. 华北平原区域地下水污染评价[J]. 吉林大学学报（地球科学版），2012，42（5）：1456-1461.

[14]　张妍，李发东，欧阳竹，等. 黄河下游引黄灌区地下水重金属分布及健康风险评估[J]. 环境科学，2013，34（1）：121-128.

[15]　文冬光，周迅，张玉玺，等. 中国东部主要平原地下水质量与污染评价[J]. 地球科学：中国地质大学学报，2012（2）：220-228.

[16]　Graham B，Macklin M G，Brewer P A，et al. Heavy metals in potable groundwater of mining-affected river catchments，northwestern Romania[J]. Environmental Geochemistry & Health，2009，31（6）：741.

[17] Lei L Q，Song C A，Xie X L，et al. Acid mine drainage and heavy metal contamination in groundwater of metal sulfide mine at arid territory（BS mine，Western Australia）[J]. Transactions of Nonferrous Metals Society of China，2010（8）：1488-1493.

[18] Singh U K，Ramanathan A L，Subramanian V，et al. Groundwater chemistry and human health risk assessment in the mining region of East Singhbhum，Jharkhand，India[J]. Chemosphere：Environmental Toxicology and Risk Assessment，2018，204：501-513.

[19] Okegye J I，Gajere J N. Assessment of heavy metal contamination in surface and ground water resources around Udege Mbeki Mining District，North-Central Nigeria[J]. Journal of Geology & Geophysics，2015，4（3）：1000203.

[20] 骆坚平，李娜，马梅，等. 用成组生物效应标记方法定量评价饮用水健康风险[J]. 环境科学学报，2007，11：1778-1782.

[21] 莫时雄. 典型金属矿山岩土工程环境评价体系与预警系统研究[D]. 长沙：中南大学，2008.

[22] 陈武，艾俊哲，李凡修，等. 地下水水质综合评价方法探讨[J]. 地下水，2002，24（2）：74-75.

[23] 许传坤，翟亚男. 地下水环境质量评价方法研究[J]. 水利技术监督，2021（6）：144-148，161.

[24] 汪珊，孙继朝，李政红. 西北地区地下水质量评价[J]. 水文地质工程地质，2004（4）：96-100.

[25] 马振民，石冰，高宗军. 泰安市地下水污染现状与成因分析[J]. 山东地质，2002，18（2）：24-28.

[26] 滕应，陈梦舫. 稀土尾矿区地下水污染风险评估与防控修复研究[M]. 北京：科学出版社，2016.

[27] 肖立权，陈海英. 地下水铅污染现状及其修复方法[J]. 中国科技纵横，2012（21）：35-35.

[28] 张越男. 大宝山尾矿库区地下水重金属污染特征及健康风险研究[D]. 长沙：湖南大学，2013.

[29] 艾提业古丽·热西提，麦麦提吐尔逊·艾则孜，迪力夏提·司马义，等. 博斯腾湖流域浅层地下水重金属分布特征[J]. 地球与环境，2019，47（3）：345-351.

[30] 杜亚鲁. 土壤地下水重金属污染特征与评价研究[J]. 北方环境，2020，32（4）：174-176.

[31] 王修，王建平，陈洪，等. 我国金矿资源形势分析及可持续发展对策[J]. 矿业研究与开发，2015，35（10）：99-103.

[32] 中华人民共和国自然资源部. 中国矿产资源报告2020[M]. 北京：地质出版社，2020.

[33] 蔺志永，张生辉，牛翠祎，等. 中国金矿资源调查报告[M]. 北京：地质出版社，2016.

[34] 孙兆学. 中国金矿资源现状及可持续发展对策[J]. 黄金，2009，30（1）：12-13.

[35] 罗栋，王艳楠. 我国金矿资源现状与找矿方向[J]. 资源与产业，2013，15（4）：51-57.

[36] 刘焕军，卓志丽，刘晓辉. 我国金矿资源与地质勘查形势的初步探讨[J]. 地探世界，2013（16）：136-137.

[37] 王斌，李景朝，王成锡，等. 中国金矿资源特征及勘查方向概述[J]. 高校地质学报，2020，26（2）：121-131.

[38] 王成辉，王登红，黄凡，等. 中国金矿集区及其资源潜力探讨[J]. 中国地质，2012，39（5）：1125-1142.

[39]　王燕东. 2009—2019 年我国金矿资源勘查形势分析与对策[J]. 中国矿业，2020，29（11）：7-13.

[40]　闫晓慧，李桂春，孟齐. 金矿中提金技术的研究进展[J]. 应用化工，2019，48（11）：2719-2723.

[41]　王书锋，续新红. 金矿选矿工艺流程研究[J]. 科技风，2015，5：168.

[42]　李和付，孙皞，叶国华，等. 环保药剂"金蝉"取代氰化钠处理夏家店金矿的研究[J]. 黄金科学技术，2018，26（5）：682-688.

[43]　田园春，康娟. 金矿采选废水的综合利用及循环回用分析[J]. 广东化工，2014，41（12）：153-154.

[44]　李哲浩，吕春玲，迟崇哲. 黄金工业含氰、重金属及类金属废水治理技术现状与发展趋势[C]. 2012 年中国环境科学学会学术年会论文集（第三卷）：78-83.

[45]　周连碧，祝怡斌，邵立南，等. 有色金属工业废物综合利用[M]. 北京：化学工业出版社，2018.

[46]　黄小卫，李红卫，王彩凤，等. 我国稀土工业发展现状及进展[J]. 稀有金属，2007，31（3）：279-288.

[47]　邹国良，吴一丁，蔡嗣经. 离子型稀土矿浸取工艺对资源、环境影响[J]. 有色金属科学与工程，2014，5（2）：100-106.

[48]　胡胜龙，刘静. 赣南离子型稀土矿的开采及其对环境的影响[J]. 磁性材料及器件，2018，49（3）：61-63.

[49]　祝怡斌，周连碧，李青. 离子型稀土原地浸矿水污染控制措施[J]. 有色金属（选矿部分），2011（6）：46-49.

[50]　徐水太，项宇，刘中亚. 离子型稀土原地浸矿地下水氨氮污染模拟与预测[J]. 有色金属科学与工程，2016，7（2）：140-146.

[51]　江少卿. 全球铜矿资源分布[J]. 世界有色金属，2018（2）：1-3.

[52]　任彦瑛. 中国铜矿资源的现状及潜力分析[J]. 中国金属通报，2021（1）：5-6.

[53]　吴亮亮，王琼. 金属矿山堆场酸性污染覆盖控制技术探讨[C]. 2016 年中国环境科学学会学术年会论文集（第三卷）：1167-1170.

[54]　苟习颖，陈炳辉，曹丽娜，等. 广东大宝山 AMD 中铁离子、次生矿物组合与重金属元素分布的关系探讨[J]. 中山大学学报（自然科学版），2020，59（3）：12-22.

[55]　李亚峰，马学文，蒋白懿. 金矿废水的环境污染及其治理方法[J]. 黄金学报，1999（4）：256-259.

[56]　张长青，芮宗瑶，陈毓川，等. 中国铅锌矿资源潜力和主要战略接续区[J]. 中国地质，2013，40（1）：248-272.

[57]　张长青，吴越，王登红，等. 中国铅锌矿床成矿规律概要[J]. 地质学报，2014，88（12）：2252-2268.

[58]　鲁春艳，胡卫文. 铅锌采选废水处理工程化研究与应用[J]. 中国有色冶金，2016，45（6）：58-62.

[59]　刘志成，熬顺福，高延粉，等. 构建云南省铅锌矿选矿废水处理与回用技术规范的必要性与可行性研究[J]. 云南冶金，2018，47（4）：99-104.

[60]　刘志宏. 中国铜冶炼节能减排现状与发展[J]. 有色金属科学与工程，2014，5（5）：1-12.

[61]　万宝聪. 铜冶炼工程生产废水零排放的保证性分析[J]. 中国有色冶金，2013，6（3）：57-60.

[62] 张洪常，李鹏，张均杰. 铜冶炼生产废水的综合利用[J]. 中国有色冶金，2010，8（4）：40-42.

[63] 赵晋，陈春丽. 铜冶炼企业固废产生节点分析及处置措施建议[J]. 有色冶金设计与研究，2013，34（3）：75-78.

[64] 林星杰，苗雨，刘楠楠. 铅冶炼过程汞流向分布及产排情况分析[J]. 有色金属（冶炼部分），2015（7）：60-62.

[65] 邹小平，王海北，魏帮，等. 锌冶炼厂铁闪锌矿湿法冶炼浸出渣处理方案选择[J]. 有色金属（冶炼部分），2016（8）：12-15.

[66] 杨晓松，等. 有色金属冶炼重点行业重金属污染控制与管理[M]. 北京：中国环境出版社，2014.

[67] Li W S，Xu Y，Huang Q F，et al. Antioxidant depletion patterns of high-density polyethylene geomembranes in landfills under different exposure conditions[J]. Waste Management，2021，121：365-372.

第2章

地下水流动及溶质迁移数值模拟

2.1 地下水数值模拟研究现状

2.1.1 地下水流运动数值模拟

地下水流运动数值模拟的方法包括有限差分法（FDM）、有限单元法（简称"有限元法"或"有限元"，FEM）、边界元法（BEM）和有限分析法（FAM）等。其中，有限差分法和有限单元法的应用最为广泛。

有限差分法是最早使用也是最成熟的地下水数值模拟方法，该方法从定解问题的微分形式出发，用数值微分公式推导出相应的代数方程组，其物理概念清晰、直观、易懂，算法效率高，运算速度快，占用内存少，但难以处理不规则或者曲线状含水层边界、各向异性和非均质含水层或倾斜的岩层等复杂条件。对应的典型软件[1]有 Visual MODFLOW、GMS、Visual Groundwater、MIKE SHE、HST3D。

有限单元法与有限差分法类似，都是把连续问题离散化，从而把微分方程的定解问题化为代数方程组的求解问题。只是有限单元法是从定解问题的变分形式出发导出相应的代数方程组[2]。该方法适合复杂区域，其程序具有较好的统一性和灵活性，缺点是局部质量不守恒，有时会影响计算精度，计算机所需内存和运算量较大。典型软件有 GMS、FEFLOW、Visual Groundwater。

边界元法是在有限单元法之后发展起来的一种较精确有效的数值模拟方法，是通过 Green 公式和定解问题的 Green 函数，化微分方程为边界积分方程，使用离散化技术离散边界，当求出边界上的水位之后，对计算区内的水位可依靠边界上的水位用简单公式求出。与有限单元法相比，由于离散化引起的误差仅来源于边界，不仅提高了精度，而且使输入数据简化，减少了工作量。但边界元法对域内分片的非均质与各向异性的适应性不如有限单元法[3]。

有限分析法是有限单元法的进一步发展，其基本思想是将控制方程的局部解析解组成整体数值解，以便较好地保持原有问题的物理特性，既能准确地模拟对流效应，又能消除有限单元法造成的数值振荡，计算稳定性好，收敛速度快，缺点是单元系数中含有较复杂的无穷级数，给实际计算和理论分析都带来了一些困难[4]。

有限差分法和有限单元法均为传统的数值模拟方法，边界元法和有限分析法是在其基础上发展改进的现代数值模拟方法。除此之外，薛禹群等[5]将多尺度有限单元法 MsFEM 应用于水文地质领域，发现该方法不仅对椭圆型问题（即稳定流问题）有效，对抛物型问题（即非稳定流问题）也适用，在解决非均值多孔介质中的水流问题时具有既节省计算量、又保证计算精度等优点。He 等[6]结合多尺度基函数和有限体积离散方法，提出了一种求解非均质多孔介质地下水流问题的多尺度有限体积法。谢一凡等提出了采用三次样条多尺度有限单元法（MSFEM-C）模拟非均质介质中的地下水流运动，该方法将三次样条法和多尺度有限单元法有机结合，能够高效、精确地求解水头和达西渗透流速[7]。

2.1.2　地下水溶质迁移数值模拟

地下水溶质迁移数值模拟是在水流模拟的基础上进行的。早期的地下水研究都不考虑溶质迁移；从 20 世纪 60 年代起，Theis 对污染物迁移进行了理论研究，尝试运用吸附模型来模拟一些简单过程，溶质迁移理论得到初步发展；从 20 世纪 70 年代开始，地下水溶质迁移数值模拟才有了系统的发展[8]。

求解对流-弥散方程的数值方法主要为欧拉法（Euler 法）、拉格朗日法（Lagrange 法）以及混合欧拉-拉格朗日法（混合 Euler-Lagrange 法）。欧拉法是在固定空间格点上求解迁移方程，包括有限差分法、有限单元法、边界元法和有限分析法，在水流模拟中效果很好。其优点在于有固定的网格，通常满足质量守恒定律，而且可以精确、高效地处理以弥散为主的问题[9]。但是对以对流为主的问题，欧拉法会产生不同程度的数值弥散和数值振荡。

拉格朗日法不直接求解污染物迁移偏微分方程，该方法是在研究区中布置大量的移动质点，由这些移动质点携带污染物进行"对流"和"弥散"。拉格朗日法能精确、高效地求解以对流为主的问题，并能切实消除数值弥散。但是，由于缺少固定的模拟网格或固定坐标系，拉格朗日法会引起数值不稳定及计算困难，尤其是对处理有更多个汇（源）及复杂边界条件的非均质介质，且得到的结果也不够光滑，会对某些应用如逆问题或优化管理等带来不便[2]。拉格朗日法中具有代表性的是随机行走法，该法用粒子追踪技术近似处理由对流引起的迁移，在每次对流运动的粒子位置上加上一个随机位移以反映弥散效应。通过调整粒子的流速与粒子所携带的质量，处理吸附与衰变[10]。

混合欧拉-拉格朗日法是试图结合欧拉法和拉格朗日法的优点，使用拉格朗日法求解溶质迁移方程的对流项，使用欧拉法求解弥散项和其他项，分别计算对流和弥散。混合欧拉-拉格朗日法包括特征线法（MOC）、修正特征线法（MMOC）和混合特征法（HMOC）等。混合欧拉-拉格朗日法由于引入了拉格朗日法的粒子追踪技术，因此在一定程度上存在拉格朗日法的缺点，如局部质量不守恒或计算不稳定等。此外，混合法在计算效率上不如单纯的欧拉法或拉格朗日法。

为了解决对流优先问题的溶质模拟方法中存在的数值振荡和数值弥散，学者们一直在积极努力地探索，不断开发出新的方法，如属于欧拉法的总变差减小法（TVD）[11]、属于拉格朗日法的变权重粒子追踪法[12]、属于混合欧拉-拉格朗日法的自适应法（ELLAM）[13]等。

2.1.3　地下水数值模拟展望

（1）高度非均质介质的数值模拟是亟待突破的难点问题

大量的研究发现[14]，含水层介质尤其是裂隙和岩溶的非均质性会导致污染物的迁移扩散不符合基于菲克定律的传统对流-弥散方程所描述的现象。一方面，污染物通过分子扩散、化学吸附等质量交换作用，从高渗透区进入低渗透区，再经分子扩散等过程缓慢释放，造成次弥散性反常迁移；另一方面，部分污染物沿着优先水流通道迅速传输，造成超弥散性反常迁移，导致污染物由点到面快速扩展。目前，已有双重介质或双区模型、多速率质量交换模型、随机平均对流-弥散模型、连续时间随机游走模型、时间型分数阶导数对流-弥散模型、空间型分数阶导数对流-弥散模型等升尺度非局域模型，尝试解决小尺度优先水流通道及相应的低渗透基质的数值模拟，但仍缺乏完善的理论研究、定量分析及广义型模型。因此，高度非均质介质的模拟是地下水数值模拟中亟待突破的难点问题。

（2）不同介质界面水流和溶质的耦合模拟是未来发展的方向

地下水作为环境要素之一，与土壤和地表水有不可分割的紧密联系。在地下水数值模拟中，包气带土壤作为含水层的上边界，对地下水位、水量以及污染物浓度都有不同程度的影响，而常用作边界条件的地表水与地下水之间也普遍存在水文地球化学作用强烈的交互带。如果在水资源和水环境的管理中，忽略包气带和地表水对地下水的相互作用，水资源匮乏和水质恶化等问题将得不到彻底的解决。因此，随着土-水-气-生整体修复理念的发展以及学科之间的深度融合，非饱和带-饱和带的耦合模拟[15]、地表水-地下水的耦合模拟[16]是目前地下水数值模拟的热点并已取得较多的成果，但污染物在土壤-大气、土壤-生物、包气带-饱水带、地下水-地表水、含水层-基岩等多界面的迁移转化机理、耦合模型以及快速精确的求解方法仍是未来地下水数值模拟发展的重要方向[17]。

（3）不确定性分析仍是未来地下水数值模拟的关键

地下水数值模拟的不确定性包括模型的不确定性、参数的不确定性和资料的不确定性。这三方面的不确定性在不同程度地影响着地下水数值模拟结果的可靠性，尤其是渗透系数、孔隙度、弥散度等参数的不确定性。目前,参数的不确定性分析方法包括蒙特卡罗法、灵敏度分析和贝叶斯方法等。未来将会有更多的统计学理论、方法被应用到数值模拟的不确定性分析中,如抽样方法的改进使采样更加合理,正交试验法、均匀设计法等使参数更具有代表性等[18]。

2.2 数学模型

2.2.1 地下水流动数学模型

2.2.1.1 控制方程

(1) 地下水渗流连续性方程

在地下水渗流区内,以 $P(x, y, z)$ 点为中心取一个无限小的平行六面体(其各边长度分别为 Δx、 Δy、 Δz, 且和坐标轴平行)作为均衡单元体,见图 2-1,设 P 点沿 x、 y、 z 方向的地下水流速分量分别为 v_x、 v_y、 v_z,地下水密度为 ρ,则单位时间内通过垂直于坐标轴方向单位面积的水流质量分别为 ρv_x、 ρv_y、 ρv_z。

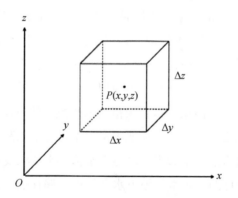

图 2-1 渗流区的单元体

那么,沿 x 轴方向流入和流出单元体的地下水质量为:

$$\left\{\left[\rho v_x - \frac{1}{2}\frac{\partial(\rho v_x)}{\partial x}\Delta x\right]\Delta y\Delta z - \left[\rho v_x + \frac{1}{2}\frac{\partial(\rho v_x)}{\partial x}\Delta x\right]\Delta y\Delta z\right\}\Delta t$$

$$= -\frac{\partial(\rho v_x)}{\partial x}\Delta x\Delta y\Delta z\Delta t \tag{2-1}$$

沿 y 轴方向流入和流出单元体的地下水质量为：

$$\left\{ \left[\rho v_y - \frac{1}{2}\frac{\partial(\rho v_y)}{\partial y}\Delta y \right]\Delta x \Delta z - \left[\rho v_y + \frac{1}{2}\frac{\partial(\rho v_y)}{\partial y}\Delta y \right]\Delta x \Delta z \right\}\Delta t$$
$$= -\frac{\partial(\rho v_y)}{\partial y}\Delta x \Delta y \Delta z \Delta t \tag{2-2}$$

沿 z 轴方向流入和流出单元体的地下水质量为：

$$\left\{ \left[\rho v_z - \frac{1}{2}\frac{\partial(\rho v_z)}{\partial z}\Delta z \right]\Delta x \Delta y - \left[\rho v_z + \frac{1}{2}\frac{\partial(\rho v_z)}{\partial z}\Delta z \right]\Delta x \Delta y \right\}\Delta t$$
$$= -\frac{\partial(\rho v_z)}{\partial z}\Delta x \Delta y \Delta z \Delta t \tag{2-3}$$

因此，在 Δt 时间内，流入与流出这个单元体的总质量差为：

$$-\left[\frac{\partial(\rho v_x)}{\partial x} + \frac{\partial(\rho v_y)}{\partial y} + \frac{\partial(\rho v_z)}{\partial z} \right]\Delta x \Delta y \Delta z \Delta t \tag{2-4}$$

在均衡单元体内，地下水所占的体积为 $n\Delta x \Delta y \Delta z$，其中 n 为孔隙度。相应的，单元体内的地下水质量的变化量为：

$$\frac{\partial}{\partial t}(\rho n \Delta x \Delta y \Delta z)\Delta t$$

单元体内地下水质量的变化是由流入与流出这个单元体的地下水质量差造成的。在连续流条件下，根据质量守恒定律，两者应该相等。因此

$$-\left[\frac{\partial(\rho v_x)}{\partial x} + \frac{\partial(\rho v_y)}{\partial y} + \frac{\partial(\rho v_z)}{\partial z} \right]\Delta x \Delta y \Delta z = \frac{\partial}{\partial t}(\rho n \Delta x \Delta y \Delta z) \tag{2-5}$$

式（2-5）即为地下水渗流连续性方程。

假设多孔介质在 x、y、z 方向均不被压缩，即 Δx、Δy、Δz 均为常数，则有：

$$\frac{\partial(\rho v_x)}{\partial x} + \frac{\partial(\rho v_y)}{\partial y} + \frac{\partial(\rho v_z)}{\partial z} + \frac{\partial(\rho n)}{\partial t} = 0 \tag{2-6}$$

假设地下水密度为常数，或地下水的流动不随时间变化，则有：

$$\frac{\partial v_x}{\partial x} + \frac{\partial v_y}{\partial y} + \frac{\partial v_z}{\partial z} = 0 \tag{2-7}$$

地下水渗流连续性方程是研究地下水运动的基本方程。各种研究地下水运动的地下水渗流微分方程都是根据连续性方程和达西定律建立起来的。

（2）地下水渗流基本微分方程

首先，假设多孔介质的侧向受限，仅在垂向上有压缩形变，即 Δx 和 Δy 为常数；假设水和多孔介质的形变符合胡克定律，即 $\mathrm{d}\rho = \rho\beta\,\mathrm{d}p$，$\mathrm{d}n = (1-n)\,\alpha\mathrm{d}p$，其中 β 为水的压强系数，α 为多孔介质的压缩系数；同时忽略 ρ 随空间的变化，即 $v\cdot\mathrm{grad}\rho \ll n\Delta z\ (\partial\rho/\partial z)$。

假设忽略水的流速能量，根据水头计算公式：

$$H = z + \frac{p}{\rho g} \tag{2-8}$$

假设水流服从达西定律，根据达西公式：

$$v_x = -K\frac{\partial H}{\partial x}, \quad v_y = -K\frac{\partial H}{\partial y}, \quad v_z = -K\frac{\partial H}{\partial z} \tag{2-9}$$

式中：K —— 渗透系数。

将贮水率定义为：

$$\mu_s = \rho g(\alpha + n\beta) \tag{2-10}$$

则地下水渗流微分方程可以写为：

$$\frac{\partial}{\partial x}\left(K\frac{\partial H}{\partial x}\right) + \frac{\partial}{\partial y}\left(K\frac{\partial H}{\partial y}\right) + \frac{\partial}{\partial z}\left(K\frac{\partial H}{\partial z}\right) = \mu_s\frac{\partial H}{\partial t} \tag{2-11}$$

如将各向异性介质主方向取作坐标轴的方向，则有：

$$\frac{\partial}{\partial x}\left(K_{xx}\frac{\partial H}{\partial x}\right) + \frac{\partial}{\partial y}\left(K_{yy}\frac{\partial H}{\partial y}\right) + \frac{\partial}{\partial z}\left(K_{zz}\frac{\partial H}{\partial z}\right) = \mu_s\frac{\partial H}{\partial t} \tag{2-12}$$

以上方程则为地下水的渗流微分方程。

对于地下水稳定流来说，以上方程可以写成：

$$\frac{\partial}{\partial x}\left(K_{xx}\frac{\partial H}{\partial x}\right) + \frac{\partial}{\partial y}\left(K_{yy}\frac{\partial H}{\partial y}\right) + \frac{\partial}{\partial z}\left(K_{zz}\frac{\partial H}{\partial z}\right) = 0 \tag{2-13}$$

对于均质各向异性含水层的地下水非稳定流来说，以上方程可以写成：

$$K_{xx}\frac{\partial}{\partial x}\left(\frac{\partial H}{\partial x}\right) + K_{yy}\frac{\partial}{\partial y}\left(\frac{\partial H}{\partial y}\right) + K_{zz}\frac{\partial}{\partial z}\left(\frac{\partial H}{\partial z}\right) = \mu_s\frac{\partial H}{\partial t} \tag{2-14}$$

对于均质各向同性含水层的地下水非稳定流来说，以上方程可以写成：

$$\frac{\partial^2 H}{\partial x^2} + \frac{\partial^2 H}{\partial y^2} + \frac{\partial^2 H}{\partial z^2} = \frac{\mu_s}{K}\frac{\partial H}{\partial t} \tag{2-15}$$

若将含水层视为等厚含水层，且

$$\mu_e = M\mu_s, \quad T = KM \tag{2-16}$$

式中：μ_e —— 贮水系数，表示单位水平面积、高度为含水层厚度 M 的含水层柱体在水头下降或上升一个单位时所释放或贮存的水量；

T——导水系数。

因此有：

$$\frac{\partial^2 H}{\partial x^2} + \frac{\partial^2 H}{\partial y^2} + \frac{\partial^2 H}{\partial z^2} = \frac{\mu_e}{T}\frac{\partial H}{\partial t} \tag{2-17}$$

当含水层中在单位时间内有从单位体积含水层流入或流出的水量（W）时，则有：

$$\frac{\partial}{\partial x}\left(K_{xx}\frac{\partial H}{\partial x}\right) + \frac{\partial}{\partial y}\left(K_{yy}\frac{\partial H}{\partial y}\right) + \frac{\partial}{\partial z}\left(K_{zz}\frac{\partial H}{\partial z}\right) + W = \mu_s\frac{\partial H}{\partial t} \tag{2-18}$$

2.2.1.2　定解条件

以上地下水的控制方程只是由质量守恒定律和达西定律推导而得的，仅表示地下水水流应满足的一般规律，不同的渗流场均满足以上公式。因此，对特定的渗流区，想要通过以上方程求得其水头分布，必须代入具体的水文地质参数，同时应明确渗流区水流与外界环境的相互制约关系，以及渗流区内部各点在初始时刻的水头分布，即边界条件和初始条件，这是求解以上方程在特定渗流区中唯一特解的必要条件。

（1）边界条件

边界条件是指地下水水头或流入（或流出）含水层的水量在渗流区边界的分布和变化情况。

①第一类边界条件（Dirichlet 边界条件）。

第一类边界条件是指已知渗流区边界上各点每一时刻的水头分布。即：

$$H(x,y,z,t)\big|_{S_1} = \varphi_1(x,y,z,t), (x,y,z) \in S_1 \tag{2-19}$$

式中：H（x，y，z，t）——边界 S_1 上的点（x，y，z）在 t 时刻的水头；

φ_1（x，y，z，t）——已知水头函数。

当渗流区边界为河流或湖泊等地表水体，且与之有直接水力联系时，可作为第一类边界条件处理。除此之外，渗流区内的抽水井或疏干巷道也可作为给定水头的内边界来处理。若函数 φ_1 不随时间变化，则该边界条件为定水头边界。

②第二类边界条件（Neumann 边界条件）。

第二类边界条件是指已知渗流区边界单位面积上每一时刻的流量分布。即：

$$K\frac{\partial H}{\partial n}\bigg|_{S_2} = q(x,y,z,t), (x,y,z) \in S_2 \tag{2-20}$$

式中：n——边界 S_2 上某点（x，y，z）处的外法线方向；

q（x，y，z，t）——已知流量函数，表示 S_2 上单位面积上的侧向补给量（流入为正，流出为负）。

当渗流区边界为不透水边界或为地下水分水岭时，可作为第二类边界条件处理为零流量边界。另外，在地下水流场中，沿着流线的边界也可作为零流量边界。承压含水层的完整抽水井或注水井也可作为内边界来处理，其井壁 B_w 为第二类边界：

$$T \frac{\partial H}{\partial n}\bigg|_{B_w} = -\frac{Q}{2\pi r_w} \tag{2-21}$$

式中：n —— 井壁边界上某点的法线方向，指向井心；

r_w —— 井半径；

Q —— 抽水井或注水井流量（抽水为正，注水为负）。

③第三类边界条件（Cauchy 边界条件）。

第三类边界条件是指已知渗流区部分或全部边界上水流通量随水头的变化情况。即：

$$\frac{\partial H}{\partial n}\bigg|_{S_3} = f(x,y,z,t,H), (x,y,z) \in S_3 \tag{2-22}$$

式中：$f(x,y,z,t,H)$ —— 第三类边界 S_3 上给定的水流量随水头变化的函数，是已知的。当存在弱透水边界时，可以用第三类边界条件来表示。第三类边界条件也可以在源汇项中表达出来，因此，在建立数学模型时，通常不使用第三类边界条件，而是放入源汇项中加以考虑。

（2）初始条件

初始条件是指给定初始时刻渗流区 D 内各点（x，y，z）的水头分布，即：

$$H(x,y,z,t)\big|_{t=0} = H_0(x,y,z,t), (x,y,z) \in D \tag{2-23}$$

式中：H_0（x，y，z，t）—— 渗流区 D 内的已知水头函数。

在计算过程中，初始时刻需根据问题的具体需要来确定，同时需要考虑是否有资料来源、是否计算方便等，不一定是地下水未开采时的原始状态。

2.2.2 地下水溶质迁移数学模型

2.2.2.1 控制方程

地下水溶质的迁移过程包括迁移和转化两部分，其中迁移受对流和弥散所控制。溶质进入地下水后，一方面会随着水流运动而迁移形成对流，另一方面会由于多孔介质中的水流速度不均一而造成机械弥散，并与浓度不均一引起的分子扩散共同构成水动力弥散。另外，地下水在流动过程中发生的沉淀、溶解、吸附解吸、氧化还原和生物降解等一系列化学反应以及溶质的输入、输出作为地下水溶质的转化过程，影响其浓度的变化。

在渗流区内以任意一点 P 为中心，取一无限小的六面体单元，各边长分别为 Δx、Δy、Δz，设 v_x、v_y、v_z 分别为 P 点在 x、y、z 方向的流速分量，C 为溶质浓度，则在 Δt 时间内

沿 x、y、z 方向随水流流入单元体的溶质质量分别为 $Cv_x\Delta y\Delta z\Delta t$、$Cv_y\Delta x\Delta z\Delta t$、$Cv_z\Delta x\Delta y\Delta t$，流出单元体的溶质质量分别为：

$$\left[Cv_x + \frac{\partial(v_xC)}{\partial x}\Delta x\right]\Delta y\Delta z\Delta t,\quad \left[Cv_y + \frac{\partial(v_yC)}{\partial y}\Delta y\right]\Delta x\Delta z\Delta t,$$

$$\left[Cv_z + \frac{\partial(v_zC)}{\partial z}\Delta z\right]\Delta x\Delta y\Delta t$$

因此，随水流运动（对流）流入与流出单元体的溶质质量差为：

$$-\left[\frac{\partial(v_xC)}{\partial x} + \frac{\partial(v_yC)}{\partial y} + \frac{\partial(v_zC)}{\partial z}\right]\Delta x\Delta y\Delta z\Delta t$$

而对于水动力弥散作用，用菲克定律来描述机械弥散和分子扩散，则单位时间内通过单位面积的溶质质量为：

$$I = I_1 + I_2 = -D_1 \cdot \text{grad}c - D_2 \cdot \text{grad}C = -(D_1 + D_2) \cdot \text{grad}C = -D \cdot \text{grad}C \qquad (2\text{-}24)$$

式中：I_1 —— 由于分子扩散，在单位时间内通过单位面积的溶质质量；

I_2 —— 由于机械弥散，在单位时间内通过单位面积的溶质质量；

D_1 —— 分子扩散系数；

D_2 —— 机械弥散系数；

D —— 水动力弥散系数。

一般来说，沿地下水流动方向的水动力弥散系数称为纵向弥散系数，垂直于地下水流动方向的水动力弥散系数称为横向弥散系数。水动力弥散系数为弥散度与地下水实际流速的乘积。

因此，与以上方程推导类似，随水动力弥散作用流入与流出单元体的溶质质量差为：

$$\left[\frac{\partial}{\partial x}\left(D_{xx}\frac{\partial C}{\partial x} + D_{xy}\frac{\partial C}{\partial y} + D_{xz}\frac{\partial C}{\partial z}\right) + \frac{\partial}{\partial y}\left(D_{yx}\frac{\partial C}{\partial x} + D_{yy}\frac{\partial C}{\partial y} + D_{yz}\frac{\partial C}{\partial z}\right)\right.$$
$$\left. + \frac{\partial}{\partial z}\left(D_{zx}\frac{\partial C}{\partial x} + D_{zy}\frac{\partial C}{\partial y} + D_{zz}\frac{\partial C}{\partial z}\right)\right]n\Delta x\Delta y\Delta z\Delta t$$

若 Δt 内单元体溶质质量变化为：

$$n\frac{\partial C}{\partial t}\Delta x\Delta y\Delta z t$$

如果不考虑化学反应及其他溶质源汇项，根据质量守恒定律，则有：

$$\frac{\partial C}{\partial t} = -\left[\frac{\partial(u_x C)}{\partial x} + \frac{\partial(u_y C)}{\partial y} + \frac{\partial(u_z C)}{\partial z}\right] + \frac{\partial}{\partial x}\left(D_{xx}\frac{\partial C}{\partial x} + D_{xy}\frac{\partial C}{\partial y} + D_{xz}\frac{\partial C}{\partial z}\right)$$

$$+ \frac{\partial}{\partial y}\left(D_{yx}\frac{\partial C}{\partial x} + D_{yy}\frac{\partial C}{\partial y} + D_{yz}\frac{\partial C}{\partial z}\right) + \frac{\partial}{\partial z}\left(D_{zx}\frac{\partial C}{\partial x} + D_{zy}\frac{\partial C}{\partial y} + D_{zz}\frac{\partial C}{\partial z}\right) \quad (2\text{-}25)$$

式中：u —— 地下水实际流速，是渗流速度 v 与孔隙度 n 的比值；

D_{xx}、D_{xy}、D_{xz}、D_{yx}、D_{yy}、D_{yz}、D_{zx}、D_{zy}、D_{zz} —— 水动力弥散张量的 9 个分量。

污染物迁移转化中，源汇项包括随抽水或注水引起的溶质质量变化（外源汇项）以及吸附解吸、化学反应和生物降解等引起的溶质质量变化（内源汇项），可以用以下方程表示：

$$WC_w - \rho_b\frac{\partial C_s}{\partial t} + nf(C) + \rho_b f_s(C_s) + I$$

式中：第一项 —— 外源汇项，W 为单位时间内流入或流出渗流区的水量，C_w 为其浓度；

第二项 —— 吸附解吸项，ρ_b 为多孔介质的密度，C_s 为固相浓度；

第三项和第四项 —— 化学生物反应的液相反应和固相反应，$f(C)$ 为液相反应的动力学方程，$f_s(C_s)$ 为固相反应的动力学方程；如液相和固相反应均符合一级化学反应动力学方程，则有 $f(C) = -\lambda C$，$f_s(C_s) = -\lambda_s C_s$；$n$ 为孔隙度；

I —— 其他可能存在的源汇项。

因此考虑抽注水、吸附解吸、一级化学生物反应等源汇项，地下水溶质迁移的一般方程为：

$$R_d\frac{\partial nC}{\partial t} = -\left[\frac{\partial(nu_x C)}{\partial x} + \frac{\partial(nu_y C)}{\partial y} + \frac{\partial(nu_z C)}{\partial z}\right]$$

$$+ \frac{\partial}{\partial x}\left(nD_{xx}\frac{\partial C}{\partial x} + nD_{xy}\frac{\partial C}{\partial y} + nD_{xz}\frac{\partial C}{\partial z}\right)$$

$$+ \frac{\partial}{\partial y}\left(nD_{yx}\frac{\partial C}{\partial x} + nD_{yy}\frac{\partial C}{\partial y} + nD_{yz}\frac{\partial C}{\partial z}\right)$$

$$+ \frac{\partial}{\partial z}\left(nD_{zx}\frac{\partial C}{\partial x} + nD_{zy}\frac{\partial C}{\partial y} + nD_{zz}\frac{\partial C}{\partial z}\right) + WC_w - \lambda nC - \lambda_s\rho_b C_s + I \quad (2\text{-}26)$$

式中：R_d —— 滞留因子，即 $R_d = 1 + \frac{\rho_b}{n}\frac{\partial C_s}{\partial C}$；

λ 和 λ_s —— 液相和固相的反应常数，在有些情况下，$\lambda = \lambda_s$，如放射性衰变等。

2.2.2.2 定解条件

与地下水流动数学模型一样，地下水溶质迁移方程只是表达了溶质在地下水中迁移的规律，无法确定某一渗流场溶质浓度的分布。为了求解地下水溶质迁移方程，除了要明确区域流场的分布、相关溶质运移参数外，必须要给出边界条件和初始条件，才能得到其唯一的解。

（1）边界条件

边界条件是指地下水溶质浓度或流入（或流出）含水层的溶质通量在渗流区边界的分布和变化情况。

①第一类边界条件（Dirichlet 边界条件）。

第一类边界条件是指已知渗流区边界上各点每一时刻的溶质浓度分布。即：

$$C(x,y,z,t)\big|_{\Omega_1} = C_1(x,y,z,t), (x,y,z) \in \Omega_1 \qquad (2\text{-}27)$$

式中：$C(x, y, z, t)$ —— 边界 Ω_1 上的点（x，y，z）在 t 时刻的溶质浓度；

$C_1(x, y, z, t)$ —— 已知浓度函数。

第一类边界条件又称为给定浓度边界。

②第二类边界条件（Neumann 边界条件）。

第二类边界条件是指已知渗流区边界上各点每一时刻对应的弥散通量（指由于水动力弥散作用，通过渗流区边界的污染物通量，不包括对流作用带入的污染物量）分布，即：

$$-D_{ij}\frac{\partial C}{\partial x_j}\bigg|_{\Omega_2} = f_i(x,y,z,t), (x,y,z) \in \Omega_2 \qquad (2\text{-}28)$$

式中：$f_i(x, y, z, t)$ —— 正交于边界 Ω_2 不同时段的弥散通量函数。

不透水边界可取 $f_i(x, y, z, t)=0$。一般针对饱和带，越过潜水面的弥散通量可取为 0。

第二类边界条件又称为给定弥散通量边界。

③第三类边界条件（Cauchy 边界条件）。

第三类边界条件是指已知渗流区边界上各点每一时刻对应的对流弥散通量（对流通量和弥散通量的和）分布，即：

$$\left(-D_{ij}\frac{\partial C}{\partial x_j} + v_i C\right)\bigg|_{\Omega_3} = g_i(x,y,z,t), (x,y,z) \in \Omega_3 \qquad (2\text{-}29)$$

式中：$g_i(x, y, z, t)$ —— 正交于边界 Ω_3 不同时段的对流弥散总通量函数。

不透水边界上的弥散流通和对流通量均为零，即 $g_i(x, y, z, t)=0$。若对流通量比弥散通量大得多，则有：

$$v_i C\big|_{\Omega_3} = g_i(x,y,z,t), (x,y,z) \in \Omega_3 \qquad (2\text{-}30)$$

该边界条件可作为源汇项处理。

第三类边界条件又称为给定对流弥散通量边界。

（2）初始条件

初始条件是指给定初始时刻渗流区 D 内各点（x，y，z）的污染物浓度分布，即：

$$C(x,y,z,t)\big|_{t=0} = C_0(x,y,z,t), (x,y,z) \in D \qquad (2\text{-}31)$$

式中：C_0（x，y，z，t）—— 渗流区 D 内的已知浓度函数。

只有非稳定问题才有初始条件。

2.3 数值方法

求解地下水流动及溶质迁移模型的数值方法包括有限差分法、有限单元法、边界元法、有限分析法等，其中有限差分法和有限单元法应用最为广泛[19-22]。

2.3.1 有限差分法

2.3.1.1 有限差分法的基本思想

有限差分法是一种古典的数值计算方法。随着电子计算机的产生与发展，该方法已被广泛地应用于地下水流动和溶质迁移问题的计算中。其基本思想是：用渗流区内有限个离散点的集合代替连续的渗流区，在这些离散点上用差商近似地代替微商，将微分方程及其定解条件化为以未知函数在离散点上的近似值为未知量的代数方程（称之为差分方程），然后求解差分方程，从而得到微分方程的解在离散点上的近似值。用有限差分法求解地下水流动和溶质迁移问题，其步骤大体如下。

（1）剖分渗流区，确定离散点

把所研究的渗流区域按某种几何形状（如矩形、任意多边形等）分割成若干个单位以确定离散点，见图 2-2。

离散点的设置可以有两种方法：

①格点法［见图 2-2（a）］：将离散点置于每个网格的中心处，这种离散点通常称为格点。在这种情况下，每个网格都相当于一个均衡区，因此称这类网格为均衡（区）网格（图中阴影部分）。采用格点法时，给定水头（或浓度）边界放在格点上，给定流量（或溶质通量）边界放在网格边上。

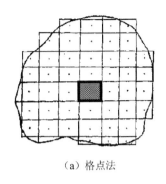
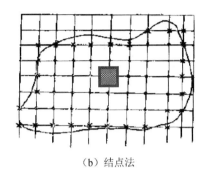

（a）格点法　　　　　　　　　　　　（b）结点法

图 2-2　网格剖分图

②结点法［见图 2-2（b）］：将离散点置于网格的交点上，这种离散点通常称为结点或节点。结点网格本身并非均衡区，结点（i，j）的均衡区是由相邻结点连线的垂直平分线围成的区域（图中阴影部分）。采用结点法时，给定水头（或浓度）边界直接放在结点上。

对于矩形网格，如果 1 个结点的所有 4 个相邻结点都属于 $D+B$（B 为 D 的边界），那么称此结点为内（部）结点。如果 1 个结点的 4 个相邻结点中至少有 1 个不属于 $D+B$ 时，则称此结点为边界结点。

上述对区域进行剖分并确定离散点的步骤，通常称为空间离散化。对于矩形网格，x、y、z 方向上的格距 Δx、Δy、Δz 通常称为空间步长。用数值法求解地下水不稳定流动问题时，还要对时间进行离散化，即将连续的时间分割成相等或不相等的时段 Δt_n，通常称 Δt_n 为时间步长，并记为 $t_n = \Delta t_1 + \Delta t_2 + \cdots + \Delta t_{n-1} + \Delta t_n$（$n = 1$，$2$，$\cdots$，$m$），称时刻 t_1、t_2、$\cdots$、t_m 为时阶、时间层或时间水平。将时间离散点和空间离散点联合组成的网格称为时空网格。用有限差分法求解地下水不稳定流动问题，就是要计算出时空网格上各离散点处的水头值，或是在不同时间层各空间离散点的水头值。

（2）建立地下水流动及溶质迁移问题的差分方程组

根据建立差分方程的途径不同，可分两种方法。一种是先根据达西定律和质量均衡原理，建立描述地下水流动和溶质迁移的定解问题，然后用差商代替微商（导数），从而将定解问题的求解转化为差分方程的求解；另一种方法是根据达西定律和质量均衡原理，直接对格点或结点的均衡区，建立有限差分形式的质量均衡方程，而不涉及微分方程定解问题。这两种方法各有优缺点。前者容易估计误差，而后者物理意义较明确。对同一个问题而言，相对于同一种时空网格，按上述两种方法建立的差分方程组实质上是相同的。因此，从这个角度看，应该根据具体问题的需要，并视计算的方便与否，来选择合适的方法以建立差分方程。

2.3.1.2　导数的有限差分近似表示

有限差分法的基本原理是将某点处水头或浓度函数的导数用该点和其几个相邻点处

的水头或浓度值及其间距近似表示。这些点的间距可以相等，也可以不相等，它们分别形成等格距（均匀）有限差分网格与不等格距（非均匀）有限差分网格；这些点可以位于该点的一侧，也可以位于该点的两侧，这就形成导数的不同有限差分公式。建立水头和浓度函数导数的有限差分近似式的方法有多种，但最常用的方法是通过泰勒展开式引出。下面就按此法首先建立均匀网格中导数的有限差分近似表示式。

以 i 点为中心，将水头或浓度函数 $f(x)$ 按泰勒级数展开：

$$f_{i+1} = f_i + \Delta x \frac{\partial f}{\partial x} + \frac{(\Delta x)^2}{2!} \frac{\partial^2 f}{\partial x^2} + \cdots + \frac{(\Delta x)^n}{n!} \frac{\partial^n f}{\partial x^n} + \cdots \qquad (2\text{-}32)$$

$$f_{i-1} = f_i - \Delta x \frac{\partial f}{\partial x} + \frac{(\Delta x)^2}{2!} \frac{\partial^2 f}{\partial x^2} + \cdots + (-1)^n \frac{(\Delta x)^n}{n!} \frac{\partial^n f}{\partial x^n} + \cdots \qquad (2\text{-}33)$$

由式（2-32）可得：

$$\left. \frac{\partial f}{\partial x} \right|_i = \frac{f_{i+1} - f_i}{\Delta x} + o(\Delta x) \qquad (2\text{-}34)$$

其中：

$$o(\Delta x) = -\frac{\Delta x}{2!} \frac{\partial^2 f}{\partial x^2} - \cdots - \frac{(\Delta x)^{n-1}}{n!} \frac{\partial^n f}{\partial x^n} - \cdots \qquad (2\text{-}35)$$

如去掉 $o(\Delta x)$，则一阶导数的有限差分可近似表示为：

$$\left. \frac{\partial f}{\partial x} \right|_i \approx \frac{f_{i+1} - f_i}{\Delta x} \qquad (2\text{-}36)$$

以上差分近似表达为一阶导数的前向差商，产生的误差 $o(\Delta x)$ 为一阶截断误差。

同理，由式（2-33）得：

$$\left. \frac{\partial f}{\partial x} \right|_i = \frac{f_i - f_{i-1}}{\Delta x} + o(\Delta x) \qquad (2\text{-}37)$$

其中：

$$o(\Delta x) = \frac{\Delta x}{2!} \frac{\partial^2 f}{\partial x^2} + \cdots + (-1)^n \frac{(\Delta x)^{n-1}}{n!} \frac{\partial^n f}{\partial x^n} + \cdots \qquad (2\text{-}38)$$

如去掉 $o(\Delta x)$，则一阶导数的有限差分可近似表示为：

$$\left. \frac{\partial f}{\partial x} \right|_i \approx \frac{f_i - f_{i-1}}{\Delta x} \qquad (2\text{-}39)$$

以上差分近似表达为一阶导数的后向差商，产生的误差 $o(\Delta x)$ 为一阶截断误差。

由式（2-32）和式（2-33），也可得到：

$$\left. \frac{\partial f}{\partial x} \right|_i = \frac{f_{i+1} - f_{i-1}}{2\Delta x} + o\left[(\Delta x)^2\right] \qquad (2\text{-}40)$$

其中：

$$o\left[(\Delta x)^2\right] = -\frac{(\Delta x)^2}{3!}\frac{\partial^3 f}{\partial x^3} - \cdots - \frac{(\Delta x)^{2n}}{(2n+1)!}\frac{\partial^{2n+1} f}{\partial x^{2n+1}} - \cdots \qquad (2\text{-}41)$$

如去掉 $o\left[(\Delta x)^2\right]$，则一阶导数的有限差分可分近似表示为：

$$\frac{\partial f}{\partial x}\bigg|_i \approx \frac{f_{i+1} - f_{i-1}}{2\Delta x} \qquad (2\text{-}42)$$

以上差分近似表达为一阶导数的中心差商，产生的误差 $o\left[(\Delta x)^2\right]$ 为二阶截断误差。

由上述一阶导数的三种有限差分公式看出，单侧差分（前向差分和后向差分）公式均具一阶截断误差，而中心差分公式却具二阶截断误差。可见中心差分公式比单侧差分公式更为精确。

用 $i-\frac{1}{2}$ 和 $i+\frac{1}{2}$ 分别表示 i 与 $i-1$、i 与 $i+1$ 间的网格线位置，则中央差分还可表示为

$$\frac{\partial f}{\partial x}\bigg|_i \approx \frac{f_{i+\frac{1}{2}} - f_{i-\frac{1}{2}}}{\Delta x} \qquad (2\text{-}43)$$

对于二阶偏导数项：

$$\frac{\partial}{\partial x}\left(K\frac{\partial H}{\partial x}\right) \approx \frac{1}{\Delta x}\left[K_{i+\frac{1}{2}}\left(\frac{\partial H}{\partial x}\right)_{i+\frac{1}{2}} - K_{i-\frac{1}{2}}\left(\frac{\partial H}{\partial x}\right)_{i-\frac{1}{2}}\right]$$

$$= \frac{1}{\Delta x}\left(K_{i+\frac{1}{2}}\frac{H_{i+1}-H_i}{\Delta x} - K_{i-\frac{1}{2}}\frac{H_i-H_{i-1}}{\Delta x}\right)$$

$$= \frac{1}{(\Delta x)^2}\left[K_{i-\frac{1}{2}}H_{i-1} - \left(K_{i-\frac{1}{2}}+K_{i+\frac{1}{2}}\right)H_i + K_{i+\frac{1}{2}}H_{i+1}\right] \qquad (2\text{-}44)$$

式中：H_{i-1}、H_i、H_{i+1} —— 水头 H 在 i-1、i、i+1 网格上的值；

$K_{i-\frac{1}{2}}$、$K_{i+\frac{1}{2}}$ —— 渗透系数 K 在 i-1 与 i 网格、i 与 i+1 网格间的值。

尽管中心差分公式具二阶截断误差，但并非在所有的情况下采用中心差分均比单侧差分更好，在此有一个时间差分与空间差分如何配合的问题，即差分格式问题。如对于不稳定流动问题，在某些情况下关于时间的导数取中心差分时，其计算得到的解是不能令人满意的，然而采用前向差分却可得到满意的结果。截断误差也是如此，并非在所有情况下都

是小步长比大步长更佳，在此也有一个空间步长与时间步长相配合的问题。

类似空间离散的方式，将时间域等分离散成多个时间步长Δt，t_k为第k时间步的时间。

若考虑第k时间步，下一个时间步为$k+1$，水头或浓度对时间的变量可用前向差分近似表示为：

$$\left.\frac{\partial f}{\partial t}\right|_{i,k} = \frac{f_{i,k+1} - f_{i,k}}{\Delta t} + o(\Delta t) \tag{2-45}$$

一般情况下，对于水流问题和弥散为主的污染迁移问题，时间变量通常采用前向差分，空间变量采用中心差分，产生的截断误差为$o\left[(\Delta x)^2 + \Delta t\right] = o\left[(\Delta x)^2\right] + o(\Delta t)$。如果$o\left[(\Delta x)^2 + \Delta t\right] \to 0$，则称该差分方程是收敛的，即差分格式的解逼近微分方程的解。

此处以一维偏微分水流方程为例，介绍三种基本差分格式：

$$\mu_s \frac{\partial H}{\partial t} = \frac{\partial}{\partial x}\left(K\frac{\partial H}{\partial x}\right) \tag{2-46}$$

如果式（2-46）右侧使用第k时间步的水头来计算第$k+1$时间步的水头，则可用以下有限差分方程代替：

$$\mu_s \frac{H_{i,k+1} - H_{i,k}}{\Delta t} \approx \frac{1}{(\Delta x)^2}\left[K_{i-\frac{1}{2}}H_{i-1,k} - \left(K_{i-\frac{1}{2}} + K_{i+\frac{1}{2}}\right)H_{i,k} + K_{i+\frac{1}{2}}H_{i+1,k}\right] \tag{2-47}$$

由于水头是从第0时间步到第k时间步依次计算的，所以第k时间步的水头$H_{i-1,k}$、$H_{i,k}$、$H_{i+1,k}$是已知的，$H_{i,k+1}$可以直接求得，因此以上方程称为显示差分格式。但是显式差分格式的收敛是有条件的，收敛条件为：

$$\Delta t \leqslant \frac{\mu_s(\Delta x)^2}{2K} \tag{2-48}$$

可见，显示差分的时间步长要足够小，否则不能保证收敛。

同理，将式（2-46）右侧使用第$k+1$时间步的水头，则有以下隐式差分格式：

$$\mu_s \frac{H_{i,k+1} - H_{i,k}}{\Delta t} \approx \frac{1}{(\Delta x)^2}\left[K_{i-\frac{1}{2}}H_{i-1,k+1} - \left(K_{i-\frac{1}{2}} + K_{i+\frac{1}{2}}\right)H_{i,k+1} + K_{i+\frac{1}{2}}H_{i+1,k+1}\right]$$

$$(i=1, 2, \cdots, N_x; \; k=0, 1, 2, \cdots, N_{t-1}) \tag{2-49}$$

如果该水流模型有解，则隐式差分格式是无条件收敛的。对于给定时间步N_{t-1}，方程共有N_x个方程和N_x个未知数，为线性代数方程组。

取显式差分和隐式差分的加权平均值，就得到微分方程的 Crank-Nicolson 差分格式，为：

$$\mu_s \frac{H_{i,k+1} - H_{i,k}}{\Delta t} = \frac{\theta}{(\Delta x)^2} \left[K_{i-\frac{1}{2}} H_{i-1,k+1} - \left(K_{i-\frac{1}{2}} + K_{i+\frac{1}{2}} \right) H_{i,k+1} + K_{i+\frac{1}{2}} H_{i+1,k+1} \right]$$

$$+ \frac{1-\theta}{(\Delta x)^2} \left[K_{i-\frac{1}{2}} H_{i-1,k} - \left(K_{i-\frac{1}{2}} + K_{i+\frac{1}{2}} \right) H_{i,k} + K_{i+\frac{1}{2}} H_{i+1,k} \right] \qquad (2\text{-}50)$$

式中：θ—— 权重，$0 \leqslant \theta \leqslant 1$。当 $\theta = 0$ 时，Crank-Nicolson 格式为显式差分格式；当 $\theta = 1$ 时，则变为隐式差分格式。当 $\theta = \frac{1}{2}$ 时，为中心差分格式。中心差分格式同样是无条件收敛的。

此外，利用有限差分格式进行计算时是按照时间步逐次推进的。计算第 $k+1$ 时间步上的值 $f_{i,k+1}$ 要用到第 k 时间步上计算出来的值 $f_{i-1,k}$、$f_{i,k}$、$f_{i+1,k}$。而计算 $f_{i-1,k}$、$f_{i,k}$、$f_{i+1,k}$ 时的舍入误差必然会影响到 $f_{i,k+1}$ 的值，如果误差的影响越来越大，导致计算结果严重偏离差分格式的精确解，那么这种差分格式是不稳定的，反之则为稳定的。

由此可知，有限差分方程代替偏微分方程产生的误差包括截断误差（即差分方程的近似解与精确解的插值）和舍入误差（即差分方程的精确解与实际解的差值），其求解需同时满足收敛性和稳定性的要求。

2.3.2　有限单元法

2.3.2.1　有限单元法简介

有限单元法简称有限元法或有限元，是求解地下水流动及溶质迁移方程的另外一种数值方法。有限单元法最早用于结构力学，至 20 世纪 60 年代末，Javende（1968 年）将有限单元法引用到地下水流问题的求解中。有限单元法与有限差分法的不同之处在于，有限差分法是从定解问题的微分形式出发，用数值微分公式推导出相应的代数方程组；而有限单元法则是从定解问题的变分形式出发，导出相应的代数方程组。

用有限单元法求解地下水水流及溶质迁移问题的步骤大体如下。

①剖分离散。通过剖分，将研究区进行离散化，划分为有限个单元，见图 2-3。各单元的结合点称为结点或节点。不在边界上而位于计算区内部的结点称为内结点。对于二维问题，单元形状有三角形、四边形和任意四边形。对于三维问题，单元形状有四面体、六面体等。有限单元法中，由于单元本身可离散（剖分）成不同形状，所以该方法能够有效模拟几何形状复杂的研究域。

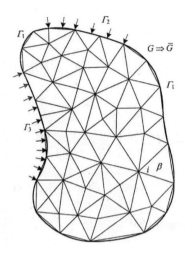

图 2-3　有限单元法剖分离散

②构造近似函数。选择近似函数表示单元内部的水头（或浓度）分布。常用多项式插值。

③建立有限单元方程。通过瑞里-里兹法（Rayleigh-Ritz 法）或伽辽金法（Galerkin 法），推导有限单元方程，建立单元内未知量的表达式。其中，瑞里-里兹法是从变分原理出发，把微分方程的求解转化为求某个泛函的极小值问题，适用于稳定流问题的求解。伽辽金法是从剩余加权法出发，把微分方程的求解转化为常微分方程，此法应用广泛，下文将对伽辽金法进行介绍。

④形成代数方程组，求解。

2.3.2.2　伽辽金有限单元法的基本原理

以一维地下水流数学模型为例：

$$\frac{\partial}{\partial x}\left(K\frac{\partial H}{\partial x}\right)=\mu_{s}\frac{\partial H}{\partial t} \tag{2-51}$$

初始条件：

$$H(x,t)\big|_{t=0}=H_{0}(x),\quad x\in[0,L] \tag{2-52}$$

第一类边界条件：

$$H(x,t)\big|_{x=0}=H_{1}(t),\quad t>0 \tag{2-53}$$

第二类边界条件：

$$K\frac{\partial H}{\partial x}\bigg|_{x=L}=q(t),\quad t>0 \tag{2-54}$$

将一维研究区域剖分为一组等长的线段，每个线段是一个单元，长度为 Δx；单元两端为节点，共有 n 个节点、$n-1$ 个单元。以上模型即求解水头函数 H 在研究域 $[0, L]$ 的分布。

假设 $\bar{H}(x,t)$ 为以上方程的试探解，并有如下形式：

$$\bar{H}(x,t) = \sum_{i=1}^{n} H_i(t) \Phi_i(x) \quad x \in [0, L], t > 0 \tag{2-55}$$

式中：i —— 节点编号；

　　n —— 总节点数；

　　$H_i(t)$ —— t 时刻节点 i 处的水头值；

　　$\Phi_i(x)$ —— 与节点 i 有关的内插值函数，称为基函数。基函数可以用线性函数或高
　　　　　　 次函数来定义，但线性函数应用最广。

如果试探解为精确解，则有：

$$L(\bar{H}) = \frac{\partial}{\partial x}\left(K\frac{\partial \bar{H}}{\partial x}\right) - \mu_s \frac{\partial \bar{H}}{\partial t} = 0 \tag{2-56}$$

如果试探解仅为近似解，则有：

$$L(\bar{H}) = \frac{\partial}{\partial x}\left(K\frac{\partial \bar{H}}{\partial x}\right) - \mu_s \frac{\partial \bar{H}}{\partial t} = R(x,t) \neq 0 \tag{2-57}$$

式中：$R(x,t)$ —— 剩余量，也称为残差。

选定一组与节点水位 $H_i(t)$ 有关的权函数 $W_1(x)$、$W_2(x)$，$\cdots$，$W_n(x)$，要求 $W_j(x)$ 能使残差的加权积分为零，即：

$$\iint R(x,t)W_j(x)\mathrm{d}x = 0 \tag{2-58}$$

以上即为剩余加权积分式，是一组常微分方程。之后再利用有限差分法对方程进行时间离散（在此讨论的有限单元法实际上是一种混合方法，在空间上用有限单元进行离散化，在时间上用有限差分法进行近似），得到各节点的方程，联立求解即可得到模型的近似值。

这种用残差的加权积分为零来求微分方程近似解的方法称为剩余加权法。对权函数的取法有 4 种。

①矩量化：把权重 W_i 取成级数，即 $W_i = \{1, x, x^2, \cdots\}$；

②配置法：先在计算域内选取 N 个配置点，令近似解在选定的 N 个配置点上严格满足微分方程，即在配置点上令方程余量为 0，把 W_i 采用 $\delta(x)$ 函数表示，即 $\iint_D R\delta(x_i)\mathrm{d}x = 0$；

③最小二乘法：把 W_i 取为剩余本身，即 $\iint_D R^2\mathrm{d}x = 0$；

④伽辽金法：把 W_i 取为基函数 $\varphi_i(x)$，即：

$$\sum_{\beta=1}^{n}\iint L(\sum_{j=1}^{n}H_j\varphi_j)w_i\mathrm{d}x = 0 \tag{2-59}$$

该式即为伽辽金有限单元方程。求解该方程时，首先要构造基函数 $\varphi_i(x)$，其次要确定节点上的水位 H_j。

2.3.2.3 剖分插值法构造基函数

（1）剖分

把计算区剖分成若干小区域，称这些小区域为单元，单元形状可以是矩形、三角形、多边形、曲边形等，目前以三角剖分为主，剖分原则[23]如下：

①尽量是等边三角形，任一内角应在30°～90°之间，以保证结果的收敛和稳定；

②单元间顶点相连；

③相邻单元的差别不宜过大；

④在水力坡度大的地方，剖分应更详细；

⑤剖分单元不应跨越分水岭；

⑥边界平直，则边界与单元边界可重叠，如果边界弯曲，可裁弯取直，采用近似边界。

（2）插值单元上的形状函数

以二维水流单元为例，假设剖分单元内的地下水面近似为斜平面，则平面内任意一点的水位可写成 $h(x,y,t) = A + Bx + Cy$ ［若为曲面，则有 $h(x,y,t) = Ax^2 + By^2 + Cx + Dy + Exy + F$ ］。

任取一个 β 三角形，面积为 $\Delta\beta$，3 个顶点分别为 i、j、k，则三点坐标分别为 (x_i,y_i)、(x_j,y_j)、(x_k,y_k)，三点的水位分别为 h_i、h_j、h_k，则：

$$h_i = A + Bx_i + Cy_i;\quad h_j = A + Bx_j + Cy_j;\quad h_k = A + Bx_k + Cy_k \tag{2-60}$$

若 h_i、h_j、h_k 三点的水位已知，可解出 A、B、C 的值：

$$A = \frac{1}{2\Delta\beta}\left[(x_jy_k - x_ky_j)h_i + (x_ky_i - x_iy_k)h_j + (x_iy_j - x_jy_i)h_k\right]$$

$$= \frac{1}{2\Delta\beta}(a_ih_i + a_jh_j + a_kh_k) \tag{2-61}$$

同理：

$$B = \frac{1}{2\Delta\beta}(b_ih_i + b_jh_j + b_kh_k),\quad C = \frac{1}{2\Delta\beta}(c_ih_i + c_jh_j + c_kh_k) \tag{2-62}$$

式中：

$$a_i = x_j y_k - x_k y_j, \quad a_j = x_k y_i - x_i y_k, \quad a_k = x_i y_j - x_j y_i \qquad (2\text{-}63)$$

$$b_i = y_j - y_k, \quad b_j = y_k - y_i, \quad b_k = y_i - y_j$$

$$c_i = x_k - x_j, \quad c_j = x_i - x_k, \quad c_k = x_j - x_i$$

上述 a_i、a_j、a_k、b_i、b_j、b_k、c_i、c_j、c_k 称为几何量。

把 A、B、C 的值代入 $h=A+Bx+Cy$，整理得：

$$h(x,y,t) = \frac{1}{2\Delta\beta}\left(a_i h_i + a_j h_j + a_k h_k\right) + \frac{1}{2\Delta\beta}\left(b_i h_i + b_j h_j + b_k h_k\right)x$$

$$+ \frac{1}{2\Delta\beta}\left(c_i h_i + c_j h_j + c_k h_k\right)y$$

$$= \frac{1}{2\Delta\beta}\left(a_i + b_i x + c_i y\right)h_i + \frac{1}{2\Delta\beta}\left(a_j + b_j x + c_j y\right)h_j$$

$$+ \frac{1}{2\Delta\beta}\left(a_k + b_k x + c_k y\right)h_k$$

$$= \varphi_i(x,y)h_i + \varphi_j(x,y)h_j + \varphi_k(x,y)h_k \qquad (2\text{-}64)$$

式中：$\Delta\beta$——三角形面积。

$$\Delta\beta = \frac{1}{2}\begin{vmatrix} 1 & x_i & y_i \\ 1 & x_j & y_j \\ 1 & x_k & y_k \end{vmatrix} \qquad (2\text{-}65)$$

可见，三角形内任一点的水位 $h(x, y, t)$ 由 h_i、h_j、h_k 确定，三点对 $h(x, y, t)$ 影响的大小取决于三角形单元内的形状函数 φ_i、φ_j、φ_k。

以 φ_i 为例，解释形状函数的意义：

$$\varphi_i(x,y) = \frac{1}{2\Delta\beta}\left(a_i + b_i x + c_i y\right)$$

$$= \frac{1}{2\Delta\beta}\left[\left(x_i y_k - x_k y_j\right) + \left(y_j - y_k\right)x + \left(x_k - x_j\right)y\right]$$

$$= \frac{1}{2\Delta\beta}\begin{vmatrix} 1 & x_i & y_i \\ 1 & x_j & y_j \\ 1 & x_k & y_k \end{vmatrix}$$

$$= \frac{1}{2\Delta\beta}2\Delta\beta_i$$

$$= \frac{\Delta\beta_i}{\Delta\beta} \qquad (2\text{-}66)$$

式中：$\Delta\beta_i$ 为 i 节点所对的三角形面积，见图 2-4。同理：

$$\varphi_j(x,y)=\frac{\Delta\beta_j}{\Delta\beta}; \quad \varphi_k(x,y)=\frac{\Delta\beta_k}{\Delta\beta} \tag{2-67}$$

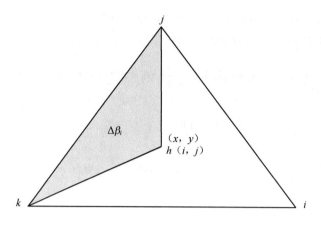

图 2-4 $\Delta\beta_i$ 的含义

则：$\varphi_i(x,y)+\varphi_j(x,y)+\varphi_k(x,y)=1$

所以，当 $h(i,j)$ 位于 i 节点时，$h(i,j)$ 不受 h_j 和 h_k 的影响，即 $\varphi_i(x,y)=1$，$\varphi_j(x,y)=\varphi_k(x,y)=0$。

同理，当 $h(i,j)$ 位于 j 节点时，$\varphi_j(x,y)=1$，$\varphi_i(x,y)=\varphi_k(x,y)=0$。

$h(x,y)=\varphi_i(x,y)h_i+\varphi_j(x,y)h_j+\varphi_k(x,y)h_k$，其含义为水位是三角形三个节点的水位的面积加权平均值。

（3）任意节点的基函数

任意节点 i 的基函数 $\varphi_i(x,y)$ 是针对 i 节点定义的，设在 n 个单元中，与 i 节点有关的单元有 α 个，$\alpha=1,2,3,\cdots$，则 i 节点的基函数可定义为：

$$\varphi_i(x,y)=\begin{cases} \varphi_i^{(1)}(x,y) & (x,y)\in\beta_1 \\ \varphi_i^{(2)}(x,y) & (x,y)\in\beta_2 \\ \vdots & \vdots \\ \varphi_i^{(\alpha)}(x,y) & (x,y)\in\beta_\alpha \\ 0(x,y)\notin \text{与}i\text{节点有关的单元} \end{cases} \tag{2-68}$$

当计算点位于 i 节点上时，$\varphi_i(x,y)=1$；当计算点位于以 i 为顶点的三角形所组成区域的周边上时，$\varphi_i(x,y)=0$；当计算点位于以 i 为顶点的三角形之中时，$\varphi_i(x,y)$ 介于 0～

1：$0 \leqslant \varphi_i^\beta(x,y) = \dfrac{1}{2\Delta\beta}(a_i + b_i x + c_i y) < 1$；当计算点位于其他区域时，$\varphi_i(x,y) = 0$。

可见，$\varphi_i(x,y)$ 是分片定义的线性连续函数，在研究域的绝大部分区域上为零；仅在以 i 为顶点的三角形所组成的区域上，其值为 0～1；由此，得到 $\varphi_i(x,y)(i=1,2,\cdots,N)$ 在研究域 D 上的全部定义。

i 点的水位对全区产生的影响可用统一的解析表达式表达，为 $\varphi_i(x,y)h_i(t)$；全区内任意点的插值水头值则可表示 $h^*(x,y,t) = \sum\limits_{i=1}^{n} h_i(t)\varphi_i(x,y)$。

详细的承压水、潜水二维、三维非稳定流伽辽金有限单元方程及解法见文献[23]。

2.4　地下水数值模拟思路

自 1973 年以来，数值模拟技术逐渐被引入我国水文地质领域中，并取得了一大批成果[20]。数值模拟技术不仅是地下水资源评价的重要手段，也是地下水环境保护及污染预防领域行之有效的技术措施。地下水数值模拟技术在充分分析研究区自然地理、地质条件、水文地质条件、地下水流场等现状的基础上，对实际研究区水文地质条件进行水文地质概念模型的刻画，根据含水介质的均质性或非均质性、空间结构、地下水动态等建立相应的数学模型，再结合研究区边界条件、源汇项及初始水文地质参数，建立研究区数值模型，并利用实测的地下水流场及初始水环境化学场率定数值模型参数，使预测结果尽量与实际吻合，最终使用率定后的模型进行水量及溶质运移预测分析。

宁立波等将地下水数值模拟技术解决实际问题的过程划分为 7 个步骤[24]：

①明确模拟预测的目的及研究区域，划分研究区边界，分析研究区地质条件及水文地质条件；

②根据研究区的水文地质条件，对研究区进行概化，建立研究区水文地质概念模型；

③选择合适的数学模型；

④建立数值模型，并进行研究区域网格设计及剖分；

⑤确定参数值，赋值给数值模型，并进行拟合调参；

⑥检验模型的准确性；

⑦进行模型应用，输出模拟结果。

Anderson 等将地下水数值模拟技术解决实际问题的过程划分为 9 个步骤[25]，见图 2-5。这些地下水数值模拟步骤均体现了从"提出问题"到"利用地下水数值模拟技术解决问题"的全过程。

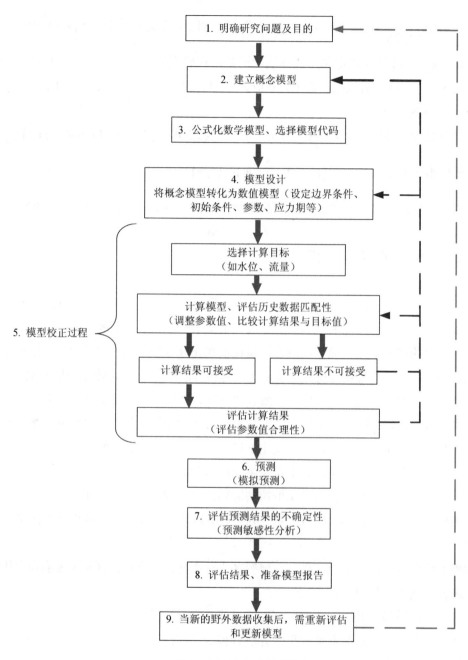

图 2-5　地下水数值模拟步骤

2.4.1　建立水文地质概念模型

水文地质概念模型是研究区水文地质条件的高度概括，是把含水层的边界性质、内部条件、渗透性能、水力特征及补给径流排泄等条件概化为便于用数学及物理模式模拟的过程，是真实水动力条件的近似模拟。水文地质概念模型是在充分收集研究区各类地质、水文地质、气象、水文、地下水开发利用现状等资料的基础上，通过系统研究和分析而建立的。主要包括以下几方面。

（1）研究区含水系统的空间结构及属性

含水系统空间结构包括研究区的范围、研究区内含水层及隔水层平面分布情况、剖面上含水层及隔水层的分布情况；含水系统属性主要包括含水层及隔水层的顶底板标高、含水层及隔水层厚度、渗透系数、给水度、储水系数、孔隙度等参数。

（2）边界条件及地下水流动特征

对边界条件，主要是确定研究区边界的特征，如是属于流量边界、隔水边界或是其他边界，以及该边界条件的分布范围与深度。对地下水流动特征，主要是分析研究区内的地下水含水系统是一层还是多层，多层之间是否存在水力联系，属于稳定流还是非稳定流，是一维流动、二维流动还是三维流动。

（3）水化学场特征

对于未来需要进行溶质运移分析的模型，还需要调查清楚研究区的水化学场。通过分析研究区的水化学特征，绘制 Piper 三线图，确定地下水的主要化学类型，还要分析地下水的主要控制因素，分析岩土之间的阳离子交换作用、溶滤作用及蒸发作用等，为准确刻画水文地质概念模型提供依据。如艾力哈木·艾克拉木等通过研究伊犁河谷西北部地下水化学特征（见图 2-6），探究了伊犁河谷西北部地下水成因[26]。

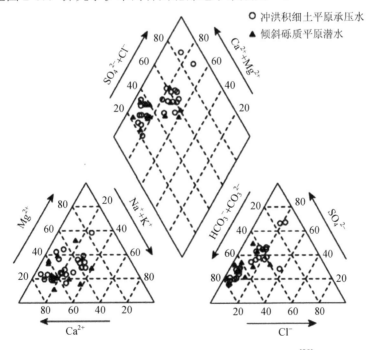

图 2-6　伊犁河谷西北部地下水 Piper 三线图[26]

在明确以上内容的基础上，对研究区水文地质条件进行合理的概化，使概化模型达到既反映水文地质条件的实际情况，又能用先进的计算机模拟计算工具进行计算的目的。

水文地质概念模型的建立要遵循实用性、完整性及平衡性3个原则。

（1）实用性原则

实用性原则是指建立的水文地质概念模型要与目前能够达到的模拟计算水平及研究区水文地质条件的现状研究程度相适用，以避免概念模型无法在计算机上实现或概化的模型与实际的水文地质条件不吻合等情况出现。水文地质概念模型把含水层实际的边界性质、内部结构、渗透性能、水力特征及补给排泄等条件概化为便于进行数学或物理模拟的基本模式，需要与当前的计算水平相当。

（2）完整性原则

完整性原则是指概念模型需尽可能全面真实反映研究区的实际含水系统的内部结构及水动力学特征，保证模型在理论上的完整性，提高模拟预测的精度和可信度。

（3）平衡性原则

平衡性原则是指要平衡好概念模型的复杂程度和预测精度，做到两者之间的平衡，不一味追求预测精度而将模型概化得过于复杂、费事费力，也不过于简单而影响模型的预测精度。虽然理论上概念模型越接近野外实际情况，数值模型就越精确，但是概念模型无法丝毫不差地再现野外地下水系统，必须要进行相应简化。因此，需要在复杂程度和预测精度之间做好平衡。

水文地质概念模型的建立一般遵循以下步骤。

（1）资料准备

水文地质资料是模型概化的基础。在模型概化前，必须认真收集整理分析研究区已有的水文地质资料，包括但不限于：

①自然地理数据，包含研究区及周边区域的降水、蒸发、气温等气象数据，周边河流水系的分布、流量、水深、河宽等水文数据；

②研究区地质勘探报告，包含研究区及周边区域的地形地质图、地质剖面图、钻孔柱状图、构造分布图等；

③水文地质勘查报告，包含研究区及周边区域的地下水系统的划分、各含水层及隔水层的顶底板标高等值线图、含水层厚度资料、水文地质图及剖面图、地下水开发利用现状资料、水位动态资料、水文地质试验数据（抽水试验、注水试验、渗水试验等）、等水位线图和等水压线图、水文地质参数取值等；

④地下水化学特征数据，包含研究区及周边区域的地下水水质分析数据、水化学类型等数据；

⑤工程地质勘查报告，包括项目场地的包气带岩土体的分布、厚度、组成等。

地下水数值模拟资料准备阶段所需的资料见图 2-7。收集以上数据后，需要对数据进行整理分析。

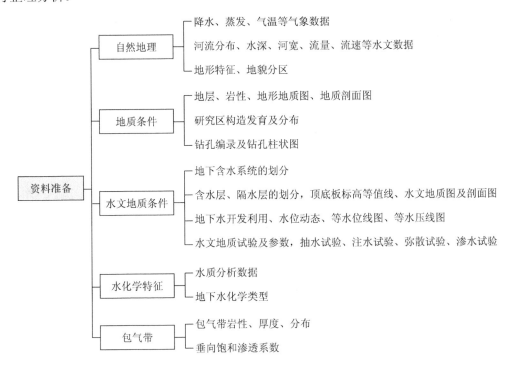

图 2-7　资料准备阶段数据透视分析

（2）确定研究区边界

边界是指研究区的范围界线，是区别研究区及非研究区的界线，在该界线上可能发生物质与能量的交换，因此边界条件的确定至关重要。边界的确定不仅影响计算工作量，更重要的是边界的确定会影响数学模型建立的正确与否。通常情况下，一个模型的边界条件包括模型的上边界、底边界及四周侧边界。针对某一特定研究任务时，应根据研究区的实际情况及研究目的，选择合理的边界条件，优先以自然边界作为模型的边界，最好是以完整的水文地质单元作为整个研究区。有时候由于种种因素限制，无法完全以自然边界作为模型的边界，只能根据研究区的地质条件、水文地质条件、预测评价的目的与要求、地下水开发利用现状及保护目标的分布，合理地选择比天然边界更小的区域作为预测范围，并对边界进行识别。

根据含水层及隔水层的分布、地质构造、地表水与地下水的水力联系以及边界上的地下水流特征，研究区的边界可概化为给定地下水位的第一类边界、给定侧向径流量的第二类边界以及给定地下水侧向流量及水位关系的第三类边界条件。目前，使用较多的边界主要有地表水体边界、断层接触边界、岩体或岩层接触边界、地下水天然分水岭等，对于具体的边界，在处理过程中也可能出现不同的概化结果，应仔细分析。

①地表水体边界。

地表水体包括河流、湖泊、沟渠、海洋、地表池塘等。根据地表水与地下水的水力联系，地表水与地下水的关系整体可划分为三类，以河流为例，即河流补给地下水、地下水补给河流、两者之间没有直接的补给关系，见图 2-8。总体而言，山区河谷深切，河水位常低于地下水位，地下水排泄至河水。山前由于河流的堆积作用，河床处于高位，河水常年补给地下水。在冲积平原与盆地的某些部位，河水位与地下水位的关系随季节而变。而在某些冲积平原中，河床因强烈的堆积作用而形成所谓"地上河"，河水经常补给地下水。

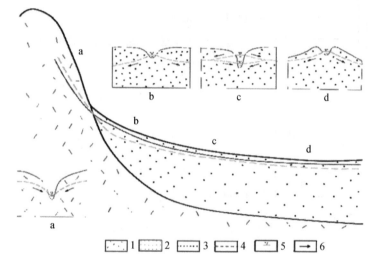

1—基岩；2—松散沉积物；3—地表水位（纵剖面）；4—地下水位；5—地表水位（横剖面）；6—地下水流向

图 2-8　地表水与地下水的补给关系[27]

在概念模型中通常将河流概化为定水头边界或给定水头边界，是在河流与地下水具有紧密的水力联系可以作为边界条件使用的基础上。此时，河流一方面影响地表水与地下水的水量交换，另一方面影响边界内外的流量，可以认为整个过程中河流内外是两个地下水流动系统，此时河流作为边界条件是合理的。对河流与地下水没有直接水力联系或河床渗透阻力较大的情况，如果仍然将河流作为边界就不太合适，此时应将该河流视为模型内的要素，作为第二类定流量补给边界（见图 2-9），显然该河流并不是地下水系统的边界。

因此，只有当地表水与地下水有密切的水力联系，经动态观测证明有统一水位，地表水对地下水含水层有无限补给能力，降落漏斗不可能跨越河流时，河流才能作为计算外边界，可以将其概化为给定水头的第一类边界。如果河流是季节性的，只能在河流的有水期确定为定水头边界；如果只有某段河水与地下水有密切关系，则只能将这一段确定为定水头边界。

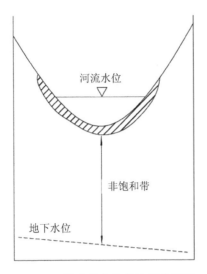

图 2-9 河流不能作为外边界的情形

另外，应时刻注意模型在运算过程中是否会导致河流作为边界条件发生变化的情况，如开采导致含水层水位大面积急剧下降，使河流不能再作为边界条件的情形。

②断层接触边界。

断层接触边界分为三种情况：如果断层本身不透水，或断层的另一盘是隔水层，则构成隔水边界；如果断层本身是导水的，计算区内为富含水层，而区外为弱含水层时，则形成流量边界；如果断层本身是导水的，计算区内为导水性较弱的含水层，而区外为强导水的含水层时（这种情况在供水时稍有，多出现在矿床疏干时），则可定义为定水头补给边界，见图 2-10。

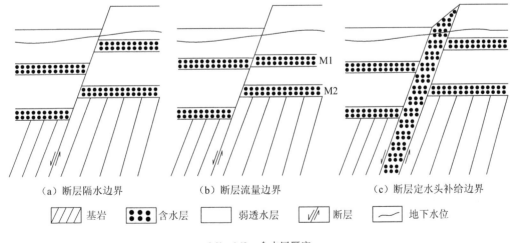

（a）断层隔水边界　　　　　（b）断层流量边界　　　　　（c）断层定水头补给边界

〔基岩〕　〔含水层〕　〔弱透水层〕　〔断层〕　〔地下水位〕

M1、M2—含水层厚度

图 2-10 断层接触边界示意

③岩体或岩层接触边界。

岩体或岩层接触边界多属于隔水边界或流量边界。凡是流量边界，应测得边界处岩石的导水系数及边界内外的水头差，算出水力坡度，计算出补给量或流出量。

④地下水天然分水岭。

地下水天然分水岭可以作为隔水边界，但应考虑开采后是否会导致分水岭的位置发生变迁，见图 2-11。

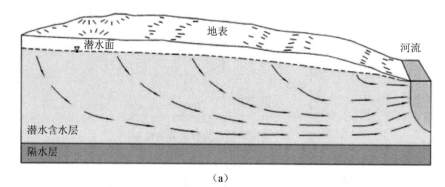

（a）

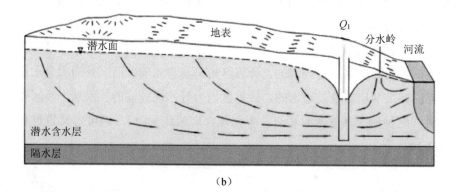

（b）

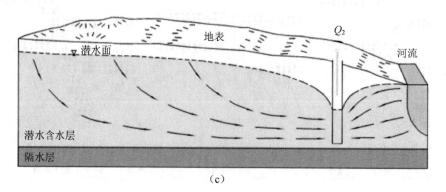

（c）

图 2-11　地下水分水岭

⑤人为边界。

在实际应用中，很多情况下都较难获得天然的边界或完整的水文地质单元，需要人为给定边界。此时，应保证给定的人为边界水位或流量已查清或容易获得并保持相对稳定，同时该边界应选择在水位或流量受开采影响较小的区域。

（3）内部结构概化

①含水介质概化。

含水介质根据孔隙类型不同可划分为孔隙含水介质及裂隙、岩溶含水介质。对孔隙含水介质来说，如果在渗流场中，所有点都具有相同的渗透系数，则该孔隙介质可以概化为均质含水层，否则概化为非均质含水层。自然界中绝对均质的岩层是没有的，均质与非均质是相对的，根据具体的研究目标而定。根据含水层透水性能和渗流方向的关系，可以概化为各向同性和各向异性两类。如果渗流场中某一点的渗透系数不取决于方向，即不管渗流方向如何都具有相同的渗透系数，则介质是各向同性的，否则就是各向异性的。在均质各向同性介质中，地下水必定沿着水头变化最大的方向（即垂直于等水位线的方向）运动，见图 2-12。

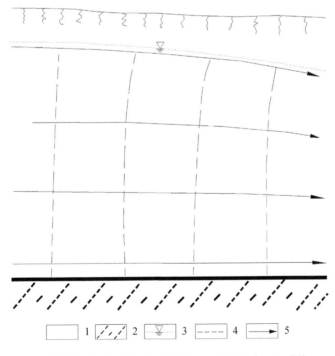

1—含水层；2—隔水层；3—潜水面；4—等水头线；5—流线

图 2-12　均质各向同性介质中地下水流动方向[27]

裂隙、岩溶含水介质的概化要视具体情况而定。在局部溶洞发育处,岩溶水运动一般为非达西流(即非线性流和紊流),但在大区域上,北方岩溶水运动近似地满足达西定律,含水介质可概化为非均质、各向异性的连续介质。

②含水层组。

根据含水层组类型、结构、岩性等,确定层组的均质和非均质、各向同性或各向异性、潜水或承压水;根据含水层水位动态变化特征,确定层组水流为稳定流或非稳定流。

在既存在越流、又存在弱层释水的地区,要建立考虑弱透水层水运动的弱透水层模型。一个区域含水岩组可以概化为一个单层模型,也可以概化为一个含水层-弱透水层组越流模型,或概化为多个含水层-弱透水层组构成的多层模型。

③含水层的空间分布。

确定含水层的类型后,需要查明含水层在空间的分布形状。对于承压水,可用顶底板等值线图或含水层等厚度图表示;对于潜水,则可用底板标高等值线图表示。

④地下水的运动状态。

a. 层流、紊流。

一般情况下,在松散含水层及发育较均匀的裂隙、岩溶含水层中的地下水运动大都是层流,符合达西定律。只有在极少数大溶洞和宽裂隙中的地下水流不符合达西定律,呈紊流状态。

b. 平面流和三维流。

在开采状态下,地下水运动存在三维流,特别是在区域降落漏斗附近及大降深的井附近,三维流更明显,因此应采用地下水三维流模型。若三维流的资料难以获得,可将三维流问题按二维流处理,但应考虑所引起的计算误差能否满足水文地质计算的要求。

⑤水文地质参数。

水文地质参数在一定时期和外部条件下可以近似地看作恒定不变,概念模型的建立过程中可将参数概化为随时间不变的。

在概念模型中向水文地质参数赋值时,应根据各参数在主渗透方向上的变化规律,分区进行概化,此时应注意查明计算含水层与相邻含水层或隔水层是否存在"天窗"、断层沟通等接触关系。在进行参数分区时,应结合抽水试验的计算结果、含水层的分布规律、地下水流场及水化学场、构造条件及岩溶发育规律等进行分区,以求更加切合实际。

(4)源汇项

含水层垂向量作为模型的源或汇,一般可直接量化,但应根据实际水文地质条件,决定具体量化和处理方式。潜水含水层存在蒸发,其蒸发强度随水位埋深产生变化时,可建立受潜水极限蒸发埋深约束的潜水蒸发子模型。存在间歇性河流,以及由于开采促使地表水体与含水层间的水量交换发生明显改变时,应考虑建立地表水入渗子模型。

（5）动态特征

①地下水补排动态。

查明含水层与地表水直接的补给排泄关系，如是地表水补给地下水、地下水补给地表水还是周期性变化。

②地下水位动态。

调查研究区内地下水位动态，水位动态变化不大的，可概化为稳定流模型，水位动态变化较大的，不宜概化为稳定流，应概化为非稳定流系统。

③地下水水质动态。

对于地下水水质动态变化较大的，在进行溶质运移模拟时，应考虑地下水水质动态变化。

2.4.2　选择或建立相应的数学模型

水文地质概念模型建立后，下一步需要将概念模型总结的地下水运动规律通过数学模型的形式进行表述，便于采用相关方法进行求解预测。数学模型的建立（或选取）直接关系到未来模拟工作的难易程度及预测结果的可信程度。

建立（或选取）数学模型时，应首先判定建立的概念模型是二维流还是三维流、是稳定流还是非稳定流，根据确定的地下水流动特征建立（或选取）模型。通常从地下水运动的空间分布可以分为一维流、二维流及三维流。自然条件下，地下水流动一般符合三维流特征，但由于计算技术、水文地质条件的研究程度及水文地质参数的获取难度，需要对实际研究区进行简化。能采用二维流模型的就不使用三维流模型。具体采用哪种模型，要综合考虑所研究问题的性质、具体的模拟要求、当地的地质条件及水文地质条件、所掌握的数据资料，特别是长期观测资料以及模拟经费和时间。能采用二维流模型解决并满足模拟要求时，不使用三维流模型模拟，因为三维流模型需要大量观测数据和资料，且工作量巨大，耗费时间和经费较多，如果资料不够详实，模拟效果也不一定理想。

2.4.3　建立数值模型

通过以上方法建立数学模型后，需要采用某种方法对数学模型进行求解，但这些数学模型一般无法用常规解析方法进行求解，因此往往需要进行数值求解。目前对数值求解应用较多的方法为有限单元法和有限差分法等，数值模型的建立通常采用如下步骤。

（1）模型网格剖分

不管是有限单元法还是有限差分法，均需要对计算区按照矩形或三角形等离散形式进行剖分，对污染源及周边区域则要进行加密，垂向上按照含水层厚度进行划分或人为将含水层划分为多个模拟层以适当增加垂向分辨率。目前流行的模拟预测软件一般采用矩形或三角形剖分法，如 Visual MODFLOW 通常采用矩形剖分，FEFLOW 通常采用三角形剖分。网格大小根据实际情况进行调整；在水头变化大或水头分布需要了解得比较详细的部位，需要进行加密；对于水头比较平稳或次要的部位，可适当划分得大一些[28]。有限差分网格剖分见图 2-13，有限单元网格剖分见图 2-14。

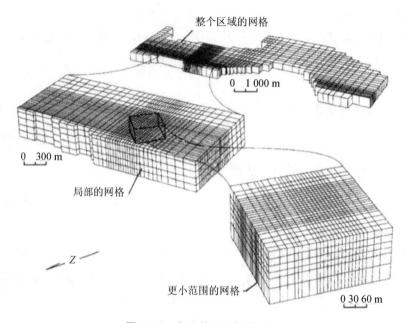

图 2-13　有限差分网格剖分

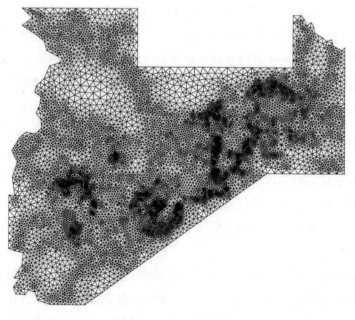

图 2-14　有限单元网格剖分

（2）边界条件

根据含水层及隔水层的分布、地质构造、地表水与地下水的水力联系以及边界上的地下水流特征，研究区的边界可概化为给定地下水位的第一类边界、给定侧向径流量的第二类边界以及给定地下水侧向流量及水位关系的第三类边界条件。具体的边界划分已经在前文进行了介绍。

（3）初始条件

模型创建完毕后，需要给定数值模型内的初始水位，对溶质运移模型还要给定初始的浓度场。

（4）源汇项

根据概念模型概化时确定的源汇项，计算各自的量，并通过一定形式赋值到数值模型中。源汇项主要包括大气降水补给、蒸发、河流及渠系等。

①大气降水入渗补给。

大气降水入渗补给是地下水补给的重要形式。大气降水降落至地面后，大致分为三个去向：一是转化为地表径流、向地势低洼处径流，二是蒸发返回大气圈，三是入渗补给含水层。渗入到地下的水不完全是补给了含水层内，其中一大部分被包气带土壤滞留、形成土壤水，而后又通过植物蒸腾、地面蒸发等形式返回大气圈。因此，大气降水补给地下水水量采用如下公式计算：

$$Q = X \cdot \alpha \cdot F \cdot 1\ 000 \tag{2-69}$$

式中：Q —— 降水入渗补给地下水的量，m^3/a；

　　　X —— 年降水总量，mm；

　　　α —— 入渗系数，量纲一；

　　　F —— 补给区面积，km^2。

影响降水入渗的因素较多，主要包括年降水总量、降水特征、包气带岩性和厚度、地形、植被等。年降水总量越大，越有利于补给地下水，降水过分集中或一次降水量较小都不利于降水入渗，只有不超过地面入渗速率的连绵细雨最有利于地下水的补给。包气带渗透性好，有利于降水入渗补给。包气带厚度过大（潜水埋深过大），则包气带滞留的水分也多，不利于地下水的补给。但潜水埋藏过浅，毛细饱和带达到地面，也不利于降水入渗。当降水强度超过地面入渗速率时，地形坡度大会使地表坡流迅速流走，使地表径流增加。平缓与局部低洼的地势有利于滞积表流，增加降水入渗的比例。森林、草地可滞留地表坡流与保护土壤结构，从这方面有利于降水入渗。但是浓密的植被（尤其是农作物），以蒸腾方式强烈消耗包气水，造成大量水分亏缺，尤其是在气候干旱的地区，农作物复种指数的提高会使降水补给地下水的比例明显降低。在分析降水入渗影响时，各因素是相互制约、互为条件的，不能孤立来分析。

②蒸发。

在低平地区，尤其在干旱气候下松散沉积物构成的平原与盆地中，蒸发与蒸腾往往是地下水主要的排泄方式。地下水的蒸发排泄实际上可以分为两种：一种是与饱水带无直接联系的土壤水的蒸发，另一种是潜水的蒸发。影响潜水蒸发从而决定土壤与地下水盐化程度的因素是气候、潜水埋藏深度及包气带岩性，以及地下水流动系统的规模。气候越干燥，相对湿度越小，潜水蒸发便越强烈。潜水面埋藏越浅，蒸发越强烈。

③河流及渠系补给。

河水补给地下水时，补给量的大小取决于下列因素：透水河床的长度与浸水周界的乘积（相当于过水断面），河床透水性（渗透系数），河水位与地下水位的高差（影响水力梯度）以及河床过水时间。对此，可以用达西定律进行分析。为了确定河水渗漏补给地下水的水量，可在渗漏河段上下游分别测定断面流量 Q_1 及 Q_2，则河水渗漏量等于（Q_1-Q_2）·t，t 为河床过水时间。对于常年性河流，此渗漏量即为河水补给地下水的水量；但是，对于过水时间很短的间歇性河流，渗漏量有相当大一部分消耗于湿润河床附近的包气带，这时将河水渗漏量当作地下水获得的补给量会产生误差。

（5）水文地质参数

根据概念模型概化时确定的水文地质参数分区，将水文地质参数赋值到数值模型中，作为模型初始参数。也可通过先将研究区已有水文地质参数进行插值，再将插值后的结果整体赋值到模型中，作为模型的初始参数，这种方法对资料的要求比较严，要求抽水试验或收集的已知水文地质参数点位较多且均匀分布于全区（见图 2-15）。

2.4.4 模型识别与校验

建立好的数值模型并不一定适合研究区地下水预测分析，需要对模型进行识别和校验，对赋值到数值模型中的初始参数进行率定。通过参数率定，使建立的数值模型从含水层结构、属性、边界条件、地下水位等各方面更符合实际水文地质条件。

识别与校验模型时，通常采用试估-校正法，通过不断运行建立的数值模型，得到给定初始条件下的地下水流场分布及水位动态，不断调整水文地质参数和其他均衡项，使建立的模型更加符合实际水文地质条件[29]。通常模型的识别和校验需要满足以下几个条件：①模拟的地下水流场要与实际地下水流场基本一致；②模拟的地下水位动态变化要与实际水位动态变化一致；③模拟的地下水均衡变化要与实际地下水均衡变化基本一致；④最终的水文地质参数、含水层结构和边界条件要符合实际水文地质条件。

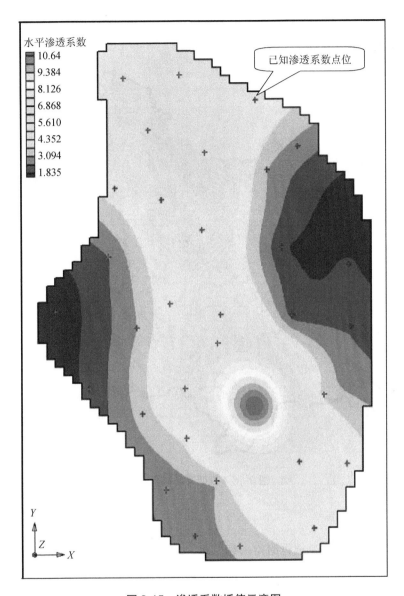

水平渗透系数

10.64
9.384
8.126
6.868
5.610
4.352
3.094
1.835

已知渗透系数点位

图 2-15　渗透系数插值示意图

（Groundwater Modeling System TUTORIALS Volume Ⅱ）

（1）流场拟合

地下水流场拟合的正确与否是数值模型能否用于预测预报的重要依据。在流场拟合时，往往采用实测的一段时间内的流场作为初始流场，并采用后一段时间内的实测流场进行校验。根据给定的初始水文地质参数及实测的初始流场，运行模型得到后一段时间内的计算流场，将计算流场与实测的后一段时间内的地下水流场进行对比，并不断对初始参数进行调整，使得计算流场与实测流场在形状、水位值上基本一致。如胡立堂等对北京市平原区饱和-非饱和地下水三维流模型进行了流场识别校验[30]，校验结果见图 2-16。结果表明，模拟流场及实测流场拟合较好。

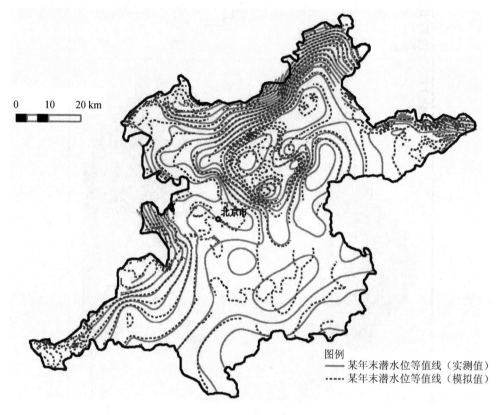

图例
—— 某年末潜水位等值线（实测值）
---- 某年末潜水位等值线（模拟值）

图 2-16　模型流场拟合[30]

（2）水位拟合

设置若干水位观测孔，根据给定的初始水文地质参数及实测的初始流场，运行模型得到计算流场，将观测孔的计算水位与实测水位进行对比，并不断对初始参数进行调整。根据《地下水污染模拟预测评估工作指南》（环办土壤函〔2019〕770 号），原则上，对于稳定流水流模型，要求观测井地下水位的实际观测值与模拟计算值的拟合误差应小于拟合计算期间内水位变化值的 10%，模拟范围内水位变化值较小（＜5 m）的情况下，水位拟合误差一般应小于 0.5 m（水位拟合示意图[31]如图 2-17 所示）。对于非稳定流水流模型，要求地下水位计算曲线与实际观测值曲线的年际、年内变化趋势一致；对于溶质迁移模型，要求模拟出的污染羽分布与实际观测形态近似，运移方向一致，地下水中污染物浓度计算值与观测值的穿透曲线吻合，变化趋势一致，一般情况下计算值与观测值进行拟合的相关系数大于 0.85。另外，对于地下水与地表水水力联系密切的模型，还可以用河流断面流量进行拟合。

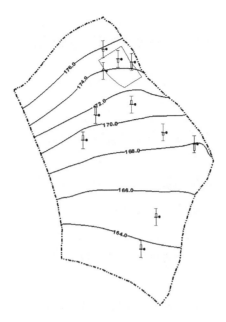

图 2-17　水位拟合示意

（3）水文地质参数拟合

通过不断调整模型的水文地质参数，使其计算流场与实际流场吻合、计算水位与实际观测水位吻合，此时的水文地质参数还要符合研究区的实际水文地质条件，水文地质参数的分区或变化规律要符合实际区域参数的分布规律，如山前冲洪积扇渗透系数分布规律等。

（4）均衡项拟合

模拟的地下水均衡变化要与实际地下水均衡变化基本一致，即计算的含水层储量的变化量应接近实际地下水量的变化量，各模拟均衡项要与实际的均衡项差别不大。

在根据以上 4 个方面对地下水数值模型进行识别和校验时，对于如何评价模型率定和验证的效果、定量分析模型精度以及达到模型可实际应用的要求，有学者总结了需要注意的几点内容[29]：

①模型范围最好以完整的水文地质单元作为模拟区；

②除特殊的研究目的外，尽量不要选择临近边界的监测点用于模型识别和验证；

③在对比监测点的模拟动态过程与实测动态过程时，水位过程线时段的选择应根据研究目的和资料精度确定，并非时段越小越好；

④对比监测点的地下水位模拟值绝对误差应小于监测点对应模拟时段的实际地下水位变幅；

⑤对比监测点地下水位在模型模拟时段前后的水位变幅的相对误差应控制在 20%

以内；

⑥应将研究区划分为若干分区，各分区地下水模拟水位平均值与实际监测水位平均值基本一致。

2.4.5　模拟预测

经过模型拟合后的数值模型可以用于对研究区进行水量及水位的变化预测分析、溶质运移分析。

（1）地下水流场及水位变化分析

通过分析研究区地下水等水位线的变化情况，分析研究区内地下水的补给、径流、排泄关系的变化，用于地下水允许开采量计算、矿山开采对含水层的影响分析及周边敏感点取水用水的影响分析等。同时，可通过设置水位观测点分析保护目标处的水位变化情况。

（2）溶质运移模拟预测

在水位模型的基础上，叠加污染源及初始浓度场，联合运行水流模型及水质模型，预测未来污染物随时间推移的迁移转化情况，以确定其迁移路径、污染范围及污染程度。同时，可通过设置水质观测点，分析保护目标处的水质变化情况，并制定相应的保护对策。

参考文献

[1]　李凡，李家科，马越，等. 地下水数值模拟研究与应用进展[J]. 水资源与水工程学报，2018，29（1）：99-104，110.

[2]　王洪涛. 多孔介质污染物迁移动力学[M]. 北京：高等教育出版社，2008.

[3]　王文科，李俊亭. 地下水流数值模拟的发展与展望[J]. 西北地质，1995（4）：52-56.

[4]　卢丹美.地下水数值模型和软件的特点及在我国的应用现状[J]. 中国水运（下半月），2013，13（1）：107-109.

[5]　薛禹群，叶淑君，谢春红，等.多尺度有限元法在地下水模拟中的应用[J]. 水利学报，2004（7）：7-13.

[6]　He X G，Ren L. Finite volume multiscale finite element method for solving the groundwater flow problems in heterogeneous porous media[J]. Water Resources Research，2005，41（10）.

[7]　谢一凡，吴吉春，薛禹群，等. 一种模拟节点达西渗透流速的三次样条多尺度有限单元法[J]. 岩土工程学报，2015（9）：185-190.

[8]　成建梅，胡进武. 饱和水流溶质运移问题数值解法综述[J]. 水文地质工程地质，2003（2）：99-106.

[9]　Zheng C M，Bennett G D. 地下水污染物迁移模拟[M]. 2 版. 孙晋玉，卢国平，译. 北京：高等教育出版社，2009.

[10]　魏恒，肖洪浪. 地下水溶质迁移模拟研究进展[J]. 冰川冻土，2013，35（6）：1582-1589.

[11] 詹红丽. 大型圩区水环境随机模拟模型及应用研究[D]. 南京：河海大学，2005.

[12] 曹少华. 非均质含水层参数识别和分数阶对流弥散方程数值解法研究[D]. 南京：南京大学，2018.

[13] Ramasomanana F，Fahs M，Baalousha H M，et al. An efficient ELLAM implementation for modeling solute transport in fractured porous media[J]. Water，Air，& Soil Pollution，2018，229（2）：1-22.

[14] 郭芷琳，马瑞，张勇，等. 地下水污染物在高度非均质介质中的迁移过程：机理与数值模拟综述[J]. 中国科学：地球科学，2021，51（11）：1817-1836.

[15] 殷乐宜，魏亚强，陈坚，等. 土壤和地下水耦合数值模拟研究进展[J]. 环境保护科学，2020，46（3）：127-131.

[16] 郑洁琼. 地下水与地表水相互作用的识别和量化方法研究[J]. 安徽农业科学，2015，43（24）：203-205，208.

[17] 滕应，骆永明，沈仁芳，等. 场地土壤-地下水污染物多介质界面过程与调控研究进展与展望[J]. 土壤学报，2020，57（6）：1333-1340.

[18] 高烨，梁收运，王申宁，等. 地下水数值模拟不确定性分析研究进展[J]. 地下水，2020，42（1）：28-31，97.

[19] 薛禹群. 地下水动力学[M]. 北京：地质出版社，1997.

[20] 薛禹群，谢春红. 地下水数值模拟[M]. 北京：科学出版社，2007.

[21] 李俊亭. 地下水流数值模拟[M]. 北京：地质出版社，1989.

[22] 陈崇希，等. 地下水流数值模拟理论方法及模型设计[M]. 北京：地质出版社，2014.

[23] 杜新强. 地下水流数值模拟基础[M]. 北京：中国水利水电出版社，2014.

[24] 宁立波，董少刚，马传明. 地下水数值模拟的理论与实践[M]. 武汉：中国地质大学出版社，2010.

[25] Anderson M P，Woessner W W. Applied groundwater modeling: simulation of flow and advective transport[M]. 2nd ed. Academic Press，2015.

[26] 艾力哈木·艾克拉木，周金龙，张杰，等. 伊犁河谷西北部地下水化学特征及成因分析[J]. 干旱区研究，2021，38（2）：504-512.

[27] 王大纯，张人权，史毅虹，等. 水文地质学基础[M]. 北京：地质出版社，2002.

[28] 张保祥，王明森，田景宏，等. 有限元地下水流和溶质运移模拟系统 FEFLOW6 用户指南[M]. 北京：中国环境科学出版社，2012.

[29] 李全友，任印国，程忠良. 地下水数值模拟模型识别和验证方法与标准[J]. 南水北调与水利科技，2012，10（2）：30-31.

[30] 胡立堂，王金生，张可霓. 北京市平原区饱和-非饱和地下水三维流模型建模方法[J]. 北京师范大学学报（自然科学版），2013，49（2）：233-238.

[31] 吴开庆，楚敬龙，张弛，等. 某铜冶炼厂废水泄漏地下水环境影响分析及应急处置效果预测[J]. 有色金属工程，2019，9（12）：119-124.

第3章

地下水数值模拟软件

3.1 地下水数值模拟软件发展现状及发展趋势

3.1.1 地下水数值模拟软件发展现状

自 20 世纪 60 年代以来,数值模拟技术逐渐被应用于地下水计算中,促使地下水数值模拟的理论与方法得到了长足的发展。数值模拟常用的两种方法是有限差分法和有限单元法,两种方法的原理和优缺点见表 3-1。

表 3-1 有限差分法与有限单元法的原理及优缺点[1]

模型求解方法	基本原理	优点	缺点	典型软件
有限差分法	以地下水流基本微分方程及其定解条件为基础,在渗流区剖分基础上,用差商代替微商,将地下水流微分方程的求解转化为差分方程的求解	①物理概念清晰,直观易懂;②算法效率高,运算速度快,占用内存少;③对解决地下水流问题而言,有限差分法的精度比较好;④有丰富的可借鉴的实践经验;⑤计算程序编制容易	①难以处理不规则或者曲线状含水层边界、各向异性和非均质含水层或者倾斜的岩层等复杂条件;②对于溶质运移、热运移等问题,解的精确度不高	GMS、Visual MODFLOW、HST3D
有限单元法	把计算域划分为有限个互不重叠的单元,在每个单元内通过剖分和插值的方法,将描述地下水流动的定解问题转化为微分方程并进行离散求解	①程序有较好的统一性和灵活性;②处理地下水流动及污染物运移问题的计算过程简单方便且精确度较高	①局部质量不守恒,有时会影响计算精度;②计算机所需内存和运算量较大	FEMWATER、FEFLOW

　　地下水模拟软件不仅可以解决地下水污染评估、地下水最优管理等问题，还能解决资源开采安全性等问题。在人机交互、计算机图形学和可视化等计算机技术的推动下，带有可视化功能的地下水模拟软件发展迅速，目前已占据国际地下水模拟软件市场的主流地位。这些软件能够解决的模拟问题范围很广，并将数值模拟的前处理、模型计算和后处理全过程中的各步骤很好地连接起来，从建模、网格剖分、输入或修改各类水文地质参数和几何参数、运行模型、反演校正参数，一直到显示输出结果，整个过程实现从头至尾高度的计算机化。其中，较有影响的地下水数值模拟软件有 Visual MODFLOW、FEFLOW、GMS、HYDRUS、TOUGH2 等。

　　各模拟软件的数据输入方式、功能及不足详见表 3-2。

表 3-2　各模拟软件特点[2]

名称	开发者	数据输入方式	功能	缺点
Visual MODFLOW	加拿大 Waterloo 水文地质公司	工具性辅助模块数据输入	在 MODFLOW 模型基础上，综合已有的 MODPATH、MT3DMS、RT3D 和 Win PEST 等模型开发的综合软件，可以进行水流模拟、溶质运移模拟、反应运移模拟	无法解决混合并流问题，不适合某些复杂的地质条件、不饱和、密度变化、热对流等问题
FEFLOW	德国 WASY 公司	具备地理信息系统数据接口	可模拟非均质、饱和-非饱和流、变密度流；渗流-温度-化学场三场耦合	不能模拟沉淀反应，且不能刻画不同组分在气相、液相、固相的相间作用
GMS	美国 Brigham Young 大学环境模型研究实验室和军工部排水工程实验站	模块数据输入、外部 GIS 数据输入、工具性辅助模块数据输入	综合 MODFLOW、MODPATH、MT3DMS、PEST、UCODE 等地下水模型功能，可进行水动力学运移模拟和水质运移模拟；建立三维地层实体，进行钻孔数据管理、二维（三维）地质统计；界面可视化和打印二维（三维）模拟结果	不能做到地层尖灭
HYDRUS	美国国家盐改中心	工具性辅助模块数据输入	模拟变饱和多孔介质中水分、能量、溶质运移，可模拟非均质、饱和-非饱和流；渗流-化学场耦合；DualPerm 模块可用于模拟双渗透多孔介质中水分和溶质运移；NSATCHEM、HP2 可用来模拟耦合复杂化学反应的溶质运移	不同组分在气相、液相、固相的相间作用刻画不如 TOUGH 强大
TOUGH2	美国劳伦斯伯克利实验室	子程序输入数据	模拟非均质、饱和-非饱和流；渗流-温度-化学场三场耦合；能刻画气-液-固多相流，并能充分考虑多组分间化学反应（包括不溶于水的物质）	非可视化软件，对操作者水文地质、水化学、计算机水平要求均较高

3.1.2　地下水数值模拟软件发展趋势

国际上应用地下水数值模型解决实际地下水问题迄今有 60 多年时间。从大小区域地下水数值模拟到目前对盆地级复杂地下水系统的研究，在该领域取得了非凡的科学成就。一方面，各种信息获取技术和水资源信息预测技术得到长足发展，极大提高了人们对更大尺度、更深层次地下水运动规律的认知能力；另一方面，不断涌现出新的地下水模拟问题，对现有技术提出了挑战。从目前存在的问题与发展动向来看，地下水数值模拟将有以下发展趋势。

（1）模拟裂隙介质中的水流和溶质运移

目前的模拟软件大多适用于孔隙介质地下水系统，在裂隙介质、岩溶介质中的地下水数值模拟关键技术尚未完全解决。REV-平均化方法难以刻画溶质在裂隙中的快速运移，难以反映裂隙出水在开始时流速大、以后逐渐减少的衰变过程。因此，从新的视角出发，研究裂隙介质中的水流和溶质运移机理就非常必要[3]。

（2）模型耦合开发

综合考虑人类活动与土地利用、环境气候因素和水热特征参数的关系，未来地下水数值模拟软件开发的方向将包括中湿热耦合作用模型、气候变化模拟预测与典型流域水文水质相耦合模型、分布式水文模型和物理模型与地下水数值模型相耦合、信息系统和地下水流数值模型相耦合、随机-模糊模型与地下水数值模型相耦合、土壤-地表水-地下水多模型相耦合等耦合模型的开发[2]。

（3）模型结构优化

在不占用内存条件下，扩充软件的模型组成，使功能更完备、更强大或留有调用外部程序接口以弥补自身不足，以及提高模拟计算效率，也是未来模拟软件发展的一大方向。

3.2　Visual MODFLOW 和 GMS

3.2.1　Visual MODFLOW 和 GMS 的主要特点

Visual MODFLOW（以下简称"VM"）是综合性图形界面软件，由加拿大 Waterloo 水文地质公司研发，于 1994 年 8 月首次在国际上公开发行。可进行三维水流模拟、溶质运移模拟，但无法进行热量运移模拟，数学模型的计算采用有限差分法。

该软件功能模块包括 MODFLOW、MODPATH、MT3DMS、RT3D 和 WinPEST，具有强大的图形可视界面功能。设计新颖的菜单结构让用户非常容易地在计算机上直接圈定模型区域和剖分计算单元，并可方便地为各剖分单元和边界条件直接在机上赋值，做到真正的人机对话。如果剖分不太理想、需要修改时，用户可选择有关菜单直接加密或删除局部网格以达到满意为止。界面设计包括三大彼此联系但又相对独立的模块，即输入模块、运行模块和输出模块。该软件凭借其模块化的设计及良好的可视化界面，在区域水资源管理及地下水污染评价中得到广泛的应用。该软件运行界面示意图见图 3-1。

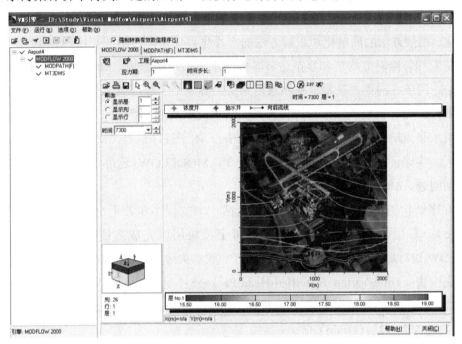

图 3-1　VM 运行界面示意图

　　GMS 是地下水模拟系统（Groundwater Modeling System）的简称，是一款综合性图形界面软件，由美国 Brigham Young 大学研发，数学模型的计算采用有限差分法。该软件包括两种类型功能模块，一种是计算模块，另一种是辅助模块。计算模块包括 MODFLOW、MODPATH、MT3DMS、RT3D、FEMWATER、PEST、SEEP2D、UTCHEM 等，辅助模块包括 PEST、UCODE、MAP、TINS、SOLID、BOREHOLE、2D-Scatter points、T-progs、3D-Scatter points 等[4]。

　　该模拟系统不仅具有二维、三维地质统计等功能，还具有建立三维地层实体管理、钻孔数据管理等功能。GMS 比 Visual MODFLOW 的功能更加强大，GMS 除了能对钻孔资料进行管理外，还能对非饱和地下水问题进行模拟，操作也更加简便，因此 GMS 的应用越来越广泛。但是 GMS 也存在 Visual MODFLOW 的缺点，如剖分不够灵活，只能整行或整列加密网格，对混合井流的模拟也有待进一步研究。

3.2.2　Visual MODFLOW 和 GMS 的主要模块功能

（1）MODFLOW

MODFLOW 是美国地质调查局于 20 世纪 80 年代开发出的一套专门用于孔隙介质中地下水流动的三维有限差分数值模拟软件[5]。MODFLOW 自从问世以来，由于其程序结构的模块化、离散方法的简单化和求解方法的多样化等优点，已被广泛用于模拟井流、河流、排泄、蒸发和补给对非均质和复杂边界条件的水流系统的影响。MODFLOW 软件包括水井、补给、河流、沟渠、蒸发蒸腾和通用水头边界 6 个子程序包，分别用于处理相关的水文地质条件。随着新的子程序包的加入，如用于模拟水位下降引起地面沉降的子程序包，用于模拟水平流动障碍（Horizontal-flow barrier）的子程序包等，MODFLOW 的应用范围不断扩大。实践证明，经过合理的线性化处理，MODFLOW 还可以用于解决空气在土壤中的运动问题。MODFLOW 主要特点如下：

①程序结构的模块化。MODFLOW 包括一个主程序和若干个相对独立的子程序包（Package）。每个子程序中有数个模块，每个模块用以完成数值模拟的一部分。支持 MODFLOW 进行边界条件处理的重要模块有一般水头边界模型（General Head Package）、时变水头模块（Time-Variant Specified-Head Package）、水井模块（Well Package）、区域性补给模块（Recharge Package）、蒸散发模块（Evapotranspiration Package）、河流模块（River Package）及沟渠模块（Drain）等。

②离散方法的简单化。MODFLOW 采用有限差分法对地下水流进行数值模拟。有限差分法易于程序的普及和数据文件的规范，其主要缺点是当对某些单元网格加密时，会增加许多额外不必要的计算单元，延长程序的运行时间。随着计算机运行速度的迅速提高，计算机受网格数量的限制越来越小，有限差分法的优势越来越大。采用 MODFLOW 解决地下水流运动问题时，已经可以更简单地并在更宏大的场景中进行网格剖分。

③MODFLOW 引进了应力期（Stress Period）概念。该软件将整个模拟时间分为若干个应力期，每个应力期又可再分为若干个时间段。在同一应力期，各时间段既可以按等步长划分，也可以按一个规定的几何序列逐渐增长。而在每个应力期内，所有的外部源汇项的强度应保持不变。这样就简化、规范了数据文件的输入，而且使得物理概念更为明确。

④求解方法的多样化。迄今为止，MODFLOW 已经含有强隐式法、逐次超松弛迭代法、预调共轭梯度法等子程序包。可以预见，MODFLOW 的求解子程序包必将更加多样化，应用范围也更为广泛。大量实际工作表明，只要恰当使用，MODFLOW 也可以用于解决裂隙介质中的地下水流动问题。不仅如此，经过合理的概化，MODFLOW 还可以用于解决空气在土壤中的流动问题；将 MODFLOW 与溶质运移模拟软件结合起来，还可以模拟海水入侵等地下水密度发生变化的问题。

（2）FEMWATER

FEMWATER 是用于模拟饱和流和非饱和流环境下的水流和溶质运移的三维有限元耦合模型，还可用于模拟咸水入侵等密度变化的水流和运移问题。FEMWATER 最大的优势就是能够模拟区域上的饱和-非饱和地下水流及溶质迁移问题。

（3）MT3DMS/MT3D

MT3DMS 为 MT3D 的修改版，是由郑春苗博士设计的模拟三维地下水溶质运移的程序。MT3DMS 能够模拟地下水系统中的平流、扩散、衰减、溶质化学反应、线性与非线性吸附作用等现象。MT3DMS 提供了丰富的求解方法：采用加速格式的广义共轭梯度（GCG）法求解线性方程，采用三阶 TVD（Total-Variation-Diminishing）求解对流项。模拟计算时，MT3DMS 需和 MODFLOW 一起使用。

（4）RT3D

RT3D 是处理多组分反应的三维运移模型，适合于模拟自然衰减、生物恢复和重金属、石油烃等在地下水中的迁移。该软件具有较高的灵活性，用户可以自己指定反应动力学表达式或者从 6 个预先编好的程序包中选择一套。这些预先编好的程序包是：①烃和氧的反应；②使用多个电子接受体（如 O_2、NO_3^-、Fe^{2+}、SO_4^{2-}、CH_4）模拟烃的生物降解；③使用多个电子接受体模拟惰性烃的生物降解；④限制速率的吸附反应；⑤模拟有细菌参加的、给电子体和电子接受体反应的双重莫诺模型（Monod Model）；⑥PCE/TCE 的好氧、厌氧生物降解。

（5）SEAM3D

SEAM3D 是在 MT3DMS 模型的基础上，由 Mark Widdowson 博士开发的先进的烃降解模型，用于模拟复杂生物降解问题（包括多酶、多电子接收器）。该模型包含 NAPL 溶解包和多种生物降解包。NAPL 溶解包通过指定每一种污染羽的浓度和分解速率，用于准确地模拟作为污染源的飘羽状 NAPL 在含水层中的迁移；生物降解包用于模拟包含碳氢化合物酶的复杂降解反应。

（6）MODPATH

MODPATH 是确定给定时间内稳定流或非稳定流中质点运移路径的三维示踪模型。该模型和 MODFLOW 一起使用，该模型利用由 MODFLOW 计算出的逐个单元的水头，联合土壤的孔隙度来计算每个粒子通过水流区域的轨迹。MODPATH 可以追踪一系列虚拟的粒子来模拟从用户指定地点溢出的污染物的运动。MODPATH 可以使用正向追踪和反向追踪方法来模拟单井抽水的影响范围并描述给定时间内井的截获区。MODPATH 运行结果界面示意图见图 3-2。

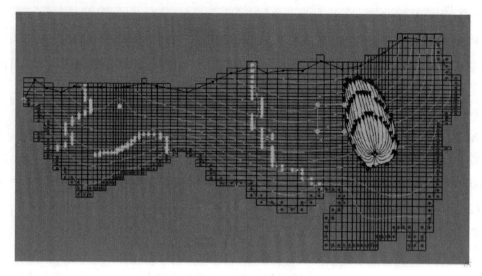

图 3-2　MODPATH 运行结果界面示意图

（7）SEEP2D

SEEP2D 是用于计算坝堤剖面渗漏的二维有限元稳定流模型。可以用于模拟承压流和无压流问题，也可以模拟饱和带和非饱和带的水流；对无压流问题，该模型可以只局限于饱和带。根据 SEEP2D 的结果可以做出完整的流网。

（8）NUFT

NUFT 是三维多相不等温水流和运移模型，主要用于模拟多孔介质温度变化的水流中多相多组分的溶质运移。

（9）PEST 和 UCODE

PEST 和 UCODE 是用于自动调参的两个模块。在自动进行参数估计时，交替运用 PEST 或 UCODE 来调整选定的参数，并且重复用于 MODFLOW、FEMWATER 等的计算，直到计算结果和野外观测值相吻合。PEST 是由 Watermark Computing 公司开发的、功能强大的、独立的参数估计程序。PEST 利用一个强有力的数值反演算法来"控制"运行中的模型，程序在每次模拟之后可自动调整所选择的模型参数，直到将校正的目标最小化为止，其灵活性、稳定性和可靠性优于其他的参数估计程序。PEST 包含许多独有的特征和分析能力，允许对每个模型参数设置上下限，以确保参数的合理可信；参数可以是可调的、固定的或与其他参数相关联的。

（10）MAP

MAP 可使用户快速地建立概念模型。在 MAP 模块下，以 TIFF、JEPG 等格式图件为底图，在图上确定表示源汇项、边界、含水层不同参数区域的点、曲线、多边形的空间位置，快速建立起概念模型。

（11）Borehole Data

Borehole Data 用于管理样品和地层这两种格式的钻孔数据。样品数据用于作等值面和等值线；地层数据用于建立三角不规则网络（Triangulated Irregular Net-works，TINs）、实体和三维有限元网格。钻孔数据显示结果示意图见图 3-3。

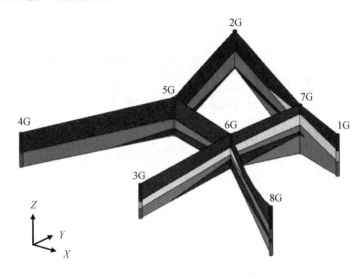

图 3-3　钻孔数据显示结果示意图

（12）TINs

TINs 即三角不规则网络，通常用于表示相邻地层的界面，多个 TINs 就可以被用于建立实体（Solid）模型或三维网格。TINs 界面示意图见图 3-4。

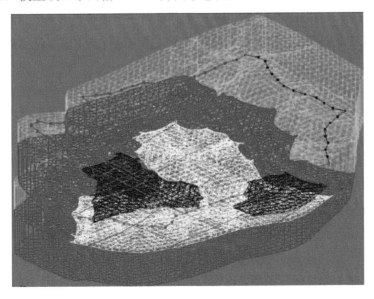

图 3-4　TINs 界面示意图

（13）Solid

Solid 是利用钻孔数据建立实体模型，是在三角不规则网络（TINs）建立完成后，通过一系列操作产生的、模拟实际地层的三维立体模型，并可从任意方向进行切割、旋转。Solid 界面示意图见图 3-5。

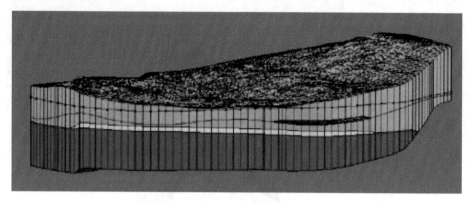

图 3-5　Solid 界面示意图

3.3　FEFLOW

有限元地下水流和溶质运移模拟系统（Finite Element Subsurface Flow & Transport Simulation System，FEFLOW）是德国 WASY 水资源规划和系统研究所于 20 世纪 70 年代末开发的数值模拟软件，采用有限单元法进行复杂三维非稳定水流和污染物运移模拟。FEFLOW 的有限单元法方便用户建立模型、进行复杂三维地质体的地下水流及溶质运移分析，在这方面其功能要强于诸多基于有限差分法的模拟软件。FEFLOW 软件运行结果示意图见图 3-6。

FEFLOW 采用伽辽金有限单元法，可以模拟非均质、饱和-非饱和流、变密度流、渗流-温度-化学场三场耦合、带有非线性吸附作用、衰变、对流、弥散的化学物质运移反应等问题，还可以实现多层自由表面含水层模拟，也可以对地质断层、裂隙、水平井和地下建筑造成的流场变化进行概化和计算。多与 ArcGIS 结合以进行水文地质分析，也可与 MIKE 结合以解决地下水与地表水相互作用的耦合计算。

FEFLOW 在区域地下水资源管理、地下岩土及隧道工程地下水管理、矿区开采地下水管理、海水入侵研究、大坝堤防渗流计算、土地利用和气候变化研究、地下水污染防控与修复、地热能源应用（HDR、热泵系统）、地下水与地表水耦合模拟、工业中多孔材质研发的模拟、基于地下水龄计算的捕获区分析以及风险评估等领域表现卓越。

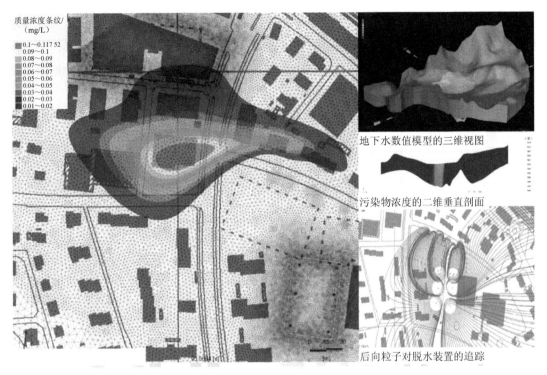

图 3-6　FEFLOW 软件运行结果示意图

　　FEFLOW 拥有良好的 GIS 数据接口，用户可以快速生成空间有限单元网格。FEFLOW 支持 4 种网格剖分算法：Advancing Front、Gridbuilder、Triangle、Transport Mapping。其中，Triangle 算法支持复杂的点、线和多边形构成的超级网格，适合复杂地质模型的建立。对抽样数据进行内插或外推以达到空间参数区域化，有效解决了调查数据缺失的问题，FEFLOW 提供了克里格法（Kriging）、阿基玛法（Akima）和距离反比加权法（IDW）等插值方法。输入数据的格式范围相当广泛，可以是 ASCII 码文件，也可以是 GIS 文件，还支持 ArcInfo 点、线、面的广义数据格式、HPGL 数据格式、txt 文本格式、Arc-View 形状数据格式、CSV 文件格式、TIFF 图形以及 DXF 格式[6,7]等。

　　与其他软件相比，FEFLOW 有如下优点。

　　（1）高效处理变量参数

　　所有边界条件及其限制条件、渗透系数、补排量既可设置为常数，也能定义为随时间变化的函数。可借助编程软件生成变量文件（*.pow），直接导入 FEFLOW 软件，大大提高数据处理效率。

　　（2）适用于处理复杂含水层分层

　　大区域地下水系统具有的普遍特征是含水层岩性分带较复杂，沉积厚度和岩性各地变化不一。总的变化规律是：从山前至平原，沉积厚度由薄变厚，颗粒由粗变细，由单一的砂砾石层过渡到多层砂和粉砂、细砂、黏土等的互层。在 FEFLOW 中，可以认为各含水层在水平方向上都是连续延伸至整个研究区域的；在山前单一层的地方，认为其他的含水层厚度无限小，模型内部自动给默认值 0.01 m，其水文地质参数参考单一层的值，见图 3-7。因此，在山区建模方面更具优势[8]。

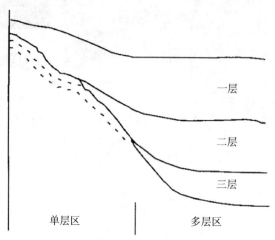

注：实线为实际分层界限；虚线为虚拟分层界限。

图 3-7　FEFLOW 含水层划分

（3）单元格剖分更灵活

FEFLOW 中对大区域地下水系统进行剖分时，采用三角形或四边形剖分，十分灵活。对大区域进行网格剖分时，可以先绘制超级网格，在此基础上再进行有限单元网格剖分，速度快，网格质量高，同时可以把各行政界线、河流、参数分区界线、点井加载到网格结点上，以便更加准确地进行模拟。对地下水开采程度大的区域及水力梯度变化大的山区与平原区交接地带进行网格加密，可以在一定程度上克服尺度效应，更好地控制水位的变化。

（4）模型修正具有灵活性和实时性

在运行一个装载着大量数据的大区域模型的过程中，会遇到很多问题，需要结合所收集的信息不断地改进模型。尤其是当局部漏斗区或水位变化剧烈地带需要详细刻画时，或当整个模型需要增加层或减少层的时候，FEFLOW 就可以发挥其灵活性，因为其可以对已经被赋值的结点进行修改，可以有针对性地删除或加密网格，可以方便地插入或删除整个含水层，同时可以利用数据传输功能直接将原有层、片的属性传给已插入的新层、片上。

（5）四面体网格功能适用于刻画断层、裂隙等复杂地质体

地下水模拟软件通常采用分层网格，在遇到透镜体、断层等情况时，不能直接刻画这些要素，必须在尖灭之后保留一个很薄的层来满足连续数值层的要求。

FEFLOW 四面体网格最重要的变化就是打破了连续数值层的约束，不再要求每一层的网格都必须覆盖整个模型区域，而是以网格组的形式将复杂地质状况直接分成很多个网格组，这样就不再需要像分层网格那样处理尖灭处的网格，见图 3-8。

图 3-8 以网格组的形式显示的区域断层

（6）强大的可视化功能

FEFLOW 提供了良好的平面、剖面三维可视化功能，将模拟结果以高清图像和视频呈现，如污染羽的变化过程等。真三维立体可视化和图像、视频输出功能使深入了解复杂模型内部成为可能，这是 FEFLOW 独有的特点。

但该软件的溶质运移模块对多组分运移过程中复杂的化学反应过程的刻画有所欠缺，尤其不能考虑沉淀反应，且不能刻画不同组分在气相、液相、固相的相间作用。

3.4 HYDRUS

HYDRUS 软件是由美国国家盐改中心（US Salinity Laboratory）研制成功的一套用于模拟变饱和多孔介质中水分、能量、溶质运移的数值模型。该模型的水流状态为饱和-非饱和达西流，水流控制方程采用 Richards 方程，溶质运移方程采用对流-弥散（CED）方程，模型方程求解采用 Galerkin 线性有限单元法。利用该模型互动的图形界面，可进行数据前处理、结构化和非结构化的有限元网格生成以及结果的图形展示。程序可灵活处理各类水

头边界，包括定水头边界和变水头边界、给定流量边界、渗水边界、自由排水边界、大气边界等[9]。

该软件包括用于解决一维问题的公共区 HYDRUS-1D 软件包，以及解决二维和三维问题的 HYDRUS 软件包。一维软件包和多维软件包都可以用数值法求解饱和-非饱和水流的 Richard 方程和热量、溶质运移的对流-弥散方程。水流方程中加入了一个汇项，用于解释植物根系对水分的吸取。溶质运移方程考虑液相的对流-弥散作用和气相的扩散作用，溶质运移方程还包括固-液相间的非线性非平衡反应、气液两相线性平衡反应、零阶反应、一阶降解反应以及连续一阶衰变链。此外，物理非平衡溶质运移可以通过假定一种双区模式来解释，即双重孔隙将液相分离为流动区和不流动区。软件包还考虑了固着及分离理论，包括渗透理论，能够模拟病原体、胶体和细菌的运移。一维和二维版本采用了 Marquardt-Levenberg 参数优化算法，根据实测的非稳定流或稳定流以及运移数据，进行土壤动力学、热量、溶质运移以及反应参数的逆向估计。交互式图形化用户界面支持数据的前处理、有限单元格的生成以及结果的图形化显示。HYDRUS 软件运行结果示意图见图 3-9。

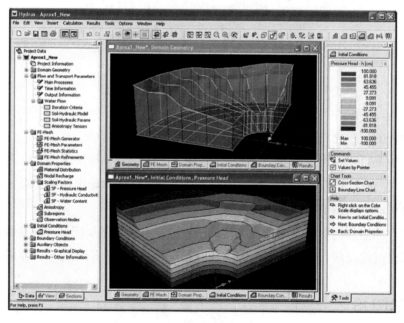

图 3-9　HYDRUS 软件运行结果示意图

HYDRUS 软件有如下重要模块：

①UNSATCHem 模块主要是用于模拟运移和主要离子的反应，如钙、镁、钠、钾、碳酸气和氯离子等主要离子平衡和非平衡化学反应动力学，生成的代码可用于预测土壤在瞬变流动中的主要离子、水和溶质通量。

②Wetlands 模块（仅限二维）是用于模拟人工湿地反应的。

③DualPerm 模块用于模拟双渗透多孔介质中二维可变饱和水运动和溶质运移，即优先和非平衡水分和溶质运移。

④C-Ride 模块用于模拟经常发生的强烈吸附污染物二维胶体的溶质运移，主要与固相关联，可以作为污染物的载体，从而为这些污染物提供运移途径。

⑤HP2（HYDRUS-PHREEQC-2D 缩写）模块综合了 HYDRUS（其二维部分）与 PHREEQC 地球化学代码，可以考虑混合平衡及动力学生物地球化学反应。

⑥SLOPE Cube（Slope Stress and Stability）附件模块是由科罗拉多矿业大学的 Ning Lu 博士合作开发的，目的是用于预测 infiltration-induced 滑坡启动和开展 variably-aturated 土壤条件下的边坡分析。

该软件包含美国国家盐改中心（US Salinity Laboratory）通过室内或田间脱湿试验提供的一个非饱和土壤水力性质数据库 UNSODA。该数据库汇集了从砂土到黏土共 11 种不同质地土壤（粒径为 2 mm 以下）、554 个样品的水分特征曲线、水力传导率和土壤水扩散度、颗粒大小分布、容重和有机质含量等土壤物理性质的数据。土壤水分参数可以通过软件自带的数据库选取，也可根据土壤水分特征曲线测试结果获取。HYDRUS 输出文件形式见图 3-10、图 3-11。

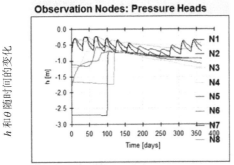
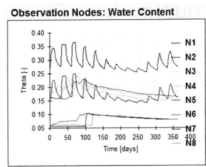
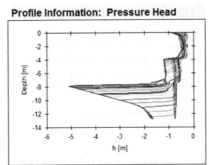
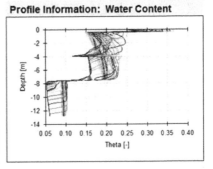

图 3-10　水流运行结果界面

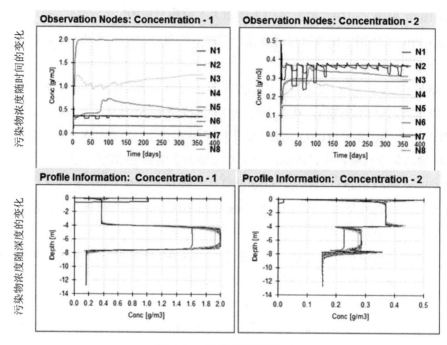

图 3-11 溶质运移结果界面

3.5 TOUGH2

TOUGH 是非饱和地下水流及热流传输（Transport of Unsaturated Groundwater and Heat）的英文缩写。TOUGH2 是 TOUGH 的系列软件之一，首次公开发表于 1991 年。TOUGH2 是一套功能强大、应用广泛的模拟孔隙介质或裂隙介质中多相流的系列程序。TOUGH2 能处理多种液体的混合物，能更复杂、更精确、更有效地模拟多相流和热量运移过程。TOUGH2 已经被广泛地应用于地热储藏工程、核废料处置、饱和带或非饱和带水文环境评价及二氧化碳地质处置等领域。TOUGH2 采用标准 FORTRAN77 语言编写，可用于模拟水流系统从微观尺度到流域尺度的空间尺度变化，水流过程模拟的时间尺度可以从几分之一秒到几万年的地质年代时间。就目前的计算平台来说，几千个甚至是几万个单元的三维问题是很容易解决的。TOUGH2 可模拟非均质饱和-非饱和流，做到渗流-温度-化学场三场耦合，能刻画气-液-固多相流，并能充分考虑多组分间的化学反应（包括不溶于水的物质）。其中，EOS9 模块可模拟饱和-非饱和流[10]，EOS9nT 模块可模拟胶体在饱和-非饱和带的迁移和阻滞过程，T2VOC 模块可模拟多组分多相流迁移（水相、气相、不溶于水的固相），同时具有处理裂隙介质的双孔隙度（DPM）、双渗透性（DKM）等功能。可见其功能之强大。但该软件是非可视化图形界面软件，对使用者的计算机和地下水专业知识水平要求较高。其输入界面见图 3-12。

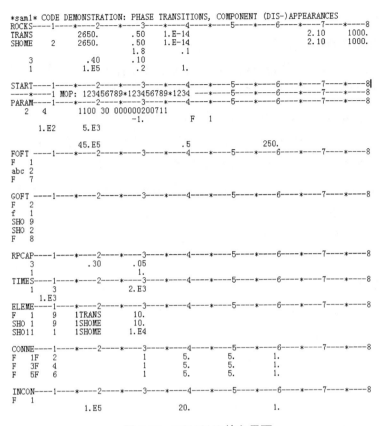

图 3-12　TOUGH2 输入界面

输入文件需要用户指定的 3 个输入文件，输入文件名已在程序中固定。这些输入文件的说明如下：

flow.inp——流量输入。该文件主要包括岩石属性、时步信息、几何网格信息、初始条件和边界条件，以及与多相流体和热流模拟有关的数据。

solute.inp——运输和其他运行参数。该文件包含用于计算反应性传输的各种标记和输入参数，例如扩散系数、传输和化学迭代收敛的容限、矿物和水性物种的打印输出标记以及具有不同化学组成的模型区域的配置。

chemical.inp——化学参数和性质。该文件用于定义化学系统（即模拟中考虑的化学成分种类、矿物质、气体和吸附种类的类型和数量）。

chemical.inp 还包括在 solute.inp 文件中分配给 grid 块区域的水、矿物质和气体的初始成分，以及动力学数据（速率常数、表面积等）。

除上述 3 个输入文件外，该程序还需要 1 个热力学数据库文件，其文件名在 solute.inp 文件中指定。该文件包含反应化学计量、解离常数（$\log K$）和 $\log K$ 随温度及压力变化的回归系数。

solute.out ——输入文件 solute.inp 的回显。该文件列出了从输入文件 solute.inp 读取的数据，包括所有传输参数、化学区配置和其他特定于运行的参数。

chemical.out ——输入文件 chemical.inp 的回显。该文件列出了从输入文件 chemical.inp 和热力学数据库中读取的数据，包括初始水、岩石和气体组成、化学反应的平衡常数和化学计量比、动力学数据以及某些物种的线性吸附 K_d 值和衰减常数。

runlog.out ——模拟进度的日志。该文件在整个仿真过程中都会更新。runlog.out 列出了一些运行输入参数以及所有与运行相关的消息，包括错误消息。

chdump.out ——化学形态数据。该文件包含针对输入模型的每个初始水成分的地球化学形态计算结果，包括化学质量平衡（总质量平衡和水生物种质量平衡）的打印输出。chdump.out 还列出了化学收敛失败（未达到指定的收敛标准）的网格块数据。

savechem ——保存地球化学数据以重新启动。此文件可用于从上一次运行结束时重新开始 TOUGHREACT 运行。将一次运行中获得的地球化学条件写入磁盘文件 savechem，并可用作后续运行中的初始条件。必须将重新进行反应性地球化学迁移模拟的过程与重新进行流动模拟的过程一起使用。

3.6 PGMS

PGMS 软件是由陈崇希、胡立堂、王旭升等研发的地下水模拟专业软件，即基于多边形网格的三维地下水流有限差分模拟系统。该软件对国内外普遍采用的 MODFLOW 软件不能解决的部分问题给予了关注与解决。PGMS 软件运行结果示意图见图 3-13。

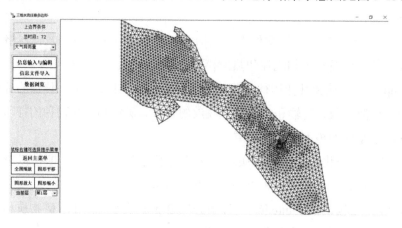

图 3-13　PGMS 软件运行结果示意图

该软件以渗流-管流耦合的三维达西-非达西流刻画井孔-含水层系统，这是其基础性的特点。就模拟要素而言，有以下特点[11]。

①传统 MODFLOW 建议必须以某种方式人为地将多层井的流量分配给每一单层，而实际上各层的流量应是模拟的结果，不是人为分配的。PGMS 根据实际机理来模拟混合抽水井，各层的流量是模拟的结果，而不是人为分配的，更加接近多层抽水井的实际情况。

②能够模拟混合观测孔。MODFLOW 没有模拟混合观测孔的功能。而 PGMS 能模拟混合观测孔，从而能将混合水位作为初始水头分布的基础数据以及用于拟合求参，提高了模型的可靠性。

③能够模拟自流井的流量。MODFLOW 不具备此功能，PGMS 能利用自流井的流量动态作为拟合对象，提高了模型的可信度。

④考虑入渗补给地下水的滞后性。降水和河渠入渗是地下水的主要补给来源。就入渗-蒸发模型而言，饱和-非饱和流模型是比较合适的，但对于盆地级、流域级大尺度的地下水流模型而言，非饱和参数难以获取，且运算量大，故当前一般未采用。饱和流模型在入渗补给计算基础上采用入渗系数法，该方法在潜水浅埋深区有一定适用性，但对我国西北地区等潜水埋深大的区域（通常超过 200 m），一个时间步长（通常取一个月）的入渗量一般不可能在当月内全部补给其下的潜水含水层。因此，不考虑补给的滞后性可能导致模拟失真。PGMS 给出了滞后补给的一种简易近似处理方法。

⑤河渠-地下水补给及排泄模拟的完善。MODFLOW 忽略了河渠边邦对地下水补排的作用，这对相对不宽的河渠而言，会带来一定误差，特别是对地下水排泄到河流及河渠的注入式补给状况，PGMS 对这一点进行了完善。

⑥泉流量的模拟更合理。MODFLOW 没有模拟泉流量的专用模块。如果采用 MODFLOW 的 DRAIN 模块迭代计算泉流量，其问题在于计算泉流量的过程采用了一个缺乏物理意义的比例系数，而 PGMS 设定只要泉口有地下水出流，泉口标高就是控制泉流的第一类边界条件，无需迭代，直接模拟出流量，因此能将其流量动态作为拟合对象，提高了模型的仿真性。

3.7　其他地下水模拟软件

HST3D 可模拟饱和带地下水热运移、填埋物浸出、盐水入侵、放射性废物处置、水中地热系统和能量储藏等问题，但其模拟的范围只能是规则的矩形区域或圆柱状区域。

PMWIN 是美国地质调查局开发的、用于模拟和预报地下水系统的一个应用软件，是一个以 MODFLOW 为核心的、可以用于处理三维地下水问题的可视化软件，包括 MODFLOW、PMpath、MT3D、Pest、ZoneBudget 等模块，其扩展模块可解决诸多的特殊水文地质问题，如地面沉降、湖泊萎缩、承压水顶托补给、泉水溢出减少等。

MIKE SHE 是一款确定性的、具有物理意义的分布式水文系统模拟软件，可以模拟陆相水循环中所有主要的水文过程，综合考虑了地下水、地表水、补给以及蒸散发等水量交换过程。MIKE SHE 可以与 MIKE 11 软件耦合以进行地下水和地表水的综合模拟，也可连接到 MIKE URBAN 模型，模拟城市雨水、生活污水管网和地下水及其之间的相互作用等相关问题。

PHREEQC 是用 C 语言编写的、进行低温水文地球化学计算的计算机程序，可进行正向模拟和反向模拟，几乎能解决水、气、岩土相互作用系统中所有平衡热力学和化学动力学问题，包括水溶物配合、吸附解吸、离子交换、表面配合、溶解沉淀、氧化还原等[12]。

参考文献

[1] 孙从军，韩振波，赵振，等. 地下水数值模拟的研究与应用进展[J]. 环境工程，2013，31（5）：9-13.

[2] 李凡，李家科，马越，等. 地下水数值模拟研究与应用进展[J]. 水资源与水工程学报，2018，29（1）：99-104，110.

[3] 徐晓民，郭中小，贾利民，等. 地下水系统数值模拟的应用与展望[J]. 黑龙江大学工程学报，2010，37（3）：118-120.

[4] 高慧琴，杨明明，黑亮，等. MODFLOW 和 FEFLOW 在国内地下水数值模拟中的应用[J]. 地下水，2012，34（4）：13-15.

[5] 周念清，朱蓉，朱学愚. MODFLOW 在宿迁市地下水资源评价中的应用[J]. 水文地质工程地质，2000（6）：9-13.

[6] 王健. Fellow 在地下水流模拟方面的应用[D]. 太原：山西大学，2011.

[7] 胡健，张祥达，魏志诚. 基于 FEFLOW 在地下水数值模拟中的应用综述[J]. 地下水，2020，42（1）：9-13.

[8] 林坊，杨峰，崔亚莉，等. FEFLOW 在模拟大区域地下水流中的特点[J]. 北京水务，2007（1）：43-46.

[9] 李远，郑旭荣，王振华，等. 基于 Hydrus-1D 的土壤水盐运移数值模拟[J]. 中国农学通报，2014（35）：184-189.

[10] 胡立堂，王金生，张可霓. 北京市平原区饱和-非饱和地下水三维流模型建模方法[J]. 北京师范大学学报（自然科学版），2013，49（2/3）：233-238.

[11] 陈崇希，胡立堂，王旭升. 地下水流模拟系统 PGMS（1.0 版）简介[J]. 水文地质工程地质，2007，34（6）：135-136.

[12] 徐乐昌. 地下水模拟常用软件介绍[J]. 铀矿冶，2002，21（1）：33-38.

下 篇

实践篇

第4章

覆盖型岩溶区金矿露天开采地下水数值模拟

——以湖北省某红土型金矿为例

4.1　基本情况

湖北省某红土型金矿的面积为 0.480 5 km^2，是一座开采 20 多年的老矿山，具有采、选、冶一条龙生产线。原生产规模 60 万 t/a，后扩建为 80 万 t/a，开采深度为 -20~68 m 标高。矿石成分单一，采用堆浸及活性炭吸附的选矿工艺，冶炼采用无氰高温高压解吸电解工艺。金矿矿石回采率达 95.6%，矿石贫化率为 6%，选冶综合回收率达到 80.07%，均优于设计指标。

该红土型金矿是我国 20 世纪 80 年代发现的一个大型金矿床，为一种风化残积矿床，具有品位低、规模大、易探、易采、易选、经济效益明显的特点[1]。红色黏土型金矿是表生湿热气候条件下含金基岩经不彻底的红土化作用而形成的一种新类型金矿床；研究表明，表生成因的高岭石+伊利石+针铁矿+自然金组合可作为该类型金矿的标型矿物组合[2]。金在红色黏土中以微细粒分散形式存在。矿区位于江汉盆地南缘的丘陵区，矿床出现在第四系中更新统网纹状红土中，含矿层厚为 20~40 m，自下而上分为棕色亚黏土、黄色高岭土质黏土等。该金矿采用露天开采、堆浸及活性炭吸附的采选冶工艺，矿区主要包括采区、堆浸场和尾矿堆场[3]。矿区平面布置图见图 4-1。

为了充分提取金矿资源，同时对矿山环境进行整治，进行了矿山技改，技改工程包括金矿堆浸尾矿二次提金工程，采矿坑尾矿回填工程，采场、选厂废水收集及处理系统工程，冶炼车间新建工程。

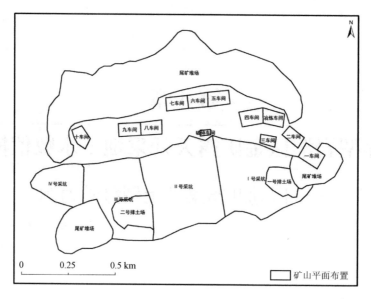

图 4-1 矿区平面布置图

4.1.1 工程现状

（1）采矿现状

该金矿的开采方式为露天开采。矿体呈似层状，产状平缓，主要赋存于松散的第四系风化层红土中。金的品位为 $1.1 \times 10^{-6} \sim 7.6 \times 10^{-6}$，年产、销黄金近 1.5 t。

矿山 40 m 标高以上为山坡露天开采，采用直进沟开拓方式；40 m 标高以下为凹陷露天开采，采用延伸的螺旋沟开拓方式。

Ⅰ号采场位于矿区东部，东西长约 430 m，南北宽约 340 m。Ⅱ号采场位于矿区中部，东西长约 540 m，南北宽约 380 m。Ⅲ号采场位于矿区西部，东西长约 350 m，南北宽 100～120 m。项目进行时，Ⅰ号～Ⅲ号采场已基本开采完毕。Ⅳ号采坑位于最西部，为正在开采的区域。

矿山有表土排土场 2 个，用来堆存剥离表土，作为复垦工程土源。矿山采剥中，有少量夹石产生；由于含少量金，故纳入原矿提金，其他少量废石用于护坡等。

露天开采设计采用推土机—前装机—汽车开拓的采矿方法。另外，历史上金矿开采已形成了 3 个尾矿堆场，分别位于矿区的东北部、北部、西南部。随着选矿工艺的发展，历史遗留尾矿堆场中的金含量可以达到二次利用的品位要求，可进行回采（堆浸尾矿二次提金工程），设计利用矿石储量 455.56×10^4 t，也采用推土机—前装机—汽车开拓的采矿方法。

（2）选矿现状

选冶采用制粒-堆浸-炭吸附-解吸电解工艺。其中，选矿工艺的制粒-堆浸-炭吸附设

10 个并列的生产系列（车间），每个系列设 3 个堆场：1 个筑堆、1 个喷淋、1 个拆堆，交替作业。载金炭送冶炼车间集中解吸电解、熔炼。每个选矿系列的平面布置示意图见图 4-2。每个系列均经过矿石制粒、筑堆、喷淋、吸附回收、消毒、拆堆的过程。

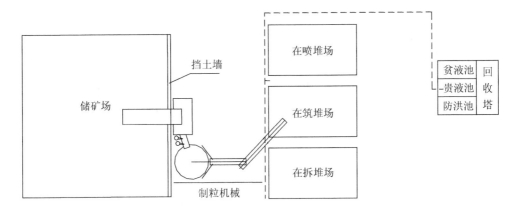

图 4-2　选矿系列平面布置示意图

每一个选矿车间一年处理原矿堆浸矿量的产能为 10～11 堆，每堆矿量约 6 000 t，平均每年每车间处理原矿量约为 6 万 t。一堆的筑堆时间为 8～10 天，喷淋时间为 15～18 天，拆堆时间为 3～5 天。一个堆浸生产流程共需 26～33 天。

（3）冶炼现状

冶炼采用先进的无氰高温高压解吸电解工艺，成本低，环保条件好。每年运行约 190 天，载金炭分批解吸，每吨载金炭（含金 2～4 g）入塔解吸，最终获得 99.95%品级黄金 600～800 kg/a。全年用水约 2 万 t，主要是解吸原料水力输送和金泥除杂等生产工序，金解吸后水循环使用，用于二次提金以及下段工序洗涤等。金泥用少量盐酸除杂、用王水分金和滤液还原时，均会产生少量酸雾，对酸雾采用净化塔处理，处理后废气达标排放。在高温熔铸时，会产生杂质玻璃体熔渣，生产 1 t/a 黄金产生玻璃体熔渣 0.4～0.5 t/a，鉴于其含有少量黄金，对该渣的处理方式是卖给有资质的处理单位以回收金。

4.1.2　技改情况

（1）低品位红土金矿原矿开采及历史遗留堆浸尾矿二次提金工程

矿山进行技改后，规模由现有的 60 万 t/a 扩建为 80 万 t/a，产品为成品金，每年产品量约为 424.32 kg。开采对象为分布在Ⅳ号采坑的低品位红土金矿原矿和历史遗留的尾渣。对Ⅳ号采坑的红土矿采用露天开采，对历史遗留尾渣堆采用自上而下的露天开采方式进行回采。所有原矿及回采矿均为红土型矿源，不需爆破，先用挖掘机剥离覆土和开挖矿石，然后装载至自卸汽车，由自卸汽车将剥离的覆土回填原露天坑，矿石则被运往堆浸场进行破碎喷淋作业。

由于前期矿山生产过程中,矿石入堆品位在 $2.0×10^{-6}$ 以上,而受当时技术所限,$1.0×10^{-6}$ 左右的矿石被剥离、放入尾渣堆中。项目技改后,对历史遗留尾渣进行二次利用;经试验和生产,证实其入堆品位可控制在 $0.5×10^{-6}$~$0.7×10^{-6}$ 之间。选冶流程为破碎筛分、堆浸、碳吸附、解吸电解提金。规模扩建为 80 万 t/a 后,选厂现有设施生产能力可满足矿山扩大生产能力的要求,不需扩建选厂。

工程其他内容还包括:①堆浸场地全面防渗;②现有防洪池与事故池、污水池、消毒池合并使用,解决十年一遇情况下现有防洪池水外溢污染问题;③在 4 车间、5 车间、9 车间各建防洪池一个,并对涉及氰化物的全部溶液池采取重点防渗。

(2)采矿坑尾矿回填工程

原矿堆浸和二次提金后产生的两种尾矿经过设计均回填于Ⅰ号、Ⅱ号采坑(现有采空区)。尾矿最终回填标高为 45.0 m,总坝高为 59.0 m,总库容约为 $412.81×10^4$ m³,回填后堆场为四等库。

对全库区查明的溶洞、裂隙进行开挖并清理浮土、松石,并进行全库区防渗。坑内岩溶裂隙处理后,在坑底及四周山坡范围内铺设由高岭土、防渗膜组成的防渗层,依尾矿上升高度分期铺设,防渗层铺设完成后回填尾矿。溶洞处理结构示意图见图 4-3。

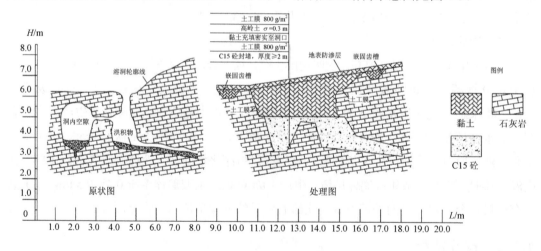

图 4-3　溶洞处理结构示意图

采坑自下而上分层水平排放尾矿,设计第一层堆放至标高 3.0 m 后,再以 5.0 m 高为一层堆排,每层外侧预留 5.0 m 宽平台台阶;为保持边坡稳定性,每层要求将边坡修整为 1:2.5。为降低坝底尾矿层浸润线,使尾矿渗滤水有效排出,设计在尾矿排至 10.0 m 标高时,库底铺设水平集渗层,以收集堆场内由于降水等原因形成的渗滤水。设计在堆积坝两侧坝肩设置排水沟导排雨水,坝肩排水沟由坝体下游坡脚延伸至坝顶 45.0 m 标高。挡土坝脚设排水沟，将坝底渗滤水及坝坡雨水收集后，通过引水沟排往废水处理池。库底水平集渗平面图见图 4-4。

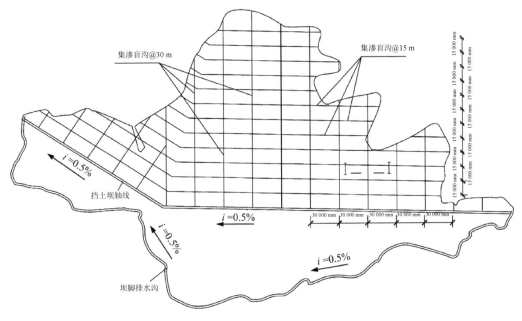

图 4-4　库底水平集渗平面图

（3）采选场废水及雨水收集处理系统工程

建立废水收集及处理系统，收集采场和选厂产生的生产废水，并将废水输送至新建的废水处理站以处理后回用，对废水处理站采取重点防渗。另外，在现有尾矿堆场外围修建一挡土坝，坝外侧修建水渠，收集未受污染的地表雨水。正常运行期雨水全部泵回选厂回用，雨季多余雨水外排。

4.2　研究区概况及水文地质条件

4.2.1　研究区范围及保护目标

（1）研究区范围

根据矿区水文地质勘察报告及现场调查，由于本区属于覆盖型岩溶水区，其上覆盖有较厚的粉质黏土相对隔水层（由于其渗透系数较小，勘察结果将其定为相对隔水层），因此本次评价主要关注粉质黏土层下伏的岩溶水含水层。根据岩溶水含水层分布，本次研究区范围为以矿区及其下伏岩溶水含水层水文地质单元为中心，向四周外扩，总调查评价面积为 26 km² 的矩形区域；其中，项目下游至边界的距离约为 2 600 m，见图 4-5。

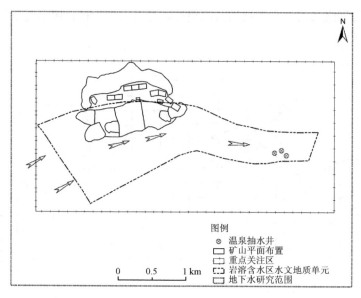

图例
⊗ 温泉抽水井
▭ 矿山平面布置
▭ 重点关注区
▭ 岩溶含水区水文地质单元
▭ 地下水研究范围

0   0.5   1 km

图 4-5 地下水研究区范围图

（2）保护目标

根据现场调查，地下水研究区范围内的村庄饮用水水源均为自来水，自来水厂的水源为长江水，不取用地下水。因此，本次地下水预测及评价的保护目标为矿区及其周围岩溶地下水环境及下游 1.5 km 处的温泉抽水井，见表 4-1。

表 4-1 地下水保护目标

序号	保护目标	距离	备注
1	寒武系中上统娄山关群—奥陶系下统南津关组（$\in_{2-3}ls$—O_1n）白云质灰岩、灰岩岩溶水	—	岩溶地下水环境
2	奥陶系下统分乡组—红花园组（O_1f—O_1h）粒屑灰岩、生物屑灰岩岩溶水	—	
3	奥陶系下统大湾组—上统临湘组（O_1d—O_3l）泥质瘤状灰岩岩溶水	—	
4	温泉抽水井	W，1.5 km	抽水量 2 000 m³/d

4.2.2 地形地貌

本区地处鄂南丘陵山地与江汉平原的过渡地带，区内地形南高北低，最高为南东部坑头山，标高为 183.3 m，最低为北部长江边，标高为 19.9～20.7 m。按相对标高和地貌形态的不同，分为丘陵残丘区和垅岗湖盆区两个地貌单元。

丘陵残丘区：主要分布于西部碳酸盐岩、碎屑岩裸露山地，标高一般在 50～120 m

之间。碳酸盐岩组成的山地的地形相对较陡;碎屑岩组成的山地分布于碳酸盐岩山地边缘,起伏相对较缓。

垅岗湖盆区:处于长江南岸及内湖湖域的周边地带,标高一般在 23～45 m,地势向湖区或长江倾斜,湖区周边为岗地与沟谷相间地形,矿区以北至长江沿岸地势低平。

4.2.3 气象水文

（1）气象特征

本区系亚热带湿润气候,四季分明,雨量充沛;受季风影响,冬冷夏热,冰冻期短。最大蒸发量为 1 895.0 mm,最小蒸发量为 1 125.5 mm,常年平均蒸发量为 1 414.9 mm。降水多集中在 4—8 月,占全年降水总量的 60%,9 月、10 月为平水期,11 月至次年 3 月为枯水期。最大年降水量为 1 648.9 mm,最小年降水量为 724.6 mm,多年平均降水量为 1 378 mm,雨季平均日降水量为 12.5 mm,日最大降水量为 235 mm,多年平均降水日数 108 天,最长无降水日数 44 天。

（2）水文特征

区内水体属长江水系（长江流经本区北部,北距矿区 2 km）,多年最高水位标高 32.02 m,最低水位标高 17.97 m。长河是经人工改造的河流,河水浅,流速慢,最大流量为 18 m³/s,自区内北西向南东流经矿区南部后转向北东注入长江。除江、河外,区内湖塘分布较多,较大的湖泊湖域面积约为 8 km²,与长河以人工渠相通,水位受江水控制和调节。矿区周边的湖泊大多较浅,深 1～3 m。迄今为止,有些湖泊已干涸或水域缩小。

4.2.4 地层岩性

研究区地表均为第四系覆盖,仅在研究区南部零星出露志留系下统新滩组,隐伏基岩地层据钻孔揭露为寒武系—奥陶系,各地层从老至新特征如下。

（1）寒武系—奥陶系

据专题研究成果,研究区内寒武系—奥陶系划分为寒武系中上统娄山关群—奥陶系下统南津关组、奥陶系下统分乡组—红花园组、奥陶系下统大湾组—上统临湘组。

①寒武系中上统娄山关群—奥陶系下统南津关组（$\in_{2-3}ls$—O_1n）。

下部灰白色、灰色微晶白云岩,白云石化亮晶颗粒灰岩及含生物屑泥晶灰岩,上部浅灰、灰色微晶白云岩夹泥晶灰岩及生物屑泥晶灰岩,地层厚度>113 m。

②奥陶系下统分乡组—红花园组（O_1f—O_1h）。

浅灰色亮晶粒屑灰岩、中粗晶粒屑灰岩,地层厚度 63～175 m。

③奥陶系下统大湾组—上统临湘组（O_1d—O_3l）。

下部灰色、深灰色生物屑灰岩,上部灰色、浅褐红色泥质瘤状灰岩,地层厚度 59～

154 m。

（2）志留系下统新滩组（S_1x）

下部灰色、浅灰色页岩、灰黑、黑色炭质页岩及炭质泥岩，上部黄绿色粉砂质页岩夹细砂岩，地层厚度＞100 m，与下伏寒武系—奥陶系呈断层接触。

（3）第四系

按松散堆积物的形成时代及成因类型，第四系分为中更新统残积层和全新统湖积层。

①中更新统残积层（Q_2^{el}）。

中更新统残积层为矿区红土型金矿赋矿层，在本矿段内厚度一般为 15～40 m，总体为一套松散的含砂砾亚黏土层。根据其颜色、结构、构造及物质组成，划分为 4 个岩性段，各岩性段之间界线为渐变，自下而上岩性序列如下。

a. 第一岩性段（Q_2^{1el}）

该岩性段未出露地表，总体呈层状近水平覆于基岩界面之上，局部呈囊状覆于基岩界面低洼处。钻孔揭露其岩性主要为棕灰-棕黑色含砾亚黏土，以铁、锰质含量高为主要特征，铁、锰质矿物呈细小粉末状依附于黏土矿物颗粒上，致使岩性呈棕色。底部与基岩接触部位分布厚度不大的角砾黏土混杂层，角砾成分主要有灰岩、硅化碎裂岩、石英等。

b. 第二岩性段（Q_2^{2el}）。

该岩性段亦未出露地表，钻孔揭露其岩性由杂色含砾亚黏土、砾质亚砂土组成，与下岩性段接触界线呈渐变。与上岩性段相比，风化淋滤程度相对较弱，颜色由单一的褐红、褐黄色过渡为褐红、褐黄、棕灰、棕黄、浅灰、灰紫等色混杂，网纹状构造逐渐消失，砂含量增多，砾石含量减少，砂、砾石成分则变化甚微。据钻孔岩心观察，该岩性段内可见较多原构造岩风化残余的碎裂结构、角砾状构造，角砾内部已风化形成黏土质，外观上保留其形状，局部角砾中见有硫化矿物被淋失后残留的晶洞。

c. 第三岩性段（Q_2^{3el}）。

该岩性段分布稳定，部分裸露地表，部分被全新统覆盖，岩性为褐红、褐黄色网纹状亚黏土、含砾亚黏土、亚砂土，以网纹状构造为主要特征，网纹由灰白色细脉状、团块状高岭石构成。砾石成分主要为硅化碎裂岩、石英岩，少量为灰岩、砂岩、重晶石，砾径大小混杂，为 0.5～10 cm 不等，无磨圆及分选性，含量一般为 5%～15%，局部为 20%～30%；砂成分主要为硅化碎裂岩及灰岩、砂岩岩屑，以中粗颗粒为主，分布不均匀；黏土成分为高岭石、埃洛石、伊利石、水云母等。

d. 第四岩性段（Q_2^{4el}）。

该岩性段俗称"硅帽"，分布于矿区东部及西部边缘的大山山脊部位，岩性为浅灰、灰白色硅化岩块、砾石夹含砂砾亚黏土，岩块、砾石主要为交代石英岩，具碎裂结构及角砾状构造，角砾成分主要为玉髓、石英，少量为重晶石，属硅化破碎带的风化残留。

上述 4 个岩性段松散堆积物中残留有较多构造与蚀变痕迹，显然是由构造破碎带风化形成，其特征在一定程度上反映了原构造破碎带内成分复杂，在风化淋滤过程中具垂直分带性，同时表明红土型金矿的形成与基岩构造及后期风化作用密切相关。

②全新统湖积层（Q_4^l）

分布于湖盆地貌区，为褐灰、灰黑色黏土、淤泥质黏土，含腐殖物及螺壳类生物残骸，厚度为 0～13 m。

4.2.5　地质构造

矿段内由于第四系覆盖较厚，从地表难以观察构造形迹。据物探、钻探资料结合有关专题研究成果，归纳构造特征如下。

（1）褶皱

矿段所处褶皱构造为倒转背斜东段北翼，整体呈单斜构造，钻探揭露其地层层序依次为大湾组—临湘组、分乡组—红花园组、娄山关群—南津关组，地层产状倾向北，倾角为 40°～50°，背斜北侧及南侧分别以 F2 断层、F3 断层与新滩组接触。

该背斜浅部岩层北倾，层序正常，向深部逐渐转折而向南倾，层序倒转，轴面产状倾向南，倾角为 20°～30°。

（2）断层

区内断层构造一般为压性或压扭性。规模最大的是研究区南北两侧的 F_2 断层和 F_3 断层，见图 4-6。

F_2 断层发育于背斜中段北翼，区内长约 8.5 km。断层走向大致平行背斜轴向，该断层据矿区电测深推断及 0 线、39 线钻孔控制，断层面产状：浅部向南陡倾，倾角约 80°，中深部向南缓倾，倾角 25°～40°，上盘为大湾组—临湘组、分乡组—红花园组、娄山关群—南津关组碳酸盐岩，下盘为新滩组砂页岩，断层性质为逆冲断层。断层在碳酸盐岩中具导水性，在砂页岩中具隔水性。切割深度为 350～420 m。

F_3 断层发育于背斜中段南翼，与 F2 断层呈近似平行展布。据物探电测深推断及矿区 39 线钻孔控制，该断层倾向南—南东，倾角约 60°，上盘为高家边组砂页岩，下盘为娄山关群—南津关组碳酸盐岩，亦为一逆冲断层。断层在碳酸盐岩中具导水性，在砂页岩中具隔水性。

F_2 断层和 F_3 断层在 63 线以西相交，其间灰岩受构造应力叠加影响，岩石碎裂，使其与构造岩间没有明显的界线。据钻孔揭露，55 线破碎带垂厚达 60 m 左右，63 线超过 100 m。因岩石破碎，孔隙度增加，地下水交替强烈，相互间连通性亦好，如 ZK6303 溢水堵塞时，相距 160 m 以外的 ZK5505 水位上升并溢水。加上断层一侧起阻隔水的作用，有利于地下水积聚，岩层富水性增强，如 ZK6303 自然涌水试验中，单位涌水量可达 0.5 L/（s·m）。

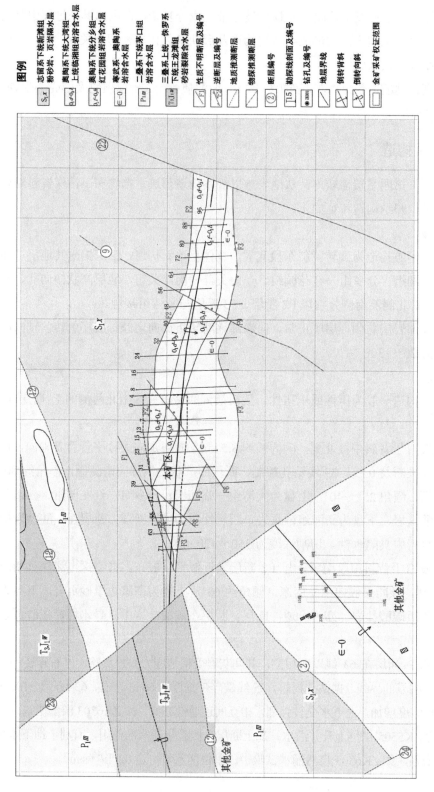

图 4-6　矿区岩溶含水层和隔水层平面分布图

6 号断层（F6 断层）、8 号断层（F8 断层）、9 号断层（F9 断层）：均据矿区物探电测深推测，推断均为倾向南东，推测延长 1~3 km。断层斜切背斜核部，图面断距较小。三条断层在碳酸盐岩中具导水性，在砂页岩中具隔水性。

F22 断层：为航卫片解释断层，呈北东走向，横切工作区东部，区内长约 11 km，断层规模大，图面断距较大。推断断层倾向北西，倾角较陡，具左行平移性质，兼具逆断层性质，西盘断块南移且抬升。该断层为一破矿构造，该金矿在东段部位被该断层截断。该断层在碳酸盐岩中具导水性，在砂页岩中具隔水性，并且是地热田的控热构造。

F23 断层：据物探电测深推测，分布于工作区中部，走向北西，长约 5 km。推断断层倾向南西，倾角较陡，具左行平移性质，兼具逆断层性质，南西盘断块南移且抬升。断层斜切背斜及官洲向斜，规模较大，图面断距 1~1.5 km。该断层在碳酸盐岩中具导水性，在砂页岩中具隔水性，在下部沟通了其他金矿的岩溶含水层与该金矿岩溶含水层之间的联系。

4.2.6　矿区水文地质特征

4.2.6.1　岩溶发育特征

（1）灰岩地层及岩性

矿区岩溶地层为寒武系中上统娄山关群—奥陶系下统南津关组（$\in_{2-3}ls$—O_1n）的白云质灰岩、灰岩，及下奥陶统分乡组—红花园组（O_1f—O_1h）的粒屑灰岩、生物屑灰岩，厚度分别为大于 113 m 和 63~175 m。

（2）灰岩的分布和埋藏条件

矿区主要的断裂构造 F2 断层和 F3 断层控制着灰岩层的平面分布形态。F2 断层、F3 断层分别位于矿区南侧、北侧，并于 71 线以西接近相交，因此由其夹持的灰岩体平面上呈向东敞开、向西收敛的"扇形"，其边界清晰。垂向上，灰岩隐伏于松散层之下，灰岩顶板起伏大；13—71 线，灰岩顶板标高一般为 10~-30 m，平均标高为-0.86 m，并呈南北两侧相对较高、中部低的凹槽形态，上覆层最大厚度为 82.21 m，最薄为 10 m 左右，一般厚 30 m 左右，并有北厚南薄趋势；4—13 线，灰岩顶板标高为 25.05~-5.63 m，覆盖层厚度为北厚南薄，一般厚 30~40 m，局部地段小于 10 m。

（3）岩溶发育的基本规律

根据钻孔揭露，区内岩溶形态以溶洞和裂隙为主，其次为溶孔、溶蚀粗糙面等。在揭露灰岩的 96 个钻孔中，遇溶洞钻孔 38 个，溶洞能见率 40%，共见大小溶洞 89 个，总高度 344.15 m，一般溶洞高 1~2.5 m，最高 28.38 m（见表 4-2）。单孔遇溶洞最多者 7 个，单孔揭露溶洞累计高最大为 41.33 m。4 线以西地段平均岩溶率达 23%。4—13 线矿段遇溶洞钻孔 16 个，占矿区遇溶洞钻孔总数的 42%，平均岩溶率为 23%。

表 4-2 溶洞大小所占比例统计表

溶洞大小/m	占比/%	溶洞大小/m	占比/%	溶洞大小/m	占比/%
0～2.5	62	10.0～12.5	1	20.0～22.5	0
2.5～5.0	17	12.5～15.0	2	22.5～25.0	2
5.0～7.5	6	15.0～17.5	3	25.0～27.5	0
7.5～10.0	3	17.5～20.0	2	27.5～30.0	1

岩溶发育不均一也是其特点之一。如 ZK404 和 SHK1 仅相距 1.77 m，但无论是溶洞顶板标高，还是数量和高度，都有较大变化。在揭露的溶洞中，一部分被全充填和半充填，充填率在 80% 以上者占 18.75%，充填率在 50%～80% 之间的占 9.4%，大部分为弱充填和无充填，占 71.85%。充填型溶洞一般分布在浅部，充填物大部分为灰色、褐色、黄褐色含砂砾黏土、砂砾和含砂黏土，靠近西部，充填物颗粒较粗。充填物的化学分析结果表明含金，这说明充填物的成分与上覆含金松散层的成分基本一致，充填物来源于上覆松散层。

（4）影响本区岩溶发育和分布的主要因素

①岩性与溶洞发育的关系：岩性是岩溶发育和分布的控制因素之一。据钻孔资料统计，矿区溶洞最发育地层为（$\in_{2-3}ls$—O_1n）白云质灰岩、灰岩，（O_1f—O_1h）生物屑灰岩、粒屑灰岩次之，（O_1d—O_3l）泥质瘤状灰岩未遇溶洞，见表 4-3。泥质瘤状灰岩泥质含量高，不利于溶蚀作用进行；相反，白云质灰岩、粒屑灰岩等岩石在该区分布厚度大，碳酸盐含量高，可溶性强，因而在构造作用下，裂隙发育，利于地下水的循环交替，岩溶作用较强。

表 4-3 各类灰岩岩溶发育情况统计表

溶洞发育情况 岩性	溶洞个数/个	溶洞高度/m	钻孔遇溶洞率/%	最大溶洞/m	最小溶洞/m
（$\in_{2-3}ls$—O_1n）白云质灰岩、灰岩	61	254.27	52	28.38	2
（O_1f—O_1h）生物屑灰岩、粒屑灰岩	28	89.88	50	24.72	0.55
（O_1d—O_3l）泥质瘤状灰岩	0	0	0	0	0

②岩溶发育与可溶岩埋藏条件的关系：灰岩的溶蚀取决于地下水的交替和侵蚀能力。在该区表现为浅部灰岩作用强烈、向下逐渐减弱并消失的特点。据钻孔资料统计，标高 0～−30 m，溶洞最多，其个数占总数的 50% 以上。标高−70 m 以下的溶洞明显减弱。−70 m 以下的溶洞主要受断裂构造的控制。如 ZK6303 是受 F2 断层和 F3 断层两者应力叠加的结果，含水层厚度达 140.59 m，溶洞底板标高加深至−93.79 m。有的地段溶洞垂向最大发育深度

达−162.7 m，有的地段甚至更深。矿区溶洞率和溶洞个数随深度变化的情况见图4-7。

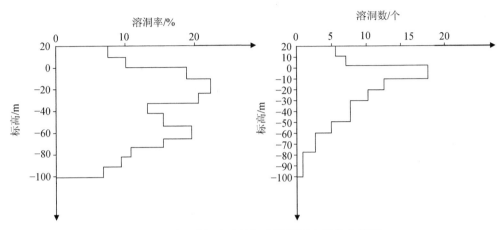

图 4-7　矿区溶洞率和溶洞个数随深度变化曲线图

　　③岩溶发育与构造作用的关系：断裂构造基本上控制着本区岩溶发育平面分布形态。F2断层和F3断层控制可溶岩的空间形态，同样控制岩溶发育的主导方向。灰岩透镜体中发育一系列北东向构造断裂带，也是岩溶发育较强的部位。水文物探成果圈定的多条北东和近东西向的低阻异常带与本区构造格架基本吻合。且本区共有 31 个钻孔在不同深度见厚度不等的角砾岩，同时在其两侧形成垂厚不等的碎裂岩和裂隙发育带。矿区大于 10 m 的溶洞有 10 个，大部分分布在断裂构造带和背斜轴部附近。

4.2.6.2　含（隔）水层富水性

（1）含水层

根据岩层的储水空间及含水介质和形态的不同，将矿区内含水层划分为 3 个类型的含水层。

①灰岩裂隙溶洞含水层。

该含水层储水空间主要为溶洞，其次为溶蚀裂隙。本层平面上位于F2断层和F3断层之间的白云质灰岩和灰岩分布地段，隐伏于第四系松散层之下，为矿体的间接或直接底板，是矿坑充水的主要含水层。含水层中地下水位平均标高为 25.63 m，高出含水层平均顶板标高（−0.86 m）26.49 m，在矿段西部 47 线、55 线、63 线的部分钻孔出现涌水现象，表明该岩溶地下水具承压性。根据 4—13 线勘探成果，该含水层属弱至中等富水性，钻孔单位涌水量为 0.017 5～0.348 L/（s·m），岩层渗透系数为 0.091 6～0.59 m/d，水质化学类型为 HCO_3—Ca·Mg 型，矿化度为 0.21～0.27 g/L。造成本层富水性、透水性与岩溶程度不相适应的主要原因是溶洞充填程度高且以细颗粒为主，堵塞了地下水储存运移空间。

②角砾岩裂隙含水带。

本区断裂构造为压性和压扭性，规模较大的有 F2 断层和 F3 断层。F2 断层位于矿区的北侧，向南倾，垂厚变化较大，一般厚 5～20 m，最薄 4.99 m，断层上盘角砾成分以灰岩为主，泥钙质胶结，近下盘则以碎屑岩为主，泥质胶结，断层角砾岩的含水性随着角砾及胶结物成分不同而异。F3 断层位于矿区南部，倾向南，上盘为砂页岩，下盘为灰岩，角砾岩垂厚 10 m 左右，近下盘角砾成分为灰岩，泥钙质胶结，溶蚀现象明显，局部为溶洞。断裂构造起着阻水屏障、集水廊道的作用，造成灰岩含水层中局部富水，并且由于断层的存在，改变了灰岩地下水径流条件，使空隙介质连通性变好。F2 断层和 F3 断层延伸至 71线附近相交，构造应力叠加影响，使得该处岩石破碎，空隙度增加，岩石富水性增强。

矿区断裂破碎带虽比较发育，但地下水主要来自两侧可溶岩补给，断裂不起沟通矿区外围地下水的作用。因此，断裂破碎带不能构成一个独立的含水系统，只是起着富集岩溶地下水和形成强径流带的作用。

③黏土夹砂砾石孔隙含水层。

本层集中分布于 39 线一带，呈透镜体埋藏于松散层中，或灰岩顶板凹陷处，由砂砾黏土及粗至细砂组成，一般厚度小，延伸长度有限，富水程度不高，对矿床开采无大的影响。

（2）隔水层

①第四系。

区内起隔水作用的土体为含矿松散层及残坡积黏土，前者岩性为黏土、亚黏土、网纹状黏土及含砂砾黏土、含高岭土、含砾黏土，层位稳定，厚度较大。后者分布在矿区南部及西部的地势低平处，土体结构致密，多为中至低压缩性，其黏土成分含量高，隔水性能好。

②基岩。

志留系下统新滩组（S_1x）：岩性为灰色、浅灰色泥岩，灰黑色炭质泥岩和粉砂岩等，厚度大于 100 m，分布于矿区南、北、东三侧，泥质含量高，隔水性好，构成区域隔水层。矿区第四系下伏含水层、隔水层分布图见图 4-6。

4.2.6.3 矿区岩溶地下水补给径流排泄条件

矿区岩溶地下水的补给、径流、排泄受地形、地貌、含水层展布、地质构造和岩溶分布的制约。

大气降水对矿区灰岩地下水动态有一定的影响，由于含水层上覆隔水土层厚度大，不能直接接受大气降水和地表水补给，而主要靠区域地下水侧向径流补给。主要补给区位于矿区西部及西南部的裸露基岩一带，该区通过裂隙及溶洞接受大气降水补给，并由西或西南往东径流补给矿区岩溶地下水。

在图 4-6 中可见，矿区西南侧分布有志留系下统新滩组页岩隔水层，但是此隔水层仅分布于浅表，其下分布有岩溶含水层且被 F23 断层导通，见图 4-8。

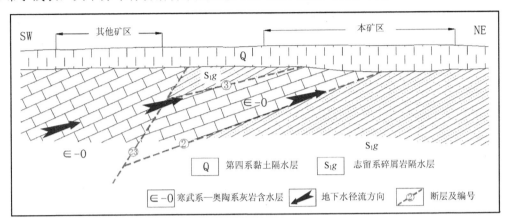

图 4-8　矿区地下水导通剖面示意图

F23 断层连通了本矿区与其他金矿的岩溶含水层。在矿区西部约 6 km 的区域，地表有大面积的石炭二叠系灰岩出露，灰岩的海拔高度为 60～130 m，此区为地下水补给区；大气降水进入灰岩后，向东径流，流向其他金矿的岩溶含水层，通过 F23 断层再流向本金矿区的岩溶含水层中并储藏蓄积。

在矿山开采条件下，由于采掘到灰岩顶板，四周的地下水向矿坑最低点排泄，然后由水泵排出供给选矿及冶炼车间使用。

4.2.6.4　主要含水层之间及其与地表水的关系

（1）主要含水层之间的关系

①裂隙溶洞含水层与角砾岩裂隙含水带之间的关系：从前述可知，角砾岩和灰岩地下水应属于统一含水层，地下水之间关系密切，角砾岩裂隙带在其中起集水作用。

②裂隙溶洞含水层与黏土砂砾石孔隙含水层的关系：黏土砂砾石孔隙含水层规模小，一般比较孤立，与裂隙溶洞含水层无水力联系，当部分黏土砂砾石孔隙含水层透镜体分布于裂隙溶洞含水层顶面时，则其统一于裂隙溶洞含水层。

（2）岩溶地下水与地表水的关系

矿区岩溶含水层分布于 F2 断层和 F3 断层之间。在其展布区内的水塘位于隐伏岩溶区内，附近钻孔揭露，湖底有厚达 30 m 的黏土隔水层，故天然条件下，湖水与岩溶地下水联系不密切。矿区西段局部地带覆盖层相对较薄，岩溶地下水在一定程度上会排泄补给地表水体。

另外，虽然矿区北部 2 km 左右为长江，由于矿区岩溶含水层与长江之间分布有稳定的志留系下统新滩组隔水层，使得矿区岩溶含水层中的地下水与长江地表水基本无水力联系。

4.2.6.5　地表水与地下水动态

（1）地表水动态

本区地表水体不但受降水控制，而且受人为因素影响。一般降水后水位上涨，历年最高洪水位标高为 26.38 m，遇旱则水位下降，常年洪水位标高为 23.58 m，其升降幅度与降水强度成正比；枯水季节水体面积大大缩小，退至湖塘中心部位，最大年变幅为 1 m 左右。长河虽终年不干，但流速缓慢，水位和流量受水闸控制。另外，本区由于上覆第四系隔水层的阻隔作用，地表水与地下水水力联系微弱，地表水的动态基本不会影响地下水的动态变化。

（2）地下水动态

第四系孔隙水由于局部积水、潜水或上层滞水的暂时性和不连续性等原因，其水位及流量季节性变化很大。岩溶地下水动态与季节变化有一定关系，表现为在丰水期，地下水位稍高，在枯水期地下水位下降。降水后一段时间水位升高，有滞后现象。但一般年变幅不大，最大仅 1.24 m，表明岩溶地下水直接承受降水补给不佳。

经过多年的开采，采区已形成局部的岩溶地下水降落漏斗，且基本达到了稳定状态。根据 2012 年 2—6 月的枯水期、平水期、丰水期连续水位监测，可知研究区地下水位基本处于稳定状态，一个水文年内地下水动态变化较小。

4.2.7　地下水开发利用现状

本次评价对研究区范围内的村庄及地下水利用情况进行了调查，调查范围内的村庄均不取用地下水，其饮用水水源均来自附近的自来水厂，而自来水厂的水源为长江水。

研究区内地下水的开发利用主要有两处：

①矿区Ⅱ号采坑处的地下涌水，由于Ⅱ号采坑最低处已经揭露到灰岩，岩溶承压水涌入采坑，并被抽往各选矿和冶炼车间作为生产新水使用，每天抽水量约为 7 200 m³/d。

②矿区东部地热田的温泉水，目前地热田内有三口温泉抽水井，抽水量共 2 000 m³/d。

4.3　解析法预测矿坑疏排水量

矿坑涌水是困扰矿山开采的重要隐患；为了矿山生产安全、防止突水事故发生，需要对矿坑涌水量进行预测[4]。另外，为解决矿山环境保护与生产需水问题，将矿坑涌水充分用于采选作业，可减少地表水的取用量，从而减轻对当地地表水环境及区域水均衡的影响[5]。矿坑涌水量的预测方法有很多，包括数值模拟法、水文地质比拟法、Q-S 曲线方程法、相关分析法、水均衡法、解析法等[6]。每种方法都有其适用条件，因此在预测矿坑涌水量时，应根据矿区地质条件、水文地质条件，选择合适的预测方法及预测模型，才能取得比较符合实际的预测结果。

对于露天开采，矿坑疏排水包括地下涌水及直接汇入矿坑的大气降水，而在雨季，大气降水的疏排量有可能远大于地下涌水量。

4.3.1 矿山开采区充水分析

本矿山开采区处于覆盖型岩溶区，上覆第四系相对隔水层为含金矿层，其下为碳酸盐岩岩溶承压水含水层。当矿山采矿活动接近或揭露岩溶含水层时，会发生岩溶含水层中地下水灌入采坑的现象，因此需要对矿坑水进行抽排，将岩溶地下水水位降到采矿标高之下，形成承压水降落漏斗区。同时，雨季的大气降水也会汇入采坑并成为采坑充水的一部分。随着采矿活动的结束，采坑涌水点将被回填，不会再有地下水涌水现象，且矿区地下水会继续接受西部地下水侧向径流补给而使地下水降落漏斗区渐渐恢复。

4.3.2 现状疏排水量实测值

以 2013 年的月均实测值及日均实测值为例，本金矿开采矿坑疏排水量见表 4-4。

表 4-4 2013 年本金矿矿坑疏排水量表

月份	总排水量/ (m³/月)	平均日排水量/ (m³/d)	单日最大排水量/ (m³/d)	汇水面积/ m²	雨季日平均排水量 (m³/d)
1 月	89 733	2 991			
2 月	82 435	2 748			
3 月	83 987	2 800			
4 月	92 033	3 068			
5 月	85 570	2 852			
6 月	162 839	5 428			8 221 （雨季 6—9 月的 平均值）
7 月	357 458	11 915	91 541	488 550	
8 月	297 430	9 914			
9 月	168 841	5 628			
10 月	87 978	2 933			
11 月	88 544	2 951			
12 月	85 315	2 844			
合计	1 682 163	4 673			

可见，由于该金矿为露天开采，大气降水对矿坑充水影响明显，因此矿坑疏排水量在雨季时偏大，雨季平均排水量为 8 221 m³/d；非雨季时偏小，非雨季平均排水量为 2 898 m³/d。

4.3.3 技改工程疏排水量预测

4.3.3.1 矿坑地下水涌水量预测

（1）预测模型

矿区第四系下伏基岩的南、北两侧为志留系下统新滩组砂页岩隔水层，岩溶含水层处于南、北隔水岩组之间。岩溶含水层宏观边界视为：南、北两侧为隔水边界，东、西两端为无限边界。矿体底板为岩溶含水层的顶板，平均标高为-0.86 m，本次涌水量计算标高采用 0 m，开采时降落漏斗影响范围按水位降低到 0 m 标高时的影响半径加矿坑进水半径确定。

采用解析法预测地下水涌水量，并选择平底浅井、井底进水、井壁不进水的稳定流预测模型来计算涌水量。见式（4-1）～式（4-5）。

$$Q = \frac{2\pi K S_w r_w}{R_c} \tag{4-1}$$

$$R_c = \frac{\pi R_0}{d} + \frac{2\ln d}{\pi r_w} \tag{4-2}$$

$$R_0 = R + r_w \tag{4-3}$$

$$r_w = \sqrt{\frac{F}{\pi}} \tag{4-4}$$

$$R = 10 S_w \sqrt{K} \tag{4-5}$$

式中：Q —— 矿坑地下水涌水量，m^3/d；

K —— 灰岩含水层渗透系数，m/d；

S_w —— 水位降深，m；

r_w —— 矿坑进水半径，m；

R_c —— 水流阻力系数；

R_0 —— 大井引用影响半径，m；

d —— 大井到隔水边界的距离，m；

R —— 大井影响半径，m；

F —— 井底进水面积，m^2。

（2）参数选择

①渗透系数 K：由于矿区地下水含水层为岩溶含水层，溶洞、裂隙大小不一，渗透系数有分区变化的特征，为了保证渗透系数的有效性，取区内所有抽水试验数据的平均值 2.7 m/d。

②水位降深 S_w：即由静止水位降至 0 m 标高的降深。静止水位取矿段内钻孔终孔稳定

水位的平均值 25.63 m，水位降至 0 m 标高时，S_w 为 25.63 m。根据地下水位动态情况，丰水期地下水的水头高度相应增加，但增加幅度不大。

③矿坑进水半径 r_w：依计算中段灰岩含水层外廓联线的几何形态简化成不规则的圆形求得。F 为 0 m 中段矿坑灰岩面积加上"土层小于安全厚度 7.83 m，可能存在岩溶突水地段"的面积，F 为 88 189 m^2，因此 r_w 为 168 m。

④大井影响半径 R：经计算，0 m 中段地下水降落漏斗的影响半径为 421 m。

⑤大井引用影响半径 R_0：经计算，0 m 中段大井引用影响半径为 589 m。

⑥大井到隔水边界的距离 d：矿坑中心位置到北部隔水边界的距离为 263 m。

⑦水流阻力系数 R_c：经计算，水流阻力系数为 7.05。

（3）计算结果

根据预测模型及参数选择，得到矿坑地下水涌水量的计算结果，见表 4-5。

表 4-5　矿坑地下水涌水量计算结果

标高/m	渗透系数 K/(m/d)	水位降深 S_w/m	大井影响半径 R/m	矿坑进水半径 r_w/m	大井引用影响半径 R_0/m	大井到隔水边界的距离 d/m	水流阻力系数 R_c	地下水涌水量 Q/(m³/d)
0	2.7	25.63	421	168	589	263	7.05	10 356

（4）地下水影响范围

根据以上计算结果，地下水涌水抽排影响范围见图 4-9。由于本矿山矿坑开采已接近尾声，之后选厂的原料来源为早期排放的含金尾矿，不再继续开采第四系地层，且各采空区计划陆续回填，因此矿区地下水位会在西部地下水侧向补给的条件下渐渐恢复。

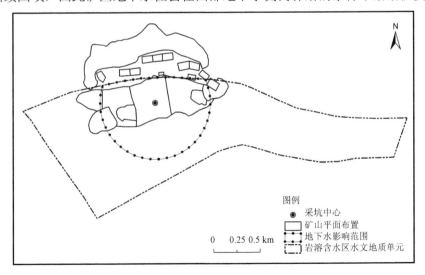

图 4-9　地下水涌水抽排影响范围

4.3.3.2 大气降水汇水预测

（1）矿坑正常降水汇入量

若将全年仅分为丰水期和枯水期，本区降水多集中在丰水期（4—8月），丰水期降水量占全年降水总量的60%，枯水期降水量占全年降水总量的40%，因此采用式（4-6）、式（4-7）计算矿坑正常降水汇入量。

$$Q_{丰} = F \times P \times 60\% / T_1 \tag{4-6}$$

$$Q_{枯} = F \times P \times 40\% / T_2 \tag{4-7}$$

式中：$Q_{丰}$、$Q_{枯}$ —— 丰水期及枯水期矿坑正常降水汇入量，m^3/d；

    P —— 多年平均降水量，mm，取1 378 mm；

    F —— 露天采坑接受降水面积，m^2，根据本矿开采境界主要参数，露天采坑接受降水面积取488 550 m^2；

    T_1 —— 丰水期抽排水时间，d，按153 d计；

    T_2 —— 枯水期抽排水时间，d，按212 d计。

由此可得，正常情况下，丰水期矿坑降水汇入量为2 640 m^3/d，枯水期矿坑降水汇入量为1 270 m^3/d。

（2）矿坑日最大降水汇入量

矿坑日最大降水汇入量采用式（4-8）计算。

$$Q_{max} = F \times A \tag{4-8}$$

式中：Q_{max} —— 日最大降水汇入量，m^3/d；

    F —— 露天采坑接受降水面积，m^2，取488 550 m^2；

    A —— 日最大降水量，mm，根据矿区降水资料，取日最大降水量235 mm。

由此可得，矿坑日最大降水汇入量为114 809 m^3/d。

4.3.3.3 矿坑疏排水量预测

丰水期、枯水期降水量大小不同，大气降水汇入量差别很大。而由于岩溶含水层上覆隔水土层厚度大，不能直接接受大气降水补给，大气降水对矿区岩溶地下水动态影响较小，因此地下水涌水量在丰水期、枯水期的差别不明显。

矿坑疏排水量为地下水涌水量与大气降水汇入量之和。丰水期日最大疏排水量为125 165 m^3/d，丰水期正常疏排水量为12 996 m^3/d，枯水期正常疏排水量为11 626 m^3/d。

4.3.4 矿山开采对周围环境的影响

（1）对周围村庄饮用水的影响

矿山开采引起的地下水降落漏斗影响范围内有一个村庄。经现场调查，居民饮用水均取自附近自来水厂，自来水厂的水源为长江水，不取用地下水。因此矿山开采形成的地下水降落漏斗不会对周围村庄饮用水产生不利影响。

（2）对温泉的影响

矿山开采形成的地下水降落漏斗范围为自采坑中心往外、半径为 589 m 的范围，而降落漏斗边界仍距温泉将近 1.5 km，且随着矿山采矿活动的结束，降落漏斗区的地下水位会在西部地下水侧向补给下渐渐恢复，因此矿山开采不会对东南部的温泉产生不利影响。

（3）对附近地表水体的影响

矿区附近地表水体有长江、长河及零星分布的湖塘等。长江北距矿区 2 km，由于矿区岩溶含水层与长江之间分布有稳定的巨厚志留系下统新滩组隔水层，使得矿区岩溶含水层地下水与长江地表水基本无水力联系；而长河及零星分布的湖塘均位于较厚的第四系相对隔水层之上，与下伏岩溶含水层地下水的水力联系微弱，岩溶地下水的降落漏斗不会对第四系相对隔水层上的地表水体产生明显不利影响。

（4）对周围生态用水的影响

矿山开采抽排的地下水主要为岩溶地下水，而上覆第四系粉质黏土相对隔水层厚度较大，平均厚度可达 30 m，且有较强的持水性（保持水分）和阻水性（阻止地表水及下伏岩溶水的水力联系），使得第四系地层中的生态用水能够很好地得到保持，维持了植物蒸腾、吸收等生存需求水量，因此矿山开采不会对周围生态用水产生明显不利影响。

4.4　地下水数值模拟预测及评价

4.4.1　水文地质概念模型

水文地质概念模型是对研究区水文地质条件的简化，是对地下水系统的科学概化，其核心为边界条件、内部结构、地下水流态三大要素，能够准确充分地反映地下水系统的主要功能和特征。

4.4.1.1　模拟范围

根据岩溶水含水层的分布，本矿区北部尾矿区、冶炼车间及多数选矿车间均处于粉质黏土及其下伏志留系下统新滩组页岩隔水层之上，矿区南部采坑区、回填区及东部、西南部尾矿区处于粉质黏土及其下伏寒武系—奥陶系灰岩岩溶含水层之上。结合矿区工程特征及断裂分布等水文地质条件，确定本次地下水模拟范围为：北侧以志留系下统新滩组页岩和寒武系—奥陶系灰岩分界线（F2 断层北侧）为界，南侧以志留系下统新滩组页岩和寒武系—奥陶系灰岩分界线（F3 断层南侧）为界，西侧以 F23 断层为界（为上游的入流量边界），东侧以志留系下统新滩组页岩和寒武系—奥陶系灰岩分界线（F22 断层东侧）为界，共 3.1 km² 的区域。

由于在整个矿区，一部分（北部尾矿区、冶炼车间及多数选矿车间等）位于水文地质单元的隔水层区域（其下为粉质黏土及志留系下统新滩组页岩隔水层），另一部分（采坑区、回填区及东部、西南部尾矿区等）位于水文地质单元的含水层区域（寒武系—奥陶系灰岩岩溶含水层），因此，在整体关注整个矿区污染源的基础上，将矿区分别处于隔水区和含水区的两部分区别对待。对于处于隔水区的部分，重点分析其对地下水的影响及隔水地层的防污作用；对于处于含水区的部分，重点进行数值法的模拟预测，分析污染物在含水层中的迁移规律。重点关注区（包含整个矿区污染源、地下水保护目标及模拟范围在内）共 9.8 km^2。见图 4-10。

4.4.1.2　含水层概化

根据前述研究区水文地质条件，本研究区为覆盖型岩溶水区，上覆第四系粉质黏土隔水层，其下为碳酸盐岩岩溶承压水含水层。研究区地下水主要在碳酸盐岩岩溶含水层中赋存和运移。因此，初步将研究区地层结构概化为两层，上层主要为第四系粉质黏土隔水层，下层为裂隙溶洞水承压含水层。

而为了较精确地刻画研究区地层结构，也为了强调上层粉质黏土隔水层的防污性能，本次建模将考虑粉质黏土层中的包气带的作用，并增加模型中粉质黏土层的垂向分辨率，将第一层分为两个子模拟层。因此，整个模拟区地层结构概化为三层，见表 4-6、图 4-11。

表 4-6　含水层系统概化

模拟层	地层	含水层性质	厚度/m	岩性
第一层	中更新统残积层（Q$_2^{el}$）、全新统湖积层（Q$_4^l$）	相对隔水层，基本为包气带	5	黏土、亚黏土、网纹状黏土及含砂砾黏土
第二层	中更新统残积层（Q$_2^{el}$）、全新统湖积层（Q$_4^l$）	相对隔水层，分布有包气带及局部缓慢流动的潜水	10～80	黏土、亚黏土、网纹状黏土及含砂砾黏土
第三层	寒武系中上统娄山关群—奥陶系下统南津关组（∈$_{2-3}ls$—O$_1n$）、奥陶系下统分乡组—红花园组（O$_1f$—O$_1h$）、奥陶系下统大湾组—上统临湘组（O$_1d$—O$_3l$）	承压水、主要含水层	70～170	白云质灰岩、灰岩、粒屑灰岩、生物屑灰岩、泥质瘤状灰岩

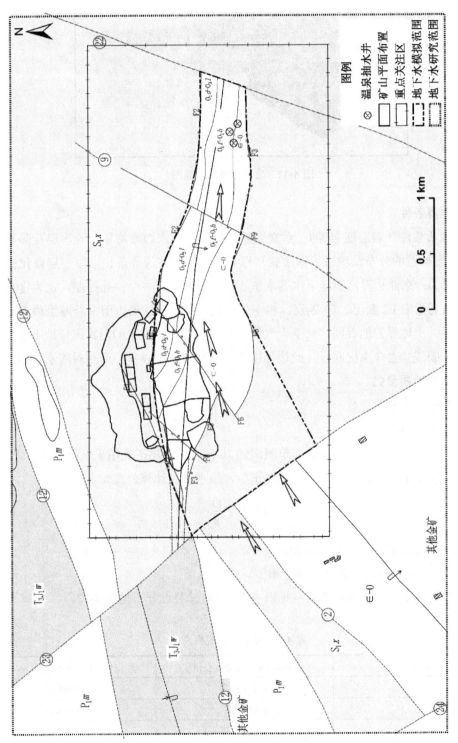

图 4-10　地下水模拟范围

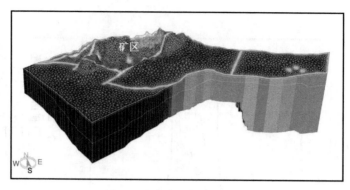

图 4-11　含水层概化示意图

4.4.1.3　边界条件

根据地质条件（岩层展布等）、水文地质条件（地下水埋藏特征、含水层及隔水层分布等）、断裂构造的分布及项目周围敏感目标分布情况，将边界条件（以三层概化模型为对象）概化为：东西边界沿着地下水等水位线，由于附近有多个钻孔控制，定为定水头边界；南北边界沿着 F2 断层、F3 断层，由于外侧均为厚大连续的志留系新滩组隔水层，定为隔水边界；上边界为地表面，接受大气降水补给且以人工开采的形式进行地下水排泄；下边界位于碳酸盐岩含水层底板，此边界以下岩溶发育程度较差，为相对隔水边界。

4.4.1.4　水文地质参数

（1）非饱和带相关参数

①垂向饱和渗透系数。

在北部尾矿区西北侧坡脚处、五车间南侧 10 m 左右、尾矿充填采坑处（Ⅱ号采坑内）的第四系粉质黏土层进行了 3 组单环渗水试验，渗水试验计算公式如下：

$$K = V = \frac{Q}{F} \tag{4-9}$$

式中：Q —— 稳定的渗入水量，m^3/d；

F —— 试坑（单环）渗水面积，m^2；

由此得到其垂向饱和渗透系数，见表 4-7，渗水试验点分布见图 4-12。

表 4-7　渗水试验成果表

编号	垂向饱和渗透系数/（cm/s）	垂向饱和渗透系数/（m/d）
S1	2.67×10^{-6}	0.002 3
S2	7.83×10^{-9}	6.77×10^{-6}
S3	6.54×10^{-9}	5.65×10^{-6}

注：S1 处是自然状态下的渗透系数，浅部土质比较松散，所以渗透性稍高；S2 处、S3 处经过车辆、机械的反复辗压，土质结构比较密实、板结，所以渗透性低。

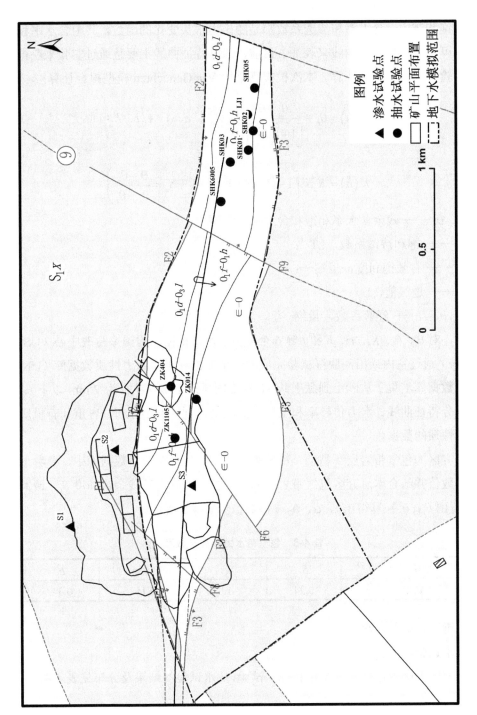

图 4-12　抽水试验及渗水试验点分布图

②非饱和带水分特征曲线参数。

在非饱和带中，含水率和渗透系数都是随压力水头变化的函数，其中含水率和压力水头的关系可以用水分特征曲线来表征。目前，水分特征曲线主要是通过实验来获得，但也可使用经验公式进行拟合计算。本次模拟则采用 Van Genuchten 模型拟合计算：

$$\theta(h) = \theta_r + \frac{\theta_s - \theta_r}{\left[1 + |\alpha h|^b\right]^a} (其中，a = 1 - 1/b，b>1) \tag{4-10}$$

$$K(h) = K_s S_e^l \left[1 - \left(1 - S_e^{1/a}\right)^a\right]^2 \left(其中 S_e = \frac{\theta - \theta_r}{\theta_s - \theta_r}\right) \tag{4-11}$$

式中：θ_r、θ_s —— 残余含水率和饱和含水率，量纲一；

K_s —— 饱和渗透系数，LT^{-1}；

S_e —— 有效饱和度，量纲一；

α —— 进气值，L^{-1}；

a、b、l —— 经验参数，量纲一。

其中，对 θ_r、θ_s、K_s、α、b 和 l 等 6 个参数，通常根据美国国家盐改中心（US Salinity Laboratory）通过室内或田间脱湿试验完成的一个非饱和土壤水力性质数据库（UNSODA）获得。该数据库汇集了从砂土到黏土共 11 种不同质地土壤（粒径为 2 mm 以下）、554 个样品的水分特征曲线、水力传导率和土壤水扩散度、颗粒大小分布、容重和有机质含量等土壤物理性质的数据。

本研究区的包气带岩层（黏土、粉质黏土等）均包含在上述数据库中，参考上述数据库中的参数值并结合本研究区包气带岩性的实际情况，确定其残余饱和度 S_r、最大饱和度 S_s（S_r、S_s 由 θ_r、θ_s 换算得出）、α、b、l 参数值如表 4-8 所示。

表 4-8　包气带水力特征参数表

类型	S_r	S_s	α/（1/m）	b	l
粉质黏土	0.24	1	0.11	0.34	0.5

（2）饱和带相关参数

①抽水试验。

在研究区范围内进行了多个钻孔抽水试验，抽水试验的结果及分布见表 4-9 和图 4-12。

表 4-9　抽水试验结果表

抽水孔编号	孔深/m	渗透系数/（m/d）	平均单位涌水量/［L/（s·m）］
SHK01	250.30	0.566 5	1.304
SHK02	102.22	1.455	1.343

抽水孔编号	孔深/m	渗透系数/（m/d）	平均单位涌水量/［L/（s·m）］
LJ1	47.00	1.479	1.343
SHK03	100.15	12.295	1.310 2
SHK05	90.75	1.050 2	0.700 1
SHK6005	108.64	6.295 0	4.897 5
ZK404	130.07	0.091 6	0.017 5
ZK1105	120.42	0.377 5	0.175 1
ZK014	149.76	0.589	0.296

根据研究区水文地质条件、相关试验及经验值，各水文地质参数的建议值见表 4-10。

表 4-10　各水文地质参数建议值

岩性	渗透系数 K/（m/d）	弹性释水系数 μ^*	给水度	孔隙度
粉质黏土层	<0.002 3	0.000 1～0.000 4	0.1	0.41～0.42
灰岩、白云质灰岩等碳酸盐岩	0.092～12.3	0.000 1～0.000 4	0.12	0.2

②溶质运移参数。

地下水溶质运移模型参数主要为弥散度，而弥散度的确定相对比较困难。通常空隙介质中的弥散度随着溶质运移距离的增加而增大，这种现象被称为水动力弥散尺度效应。其具体表现为：野外弥散试验所求出的弥散度远远大于在实验室所测出的值，相差可达 4～5 个数量级；即使是同一含水层，溶质运移距离越大，所计算出的弥散度也越大。因此，即使是进行野外或室内弥散试验，也难以获得准确的弥散度值。因此，本研究参考前人的研究成果[7]来确定弥散度，见图 4-13。根据经验，横向弥散度取值应比纵向弥散度小一个数量级[8]。本研究的弥散度取值见表 4-11。

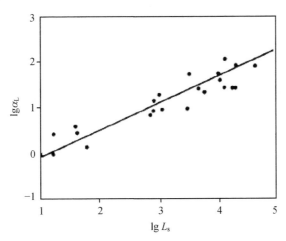

图 4-13　空隙介质数值模型的 $\lg\alpha_L$-$\lg L_s$ 图

表 4-11　弥散度取值表

单位：m

岩性	纵向弥散度	横向弥散度
粉质黏土层	1	0.1
灰岩、白云质灰岩等碳酸盐岩	10	1

4.4.2　地下水数学模型及模拟软件选取

4.4.2.1　地下水数学模型

综合研究区地层岩性、地下水类型、地下水补径排特征、地下水动态变化等水文地质条件，在现有资料的基础上，将研究区地下水流系统概化为非均质各向异性、空间多层结构、三维非饱和-饱和稳定地下水流系统，其水流和溶质的数学模型可表达如下。

（1）水流模型

①控制方程。

$$C(h)\frac{\partial h}{\partial t} = \frac{\partial}{\partial x}\left[K_{xx}(h)\frac{\partial h}{\partial x}\right] + \frac{\partial}{\partial y}\left[K_{yy}(h)\frac{\partial h}{\partial y}\right] + \frac{\partial}{\partial z}\left[K_{zz}(h)\frac{\partial h}{\partial z}\right] + \frac{\partial K_{zz}(h)}{\partial z} + W \quad (4\text{-}12)$$

②初始条件。

$$h(x,y,z,t)|_{t=0} = h_0(x,y,z), \quad (x,y,z)\in G \quad (4\text{-}13)$$

③边界条件。

第一类边界条件（给定水头）：

$$h(x,y,z,t)|_{\Gamma_1} = h_1(x,y,z,t), \quad (x,y,z)\in \Gamma_1, t>0 \quad (4\text{-}14)$$

第二类边界条件（给定流量）：

$$\left[K_{xx}(h)\frac{\partial h}{\partial x}\cos(n,x) + K_{yy}(h)\frac{\partial h}{\partial y}\cos(n,y) + K_{zz}(h)\frac{\partial(h+z)}{\partial z}\cos(n,z)\right]\Bigg|_{\Gamma_2} \quad (4\text{-}15)$$
$$= q(x,y,z,t) \quad (x,y,z)\in \Gamma_2, t>0$$

式中：h —— 压力水头，[L]；

θ —— 体积含水率，量纲一；

$C(h)$ —— 容水度，[L^{-1}]，$C(h)=\partial\theta/\partial h$；

$K(h)$ —— 渗透系数张量，[LT^{-1}]；

W —— 源汇项，[T^{-1}]，得到为正，失去为负；

$h_0(x,y,z)$ —— 给定的初始压力水头，[L]；

$h_1(x,y,z,t)$ —— 第一类边界 Γ_1 给定的压力水头，[L]；

$q(x,y,z,t)$ —— 在第二类边界 Γ_2 上给定的垂直通过边界的水通量，[LT^{-1}]，得到为正，失去为负；

G —— 研究域;

$\varGamma$ —— 研究域的边界, $\varGamma = \varGamma_1 + \varGamma_2$;

$\cos(n, x)$, $\cos(n, y)$, $\cos(n, z)$ —— 边界外法线矢量与坐标轴正向之间夹角的余弦。

本次稳定流模型为上式的特殊形式,即控制方程等式的左边为零。

(2) 溶质模型

本次建立的地下水溶质运移模型描述了三维水流影响下的三维弥散问题,水流主方向和坐标轴重合,溶液密度不变,存在局部平衡吸附和一级不可逆动力反应,溶解相和吸附相的速率相等,即 $\lambda_1 = \lambda_2$。在此前提下,溶质运移的三维水动力弥散方程的数学模型如下。

①控制方程。

$$\frac{\partial \theta C}{\partial t} = \frac{\partial}{\partial x}\left(\theta D_{xx}\frac{\partial C}{\partial x} + \theta D_{xy}\frac{\partial C}{\partial y} + \theta D_{xz}\frac{\partial C}{\partial z}\right) + \frac{\partial}{\partial y}\left(\theta D_{yx}\frac{\partial C}{\partial x} + \theta D_{yy}\frac{\partial C}{\partial y} + \theta D_{yz}\frac{\partial C}{\partial z}\right)$$

$$+ \frac{\partial}{\partial z}\left(\theta D_{zx}\frac{\partial C}{\partial x} + \theta D_{zy}\frac{\partial C}{\partial y} + \theta D_{zz}\frac{\partial C}{\partial z}\right) - \frac{\partial \theta u_x C}{\partial x} - \frac{\partial \theta u_y C}{\partial y} - \frac{\partial \theta u_z C}{\partial z} + I \quad (4\text{-}16)$$

②初始条件。

$$C(x,y,z,t)|_{t=0} = C_0(x,y,z), \quad (x,y,z) \in G \quad (4\text{-}17)$$

③边界条件。

第一类边界条件(给定浓度)

$$C(x,y,z,t)|_{\varGamma_1} = C_1(x,y,z,t), \quad (x,y,z) \in \varGamma_1, t > 0 \quad (4\text{-}18)$$

第三类边界条件(给定溶质通量)

$$\left(\theta D_{ij}\frac{\partial C}{\partial x_j} - \theta u_i C\right)\cos(n,x_j)|_{\varGamma_3} = g(x,y,z,t), \quad (x,y,z) \in \varGamma_3, t > 0 \quad i,j = x,y,z \quad (4\text{-}19)$$

式中:C —— 浓度,$[\mathrm{ML^{-3}}]$;

D —— 非饱和对流弥散系数,$[\mathrm{L^2 T^{-1}}]$,为含水率的函数;

u_x、u_y、u_z —— 非饱和水运动实际速度,$[\mathrm{LT^{-1}}]$;

I —— 源汇项,$[\mathrm{ML^{-3}T^{-1}}]$,即单位时间单位体积多孔介质得到的污染物质量;

θ —— 含水率,量纲一;

$C_0(x, y, z)$ —— 初始时刻渗流场的浓度,$[\mathrm{ML^{-3}}]$;

$C_1(x, y, z, t)$ —— 第一类边界 $\varGamma_1$ 上的浓度函数,$[\mathrm{ML^{-3}}]$;

$\cos(n, x_j)$ —— 边界外法线矢量与坐标轴正向之间夹角的余弦;

$g(x, y, z, t)$ —— 第三类边界 $\varGamma_3$ 上给定的污染物对流弥散通量,$[\mathrm{ML^{-2}T^{-1}}]$。

4.4.2.2　模拟软件选择

预测具有天然防渗层的地下水污染时,需要考虑包气带在污染物渗漏中的作用。地下水数值模型是刻画此类问题的有效手段；建立饱和-非饱和地下水数值模型，能分析包气带对污染物的阻滞作用及地面入渗补给时地下水的响应过程，国内外常用的软件主要有FEFLOW、TOUGH2、HYDRUS-2D 等[9, 10]。

本研究选取德国 WASY 公司开发的 FEFLOW 软件，它是迄今为止功能最为齐全的地下水水量和溶质运移的计算机模拟软件系统，可以用来求解三维空间、二维平面、二维剖面等的地下水水流、溶质以及热传递模型，可解决多层自由表面含水层（包括潜水含水层中的上层滞水）、非饱和带和变密度（盐水或海水入侵）的地下水复杂问题。

FEFLOW 软件采用伽辽金为基础的有限单元法，并配备若干先进数值求解法来控制和优化求解过程，其中包括快速直接求解法（如 PCG、BICGSTAB、CGS、GMRES 以及带预处理的再启动 ORTHOMIN 法），用于减小数值弥散的 up-wind 技术（如流线 up-wind 和奇值捕捉法 Shockcapturing），用于自动调节模拟时间步长的皮卡和牛顿迭代法，用于处理自由表面含水层以及非饱和带模拟问题的垂向滑动网格 BASD 技术和适应流场变化强弱的有限单元自动加密放疏技术等。

4.4.3 地下水流场数值模拟

4.4.3.1 模型网格剖分

基于 FEFLOW 软件，应用 Triangle 三角网格生成法，将研究区 3.1 km² 的范围剖分为 3 层，共 86 896 个结点、124 551 个计算单元，同时对矿区及温泉区的抽水井、研究区范围内的断裂破碎带进行了单元加密处理。在进行某一情景的计算时，对污染源及其附近的网格进行了一定程度的加密。具体见图 4-14。

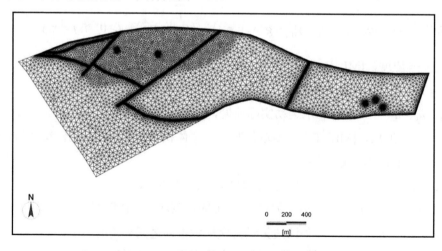

图 4-14　研究区地下水模型三角网格剖分图

4.4.3.2 源汇项处理

研究区内分布有零星的水塘、沟渠，其中零星分布的水塘面积较小且均处于淤泥质粉质黏土隔水层上，对研究区模型的水量变化影响较小；沟渠属暂时性的水渠，雨天疏导大气降水，降水后基本干涸，对研究区模型的水量几乎没有影响。研究区模型主要的垂向补给量来自大气降水，且由于上覆盖层的影响，对下伏岩溶含水层的补给量不大（降水入渗系数取值为 0.04），垂向排泄量为人工抽水井。对降水入渗补给等，在 Excel 中处理好，通过 FEFLOW 物质属性中的 In/outflow on top/bottom 属性进行赋值；对人工开采，通过第四类边界条件 Multilayer Well 来赋值；对水头边界，采用第一类边界条件 Hydraulic-head BC 赋值。

4.4.3.3 参数识别

受岩溶发育的影响，岩溶地区地下含水介质空隙分布不均，有的区域管道、裂隙和孔隙并存，含水介质具有较强的各向异性和非均质性。根据相关研究，在某些岩溶发育地区，溶蚀裂隙发育相对均匀，水力联系相对紧密，在大区域条件下，可以将岩溶含水层概化为等效空隙介质[11, 12]。在地下水数值模拟研究中，参数分区是非常重要的一环。现有研究大多从岩性分布及含水层富水性等方面进行参数分区，或通过模型自动参数估计的方法进行参数分区[13-15]。这种分区方法将模拟区分成多个块状小区域，没有考虑导水断层在含水层中的影响。而导水断层的水文地质参数与周围岩体的水文地质参数是有较大差异的，合理考虑导水断层的水文地质参数会使模型模拟精度更高，更加符合实际。一些学者[11]在 MODFLOW 模型基础上，使用线性的高渗透率离散网格代表管流，针对不同的管道赋予相应的渗透系数，采用等效空隙介质模型进行模拟，并对等效空隙介质模型进行了改善，将岩溶管道处理为粗网格（见图 4-15），提高了模拟的精度。

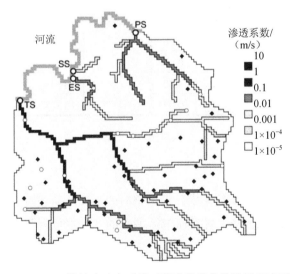

图 4-15 等效空隙介质模型岩溶管道参数设置示意图

根据渗透系数等水文地质参数的建议值，利用 FEFLOW 建立概念模型并输入所有计算要素后，运行模型，形成初始地下水流场。在流场拟合的基础上，结合抽水试验的结果及实际水文地质条件，对渗透系数等水文地质参数进行调参，得到渗透系数的分布情况。岩溶含水层渗透系数分区见图 4-16。各层及各分区渗透系数最终值见表 4-12。

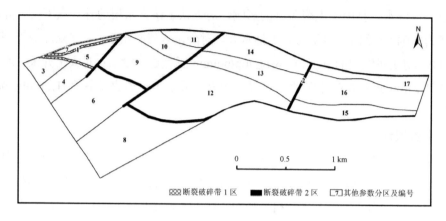

图 4-16　岩溶含水层的渗透系数分区

表 4-12　各层各分区渗透系数取值表

含水层	渗透系数分区	K_{xx}/（m/d）	K_{yy}/（m/d）	K_{xx}/K_{zz}	含水层	渗透系数分区	K_{xx}/（m/d）	K_{yy}/（m/d）	K_{xx}/K_{zz}
粉质黏土层	1 区	0.002 3	0.002 3	2		9 区	1.00	1.00	0.67
岩溶含水层	1 区	6.00	6.00	4.00	岩溶含水层	10 区	0.38	0.38	0.25
	2 区	2.00	2.00	1.33		11 区	0.10	0.10	0.07
	3 区	9.50	9.50	6.33		12 区	0.56	0.56	0.37
	4 区	2.00	2.00	1.33		13 区	0.10	0.10	0.07
	5 区	6.00	6.00	4.00		14 区	0.09	0.09	0.06
	6 区	1.00	1.00	0.67		15 区	9.50	9.50	6.33
	7 区	6.00	6.00	4.00		16 区	8.80	8.80	5.87
	8 区	0.10	0.10	0.07		17 区	1.50	1.50	1.00

4.4.3.4　模型检验

（1）水位拟合

经过对本研究区水文地质参数识别，将调整后的水文地质参数、各源汇项及边界条件代入模型，生成最终地下水流场，并对研究区调查的 7 个水位观测点进行拟合，拟合情况见图 4-17 和图 4-18。

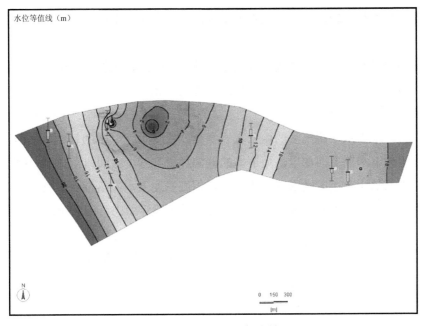

图 4-17 研究区水位拟合情况

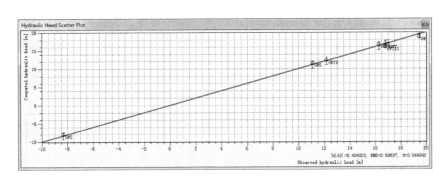

图 4-18 研究区水位拟合点的计算值与观测值的匹配情况

图 4-17 中，柱体长短表示误差值大小。根据地下水动态特征，鉴于本研究目标含水层为岩溶含水层，取水位拟合误差值范围为 ±1 m。由图可知，研究区水位拟合点中，误差小于 1 m 的数据占到 100%。图 4-18 也反映了水位拟合点处的水位模拟计算值和实际观测值匹配较好。

（2）水文地质参数分析

根据研究区水文地质资料分析，本次模拟的给水度、孔隙度、弥散度等参数均与建议值一致，比较符合当地水文地质条件；在模型识别过程中，对渗透系数进行了一定程度的调整。研究区碳酸盐岩含水层中，渗透性、岩溶发育程度由高到低分别为（$\in_{2-3}ls$—O_1n）白云质灰岩、灰岩，（O_1f—O_1h）生物屑灰岩、粒屑灰岩，以及（O_1d—O_3l）泥质瘤状灰岩，其渗透系数也基本符合岩性规律，基本上呈现由北东方向往南西方向逐渐增大的规律。并且渗透系数的分布也符合抽水试验的试验值。另外，由于研究区断裂比较多，且在灰岩区部分的断裂均为导水断裂，其渗透系数也相对较大。因此，从整体来说，调整后的渗透系数等水文地质参数基本符合本地区水文地质条件的变化规律。

（3）地下水流场分析

本区域岩溶地下水在研究区的西部灰岩裸露区接受大气降水的补给，由西往东径流；研究区的岩溶地下水接受西部岩溶地下水的侧向径流补给，由西向东径流。由于矿区开采活动对地下水的抽排，在矿区附近形成了一定程度的地下水降落漏斗，且经过多年开采，地下水位监测已验证，该地下水降落漏斗已处于基本稳定状态，因此矿区周围的地下水往矿坑径流。另外，该金矿将于 2～3 年后基本采掘完毕，届时将利用现有尾矿进行二次提金，不再对地下水进行抽排，并回填采空区，因此地下水降落漏斗将慢慢消失，地下水位将慢慢恢复，整体流向又恢复为由西向东流。而在矿区东部存在一个温泉开采区，成为研究区地下水的主要排泄途径。总体来说，研究区地下水流场特点为：在开采活动进行过程中存在相对稳定的矿区地下水降落漏斗（温泉区也会形成小规模的水位降深）；开采活动结束后，矿区地下水降落漏斗逐渐消失，地下水整体由西向东往温泉区排泄。

本次模拟在参考调查的流场的基础上，考虑了地形变化、岩性变化等，同时结合边界条件和水位拟合点，更精确地给出了研究区的稳定初始地下水流场。总体来说，模拟的研究区流场（见图 4-17）比较符合当地水文地质条件。利用识别后的水文地质参数，运行模型，求出采矿活动结束后矿区地下水位恢复后的地下水流场，见图 4-19。

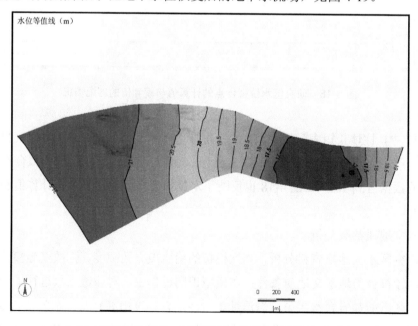

图 4-19　采矿活动结束、矿区地下水位恢复后的地下水流场图

综上所述，由水位拟合检验、水文地质参数检验等可知，所建立的地下水流模型基本达到精度要求，符合研究区水文地质条件，基本反映了研究区地下水系统的动力特征，可以用该模型进行地下水污染情景预报。

4.4.4　地下水溶质运移模拟

4.4.4.1　事故情景设置

本矿山处于覆盖型岩溶区，矿区本身处于第四系粉质黏土隔水层之上，而下伏基岩则为含水层、隔水层的交界地带（矿区北部处于志留系新滩组页岩隔水层上，南部处于灰岩岩溶含水层上）。

矿区污染源较多，主要为尾矿堆场，各车间的贵液池、贫液池、防洪池等接地池子，尾矿回填区（主要为Ⅰ号采坑、Ⅱ号采坑），废水收集池等。由于尾矿堆场中的东部、西南部尾矿堆场已被利用完毕，而北部尾矿堆场（矿区北侧最大的尾矿堆场）处于第四系粉质黏土层和志留系新滩组页岩隔水层上，不作为考虑重点；各车间（包括选矿车间和冶炼车间）基本都处于第四系粉质黏土层和志留系新滩组页岩隔水层上，仅一车间、二车间、三车间贵液池的一部分处于下伏岩溶含水层之上；尾矿回填区（主要为Ⅰ号采坑、Ⅱ号采坑）及废水收集池均处于下伏岩溶含水层之上。

因此，考虑到上覆第四系粉质黏土层的防污作用，并考虑到地下水流向及保护目标的位置，选择离保护目标较近的Ⅰ号回填区（Ⅰ号采坑）和一车间贵液池为预测对象，进行地下水污染预测。并设置如下两个情景。

情景一：Ⅰ号回填区淋滤水渗漏预测

①防渗系统失效情况下，Ⅰ号回填区淋滤水渗漏预测；

②防渗系统完好无损情况下，Ⅰ号回填区淋滤水渗漏预测。

情景二：一车间贵液池废水泄漏预测

一车间贵液池所处位置之下为 F6 断层位置。为了说明污染物在断裂破碎带中的迁移规律，本情景不考虑包气带的作用，假设一车间贵液池的废水直接穿过包气带、泄漏至岩溶含水层的 F6 周围断裂破碎带中，进而预测污染物的迁移扩散。

4.4.4.2　模拟条件概化

本次模拟将上述两个情景的污染源设定为浓度边界，污染源位置按实际设计概化。

污染物在地下水系统中的迁移转化过程十分复杂，包括挥发、扩散、吸附、解吸、化学与生物降解等作用。本次预测本着风险最大原则，在模拟污染物扩散时不考虑吸附作用、化学反应等因素，重点考虑了地下水的对流、弥散作用。另外，由于包气带渗透性较差，为了突出包气带对污染物的阻滞作用，情景一中污染物渗漏对地下水环境的影响评价包含了包气带的模拟预测。

4.4.4.3 模拟时段设定

在采矿过程中,矿区周围地下水往采坑径流,不会流向保护目标。而 2~3 年之后,即采矿活动结束后,地下水位慢慢恢复,地下水流向逐渐变为向保护目标径流,因此从最不利角度考虑,本研究的预测起点为采矿结束后,重点预测各风险污染源处的地下水污染情景。

将总时段设为 30 年,一共 10 950 天。重点关注污染物开始渗漏及泄漏后在关键节点时的污染物迁移范围。

4.4.4.4 溶质运移模拟预测及评价

(1)情景一: Ⅰ号回填区淋滤水渗漏预测

①防渗系统失效情况下, Ⅰ号回填区淋滤水渗漏预测。

a. 渗漏面积。

从最不利角度考虑,假设Ⅰ号回填区的防渗系统全面失效、仅剩第四系粉质黏土的天然防渗层,则Ⅰ号采坑回填的尾矿在大气降水淋滤的情况下,淋滤液会直接渗入地下,有可能穿过第四系粉质黏土层、污染下伏的岩溶含水层。渗漏面积为Ⅰ号回填区的有效面积 101 135 m^2。

b. 渗漏位置。

Ⅰ号尾矿回填区,即Ⅰ号采坑。

c. 污染源概化。

本研究按最不利情况考虑,将污染源概化为定浓度连续面源。

d. 渗漏污染物浓度及预测因子选择。

根据尾矿浸出试验结果,其中 As、氟化物、氰化物有超标现象,浓度分别为 0.6 mg/L、5.44 mg/L、0.051 mg/L,其余因子均能满足《地下水质量标准》(GB/T 14848)中Ⅲ类标准要求。

由于在模拟污染物扩散时未考虑吸附作用、化学反应等因素,在其他条件(水动力条件、泄漏量及弥散作用等)相同的情况下,污染物的扩散主要取决于污染物的初始浓度。因此,本情景综合考虑上述污染物的浓度、超标倍数、毒性大小等因素,选取毒性较大、超标倍数最大的污染物 As 作为预测因子。

e. 防渗系统失效情况下, As 的迁移扩散预测及评价。

在溶质运移模型中,污染源处设为定浓度补给边界,As 初始浓度设为 0.6 mg/L,模拟期为 30 年,联合运行水流和水质模型,得到 As 扩散预测结果,见图 4-20。图中给出了渗漏后 7 年、15 年、30 年,As 在包气带和岩溶含水层水平方向上的运移范围。

图 4-20　As 在包气带和岩溶含水层中的迁移扩散

由模拟图件可知：

Ⅰ号回填区在防渗系统失效、导致降水淋滤液渗入地下的情况下，由于第四系粉质黏土层中包气带的防污阻滞作用，污染物在 7 年后才穿过粉质黏土层、下渗到达岩溶含水层。在 30 年的模拟期内，由于粉质黏土层的渗透性较小，污染物在包气带中几乎没有发生扩散，均维持在回填区范围内；污染物在岩溶含水层中的超标范围从第 7 年开始逐渐增大，但最终未超出回填区范围。另外，由于 F6 断层的影响，岩溶含水层中的污染晕在沿断裂破碎带方向上的迁移速度快于其他方向，但其迁移距离有限，未超过回填区范围。

对保护目标的影响：由于上覆粉质黏土层的防污作用，渗漏到岩溶含水层中的污染物较少，且污染源所在处水力坡度较小，污染晕迁移缓慢，总体趋势为主要往东迁移扩散，且随着岩溶地下水的稀释作用，污染晕在 30 年的模拟期内未超出回填区范围。因此，本情景中，淋滤液渗漏不会对岩溶含水层地下水环境产生明显不利影响，也不会对下游 1.5 km 处的温泉抽水井产生明显不利影响。

②防渗系统完好无损情况下，Ⅰ号回填区淋滤水渗漏预测。

a. 渗漏面积。

本情景中防渗系统完好无损，渗透系数小于 1×10^{-7} cm/s；渗漏面积为Ⅰ号回填区的有效面积 101 135 m^2。

b. 渗漏位置。

Ⅰ号尾矿回填区，即Ⅰ号采坑。

c. 污染源概化。

本评价按最不利情况考虑，将污染源概化为定浓度连续面源。

d. 渗漏污染物浓度及预测因子选择同上一情景。

e. 防渗系统完好无损情况下，As 的迁移扩散预测及评价。

渗漏发生后，污染物 As 因入渗量甚微，加之包气带的阻滞性较强，其污染晕在 30 年内几乎不会发生扩散，不会影响岩溶含水层，也不会影响下游 1.5 km 处的温泉抽水井。

（2）情景二：一车间贵液池废水泄漏预测

正常情况下，贵液池具有人工防渗系统，废水不会发生泄漏；在非正常情况下，当人工防渗系统失效时，泄漏污染物将穿过包气带、进入岩溶含水层中北东向的 F6 断层周围的断裂破碎带中，并对岩溶地下水产生污染。为了有针对性地说明断裂破碎带对污染物传输的影响，假设非正常情况下泄漏的废水直接到达岩溶含水层中的 F6 断层周围的断裂破碎带，而不考虑包气带的阻滞作用。

针对设定的非正常情况，按最不利因素考虑，采用定浓度连续释放模式，将地表污染源设定为点污染源。选择特征污染物氰化物作为预测因子，根据贵液池水检测分析，氰化物的质量浓度为 46.8 mg/L，其地下水标准值为 0.05 mg/L，超标 935 倍。将设定的污染源输入建立的地下水数值模型中，并运行模型，得到污染物泄漏发生后1年、10年、30年，氰化物在岩溶含水层中的迁移范围，见图4-21。

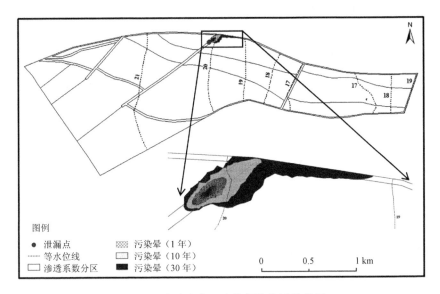

图4-21　岩溶含水层中的氰化物迁移范围

在地下水含水层中存在优势通道，即地下水更容易通过的、流速更快的通道。一般地下水在孔隙或裂隙中的流速低于其在断裂破碎带或岩溶通道中的流速，见图4-22。地下水在孔隙或裂隙中的流经路径更长，受到的阻力更大，综合渗透系数较小；而地下水在断裂破碎带或岩溶通道中的流经路径相对较短，受到的阻力更小，综合渗透系数相对较大。

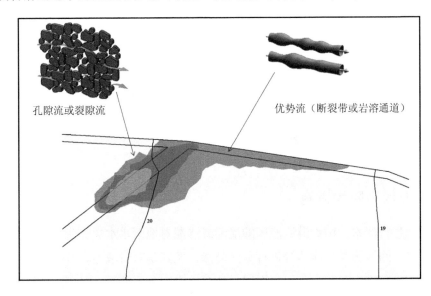

图4-22　地下水在不同介质中的流经路径示意图

由预测结果可知，废水泄漏进入岩溶含水层中的 F6 断层周围的断裂破碎带后，由于 F6 断裂破碎带的导水性比周围岩体的导水性大，在 F6 断裂破碎带形成了地下水的强径流带，污染物主要沿着 F6 断裂破碎带往东北方向迁移，而往地下水主径流方向的迁移扩散较少。由于地下水的稀释作用及较小的水力坡度，污染物迁移比较缓慢。10 年后，污染物仅迁移了 150 m，并到达北侧的 F2 断层的断裂破碎带，之后沿 F2 断层的断裂破碎带往东南方向迁移。在 30 年的模拟期内，污染物在断裂破碎带中共迁移 360 m，同时泄漏点处的污染物随地下水主径流方向往东迁移了 90 m，远小于污染物在断裂破碎带中的迁移速度。由此可见，污染物在断裂破碎带中的迁移速度是主径流方向上迁移速度的 4 倍。

4.4.5 尾矿堆场对矿区周围及下游地下水的影响分析

本研究共有 3 个尾矿堆场：东部、北部、西南部尾矿堆场。其中，东部和西南部尾矿堆场规模较小，已随着采矿活动的进行和尾矿二次利用而耗尽，且进行了生态恢复。目前仅剩北部尾矿堆场，且规模较大，而北部尾矿堆场所处地的地层岩性为：上覆第四系粉质黏土层，渗透性差，基本为隔水层；下伏基岩为志留系新滩组页岩隔水层。从水文地质条件上分析，北部尾矿堆场之下均为隔水层，没有岩溶含水层，因此北部尾矿堆场的堆存不会影响矿区周围及下游的地下水环境。

4.4.6 选矿厂及冶炼厂对矿区周围及下游地下水的影响分析

本研究共有 1 个冶炼车间、10 个选矿车间，每个车间有 3 个堆场（破碎制粒场、喷淋吸附场、拆堆场）以及贫液池、贵液池、防洪池各 1 个。每个堆场底部均布设了临时性的防渗底垫（一层彩条布和聚乙烯膜），各池体为水泥混凝土防渗结构。尽管防渗措施比较薄弱，但从水文地质角度考虑，所有车间、堆场及各池体（除一车间、二车间、三车间）均处于第四系粉质黏土隔水层及志留系新滩组页岩隔水层之上，不会对矿区周围及下游的岩溶地下水环境产生明显不利影响。对一车间、二车间、三车间应采取重点防渗措施。

4.5 地下水污染防治对策

4.5.1 工业场地防渗措施

为了避免生产废水、尾矿淋滤液等的泄漏或渗漏对地下水水质产生影响，应对选矿厂相关车间、尾矿回填场及各池体等进行分区防渗，尤其是对贵液池、贫液池、防洪池等重要设施进行重点防渗，对其余车间应根据设计要求进行分区防渗，对车间外地面及道路也应按设计要求进行地面硬化等，具体污染防治措施如下。

（1）重点防渗区

参照《危险废物贮存污染控制标准》（GB 18597）对防渗性能的要求，其渗透系数应不大于 $1×10^{-10}$cm/s。

①为了进一步杜绝地下水污染风险，对堆浸场地（堆浸场地为动态场地，筑堆、浸堆、拆堆交替进行）应采取永久性防渗底垫。垫层自下而上的结构分别为：首先对基础进行碾压整平，提高基础的承载力和防渗能力，然后在底部铺设 0.5 m 粉质黏土，并进行碾压整平，碾压后渗透系数不大于 $1×10^{-7}$cm/s；黏土层上设置一层 HDPE 膜，膜厚 1.5 mm；HDPE 膜上设置 Voltex DS 膨润土防漏毯；毯上设置 0.3 m 粗砂，并在粗砂中设置 DN100 塑料盲沟，盲沟外包 400 g/m² 土工布，横竖间距 5 m，网状相连；粗砂层上设置一层 400 g/m² 土工布，土工布上设置 0.5 m 细砂保护层。整体结构的渗透系数达到不大于 $1×10^{-10}$cm/s。

②对于Ⅳ号采坑内的废水收集池，在Ⅳ号采矿活动完成后，进行清基对四周边坡进行修整，通过开挖和回填方式调整边坡为 1：2，以保证边坡反滤层和土工膜的铺设。同时在边坡不稳定岩石段进行边坡处理，预留马道。然后在库底及四周铺设 400 g/m² 土工布一层，并在土工布上方铺设 300 mm 厚细砂反滤层；反滤层中横竖 10 m 间距布置塑料 DN100 盲管，外包土工布；收集地下渗水至贴坡设置的排渗斜井，斜井为直径 DN500 钢管；反滤层上进行 1.5 mm 的 HDPE 膜铺设；为防止地下水对膜的顶托破坏，膜上铺设 300 mm 黏土，其上方再设置 300 mm 粗砂层；粗砂层上设置 300 mm 块石护坡。整体结构的渗透系数达到不大于 $1×10^{-10}$ cm/s。

③对于贵液池、贫液池、防洪池：目前已运行的各池体均为水泥混凝土结构，其渗透系数达不到要求，应在原有基础上进行防渗系统的进一步加固、完善，使其渗透系数不大于 $1×10^{-10}$cm/s。

（2）一般防渗区

参照 GB 18599 及 HJ 943 对防渗性能的要求，其渗透系数应不大于 $1×10^{-7}$cm/s。

①化验室的室内地面采用混凝土地坪，混凝土地坪的渗透系数应不大于 $1×10^{-7}$cm/s。

②对于Ⅰ号、Ⅱ号尾矿回填区，由于发育岩溶孔洞等溶洞、裂隙现象，需先对库底进行岩溶处理，再进行防渗。防渗措施为：对于库底局部深坑，爆破周边石芽，用块石填平坑底，回填块石层超过常年稳定地下水位 2.0 m 以上，重型机械碾压密实，碾压遍数不少于 4 遍，再铺设 0.3 m 厚砾石过渡层；对于平缓的库底，整平并用重型机械碾压，碾压遍数不少于 4 遍。整个库区铺设 0.3 m 厚高岭土，再在高岭土层上铺设一层 800 g/m² 土工膜（两布一膜），基建期铺设标高 10 m，后期随着尾矿堆积高度升高，岸坡土工膜分期往库周延展铺设。在局部山体边坡较陡位置、具备条件区域，可喷 10cm 厚 C15 素砼以进行防渗处理，在其余位置削缓边坡后铺设防渗膜，最终铺设至设计标高 45.0 m。防渗层可依据尾矿上升高度分期铺设。防渗后的整体渗透系数应不大于 $1×10^{-7}$cm/s。

（3）简单防渗区

在对矿区地下水基本不存在风险的各路面、室外地面等部分，视情况进行防渗或地面硬化处理，使其整体渗透系数应不大于 1×10^{-5} cm/s。

矿区分区防渗图见图 4-23。

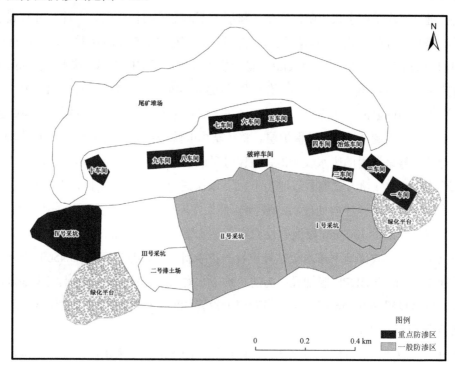

图 4-23　矿区分区防渗图

4.5.2　监测管理措施

4.5.2.1　地下水跟踪监测

建设单位应组织专业人员定期对地下水进行监测，以确保建设项目的生产运行不会污染地下水。具体监测方案如下。

（1）跟踪监测点布设

根据矿区周围地下水流向，在矿区周围及各风险污染源位置处共布设岩溶水长期跟踪监测点 5 个，同时各处的跟踪监测井在必要的情况下也起到应急抽水井的作用。见表 4-13 和图 4-24。

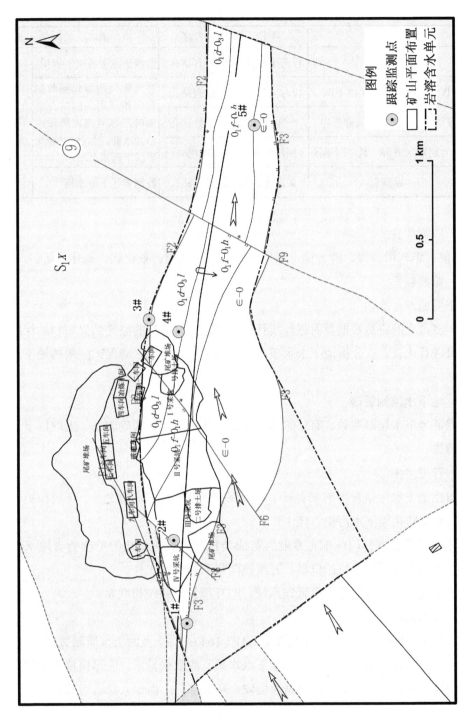

图 4-24　跟踪监测点分布图

表 4-13 跟踪监测点一览

编号	位置	方位	性质	作用	监测层位
1#	矿区上游	IV号采坑西侧	已有钻孔	监测矿区上游来水水质	裂隙岩溶承压水
2#	IV号采坑废水收集池下游	IV号采坑东侧	已有钻孔	对污染风险源起到监测和保护作用。同时在必要时，各监测点用作应急抽水井。4#点同时监测矿区下游水质	
3#	矿区下游F2断裂破碎带中	一车间东侧	新打钻孔		
4#	I号回填区下游，紧靠回填区	回填区东侧	新打钻孔		
5#	温泉点	矿区东南侧	已有钻孔	监测矿区下游水质	

（2）监测项目

pH 值、铜、铅、锌、砷、镉、六价铬、汞、石油类、氟化物、氰化物等。

（3）监测频率

每季度监测一次。

（4）将每次的监测数据及时进行统计、整理，并将每次的监测结果与相关标准及历史监测结果进行比较，以分析地下水水质各项指标的变化情况，确保矿区周围地下水环境的安全。

4.5.2.2 地下水监测管理

为保证地下水监测有效、有序管理，须制定相关规定、明确职责，采取以下管理措施和技术措施。

（1）管理措施

①防止地下水污染管理的职责属于环境保护管理部门的职责之一。环境保护管理部门指派专人负责防止地下水污染管理工作。

②环境保护管理部门应配备专业人员或委托具有监测资质的单位负责地下水监测工作，按要求及时分析整理原始资料、开展监测报告的编写工作。

③建立地下水监测数据信息管理系统，与环境管理系统相联系。

（2）技术措施

①按照《地下水环境监测技术规范》（HJ/T 164）要求，及时上报监测数据和有关表格。

②在日常例行监测中，一旦发现地下水水质监测数据异常，应尽快核查数据，确保数据的正确性。并将核查过的监测数据通告安全环保部门，由专人负责对数据进行分析、核实，并密切关注生产设施及其他风险污染源的运行情况，为防止地下水污染措施提供正确的依据。

应采取的措施为：了解全矿区地下水是否出现异常情况；加大监测频率，如监测频率加密为每天一次或更多，连续多天，分析变化动向。

③周期性地编写地下水跟踪监测报告。

④每天对矿区各车间设施、各池体、防渗设施及尾矿堆存场等处进行巡查，并定期进行安全检查。

4.5.3　地下水应急预案和应急处置

（1）应急预案

在制定全矿区安全管理体制的基础上，制定专门的地下水污染事故应急措施，并应与其他应急预案相协调。

地下水应急预案应包括以下内容：

①应急预案的日常协调和指挥机构；

②相关部门在应急预案中的职责和分工；

③地下水环境保护目标的确定，采取的紧急处置措施和潜在污染源评估；

④特大事故应急救援组织状况和人员、装备情况，平常的训练和演习；

⑤特大事故的社会支持和援助，应急救援的经费保障。

（2）应急处置

一旦发现地下水发生异常情况，必须按照应急预案马上采取紧急措施：

①当确定发生地下水异常情况时，按照制订的地下水应急预案，在第一时间内尽快上报公司主管领导，通知附近地下水用户，密切关注地下水水质变化情况。

②组织专业队伍对事故现场进行调查、监测，查找环境事故发生点、分析事故原因，尽量将紧急事件局部化，如可能应予以消除，采取包括切断生产装置或设施、暂时移除池子里的废水等措施，防止事故的扩散、蔓延及连锁反应，尽量缩小地下水污染事故对人员和财产的影响。

③当通过监测发现对周围地下水造成污染时，根据观测井的反馈信息，对污染区地下水进行人工抽采以形成地下水降落漏斗，控制污染区地下水流场，防止污染物扩散，并抽取已污染的地下水、送废水处理站处理后回用。

④对事故后果进行评估，并制定防止类似事件发生的措施。

⑤必要时应请求社会应急力量协助处理。

4.5.4　回填区岩溶处理措施

根据工勘报告，采坑区内存在溶蚀裂隙发育带，测区范围内浅部洞深 0.90～1.2 m。尾矿回填区堆存的尾矿为金矿堆浸后的产物，为防止尾矿渗滤水从溶蚀通道渗漏并污染地下水，须对采坑岩溶进行处理，待采坑内岩溶处理完毕后，方可回填尾矿。

对回填区范围内查明的落水洞、溶洞、裂隙开挖清理浮土、松石，至洞口明显缩小处，在洞底岩石完整处狭小裂隙采用 C15 砼卡堵，现浇 C15 砼厚度≥2 m，卡堵 C15 砼周边围岩基座必须为新鲜完整岩石，砼四周伸入围岩深度≥30 cm。

对 C15 砼以上洞内铺设 800 g/m² 复合土工膜，土工膜延伸至洞口外围 2 m 处，洞口四周设土工膜嵌固齿槽，开挖深度为 0.5 m，底宽为 0.5 m，内侧坡为 1：0.5，土工膜嵌入齿槽内，用黏土填筑。洞内土工膜以上用黏土充填密实至洞口，再铺设地表防渗层。

4.5.5　其他地下水污染预防措施

本矿区已运行多年，未出现岩溶塌陷等环境水文地质问题，矿区周围地下水质量现状也较好，但仍要注意日常管理，避免对地下水造成污染的风险：

①保护好各现状监测及跟踪监测点，设置防护设施，并定期派专员进行巡查，避免井口污染及污水灌入。

②采矿结束后，应对地下水涌水点进行封堵，避免由于矿区废水或初期雨水混入而污染地下水。

③对各防渗系统应进行定期检查；堆浸场的防渗体系容易检查，应在换堆、拆堆时进行检查；对废水收集池的防渗系统，应在一定期限内，选择水少时，进行抽水并检查；各回填场应注意排矿时不要对防渗系统造成损害。

④由于再选尾矿的回填区（采空区）位于寒武系—奥陶系灰岩岩溶含水层区，一旦防渗系统破裂，尾矿渗滤液可能渗入岩溶含水层，造成地下水局部污染事故。对再选尾矿（喷淋后拆堆的尾矿），先进行一周时间的放置，使其中残留的氰化物在自然条件下充分分解，再将其运往回填区回填，以大大降低氰化物污染地下水的风险。

⑤对于断裂破碎带分布区，应实施针对性的防渗或封堵措施，并尽量避免在此区布置容易产生地下水污染的设施。

4.6　结论及建议

①矿区及其附近主要分布上覆第四系粉质黏土隔水层及下伏岩溶含水层 [寒武系中上统娄山关群—奥陶系下统南津关组（$\in_{2\text{-}3}ls\sim O_1n$）、奥陶系下统分乡组—红花园组（$O_1f\sim O_1h$）、奥陶系下统大湾组—上统临湘组（$O_1d\sim O_3l$）]，下伏岩溶含水层外围分布有较厚且连续的志留系下统新滩组页岩隔水层。上覆第四系粉质黏土平均厚度为 30 m 左右，起到了很好的防污作用。

②矿区及其附近有多条断层通过，这些断层起着积水廊道的作用，对矿区地下水也起到了连通作用。矿区及其附近的地下水主要由西部灰岩裸露区的大气降水补给转化而来，地下水由西向东径流，经过本矿区流向温泉开采区方向，以人工开采的方式进行排泄。

③调查范围内的村庄均不取用地下水,其饮用水水源均来自附近的自来水厂,自来水厂的水源为长江水。本研究区的地下水与长江地表水无水力联系。

④地下水模拟范围为:北侧以志留系下统新滩组页岩和寒武系—奥陶系灰岩分界线(F2 断层北侧)为界,南侧以志留系下统新滩组页岩和寒武系—奥陶系灰岩分界线(F3 断层南侧)为界,西侧以 F23 断层为界(为上游的入流量边界),东侧以志留系下统新滩组页岩和寒武系—奥陶系灰岩分界线(F22 断层东侧)为界,共 3.1 km^2 的区域。地下水保护目标为矿区及其周围岩溶地下水环境及下游 1.5 km 处的温泉抽水井。

⑤通过对研究区水文地质条件的合理概化,建立了研究区的水文地质概念模型、地下水流场及溶质运移数学模型及数值模型,并对地下水流场数值模型进行了模型识别和检验,检验结果良好,模型建立基本准确。同时,确定Ⅰ号回填区和一车间贵液池为主要预测对象;应用建立的数值模型,对可能产生的地下水污染问题设置了两种情景,并进行了溶质运移预测。

⑥建议建设单位对矿区内的断裂破碎带进行进一步详细勘察,明确其宽度、深度及渗透性,并在重点部位进行断裂破碎带封堵及治理,避免其成为废水泄漏污染地下水的通道。

⑦建设单位应加强管理、提高环保意识并严格执行本研究提出的分区防渗、监测管理、制订应急预案及其他针对性措施,以降低或避免地下水受到污染的风险。

参考文献

[1] 徐萌萌,徐广东,孙祥民,等. 湖北嘉鱼县蛇屋山金矿硅质岩地球化学特征及成矿环境约束[J]. 现代地质,2012,26(2):269-276.

[2] 杨竹森,高振敏,李胜荣,等. 红色粘土型金矿成因矿物学特征[J]. 现代地质,2001,15(2):216-221.

[3] 刘芳,代宏文. 某金矿采选项目周边水域环境现状调查与评价[J]. 中国矿业,2017,26(S1):154-157.

[4] 韩玉杰,陶月赞,周蜜,等. 基于数值法和解析法的矿坑涌水量预测对比分析[J]. 水利科技与经济,2014,20(10):7-18.

[5] 范书凯,崔海明,周连碧. 基于 GMS 的矿坑涌水量预测与环境影响分析[J]. 中国矿业,2015,24(S2):178-181.

[6] 李玲玲. "大井法"在矿坑涌水量预测中的应用——以郎溪钒矿区为例[J]. 地下水,2015,37(1):14-15.

[7] 李国敏,陈崇希. 空隙介质水动力弥散尺度效应的分形特征及弥散度初步估计[J]. 地球科学,1995,20(4):405-409.

[8] Zheng C M,Bennett G D. 地下水污染物迁移模拟[M]. 2 版. 孙晋玉,卢国平,译. 北京:高等教育出版社,2009:195-198.

[9]　胡立堂，王金生，张可霓. 北京市平原区饱和-非饱和地下水三维流模型建模方法[J]. 北京师范大学学报（自然科学版），2013，49（2/3）：233-238.

[10]　顾晓敏，张戈，郝奇琛，等. 基于 TOUGH2 的柴达木盆地诺木洪剖面地下水流模拟[J]. 干旱区地理，2016，39（3）：548-554.

[11]　杨杨，唐建生，苏春田，等. 岩溶区多重介质水流模型研究进展[J]. 中国岩溶，2014，33（4）：419-424.

[12]　赵伟丽，褚学伟，董毓，等. 岩溶含水层渗漏污染弥散类型分析——以贵州废渣堆场污染为例[J]. 地下水，2011，33（2）：6-14.

[13]　钟媛媛，张永波. 晋祠泉域岩溶地下水三维水流模型及复流方案[J]. 水电能源科学，2017，35（9）：116-118.

[14]　胡建青，张文涛. Visual MODFLOW 在准格尔旗深层岩溶地下水资源评价中的应用[J]. 煤炭与化工，2018，41（1）：13-19.

[15]　于翠翠. 济南明水泉域岩溶地下水数值模拟及泉水水位动态预测[J]. 中国岩溶，2017，36（4）：533-540.

第5章

离子型稀土矿原地浸矿场地下水数值模拟
——以广西某离子型稀土矿为例

5.1 基本情况

  本章以广西壮族自治区某稀土矿山为例，进行离子型稀土矿原地浸矿场地下水污染预测。该矿山采用原地浸矿工艺，产品为 1 000 t/a 混合稀土碳酸盐，总稀土回收率达到 90%。矿山平面布置示意图见图 5-1。

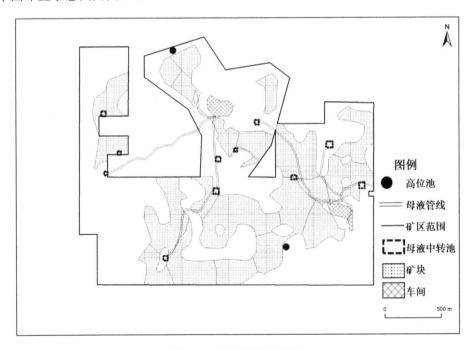

图 5-1　矿山平面布置图

矿山主要生产工序有原地浸矿注液、收液、母液处理。其中，与地下水紧密相关的环节包括生产过程中的废水及固废产生环节。

5.1.1 废水污染源及治理措施

（1）母液处理车间生产废水

在正常情况下，母液处理环节产生的沉淀池上清液、压滤车间压滤废水等全部得到回收利用，正常情况下矿山生产废水不外排。

（2）母液处理车间生活污水

矿山生产人员较少，不设生活区；仅在办公区有少量生活污水，在办公区设置旱厕，生活污水用作农肥和绿化用水，不外排。

（3）生产期原地浸矿场母液渗漏

原地浸矿场均在山顶或近山顶的山坡地带，其生产过程中无法全部回收母液，必然有部分母液渗漏、进入地下水。因此，原地浸矿场主要的地下水环境风险为母液的渗漏。

①原地浸矿场渗漏污染源浓度。

某市监测站对该矿母液处理车间集中池中的浸出母液进行了取样监测，主要监测项目为 pH 值、悬浮物、化学需氧量、总磷、总氮、氨氮、锌、镉、铅、铜、砷、铬、汞、六价铬、石油类、氟化物、硫酸盐，共 17 项。监测结果见表 5-1。对母液水质，首先采用《稀土工业污染物排放标准》（GB 26451—2011）中表 2 直接排放标准进行评价；对其中没有的项目，采用《污水综合排放标准》（GB 8978—1996）进行评价。

表 5-1　原地浸矿场浸出母液水质监测结果及评价　　　单位：mg/L（pH 值除外）

监测项目	浸出母液	《稀土工业污染物排放标准》（GB 26451—2011）表 2 直接排放标准	《污水综合排放标准》（GB 8978—1996）	评价结果
pH 值	4.65	6～9		达标
悬浮物	16	50		达标
化学需氧量	11	70		达标
总磷	0.18	1		达标
总氮	643	30		超标
氨氮	574	15		超标
铜	<0.001		0.5	达标
铅	<0.001	0.2		达标
锌	0.58	1		达标
镉	<0.001	0.05		达标
铬	<0.004	0.8		达标
六价铬	<0.004	0.1		达标

监测 项目	浸出 母液	《稀土工业污染物排放标准》 （GB 26451—2011） 表 2 直接排放标准	《污水综合排放标准》 （GB 8978—1996）	评价 结果
砷	<0.000 1	0.1		达标
汞	<0.000 01		0.05	达标
氟化物	0.93	8		达标
硫酸盐	2 795			—

由表 5-1 可知，母液中总氮、氨氮质量浓度均超过《稀土工业污染物排放标准》（GB 26451—2011）中表 2 直接排放标准限值。

②试验室试验母液氨氮浓度。

对该矿的试验矿块母液和室内淋溶试验的母液进行了监测，主要监测项目为 pH 值、氨氮、硫酸盐、铜、锌、铅、镉、铬、六价铬、汞、砷，监测结果见表 5-2。

表 5-2　试验矿块和室内淋溶试验的母液的监测结果　　　　单位：mg/L（pH 值除外）

序号	项目	试验矿快	室内淋溶试验
1	pH 值	4.58	4.62
2	氨氮	1 435	2 200
3	硫酸盐	3 678	4 556
4	铜	<0.001	<0.001
5	锌	0.74	0.96
6	铅	<0.01	0.01
7	镉	<0.001	0.001
8	铬	<0.004	<0.004
9	六价铬	<0.004	<0.004
10	汞	<0.000 04	<0.000 04
11	砷	<0.001	<0.001

由表 5-2 可知，试验矿块和室内淋溶试验的母液氨氮质量浓度最大值为 2 200 mg/L，硫酸盐的质量浓度最大值为 4 556 mg/L，均为室内淋溶试验监测结果。室内淋溶试验中还监测出质量浓度很低的锌、铅、镉；其中，锌质量浓度为 0.96 mg/L、铅质量浓度为 0.01 mg/L、镉质量浓度为 0.001 mg/L。

（4）清水清洗期原地浸矿场渗漏

原地浸矿场在清水清洗期间的尾水除部分用于新采场循环利用外，其余的尾水需要进行处理，处理到氨氮质量浓度达标（15 mg/L）后，作为清洗水回到原地浸矿场并进行清水清洗。

（5）降水情况下氨氮解吸规律

在矿块开采过程中，滞留于包气带中的硫酸铵将在降水淋溶作用下不断减少。采用室内淋溶试验对其进行研究，试验持续 123 天，室内清水淋溶解析试验结果见表 5-3 和图 5-2，可知试验柱出水的氨氮质量浓度呈指数衰减。

表 5-3 室内解吸试验监测数据

清水淋溶时间/ d	天数累计/ d	注液体积/ mL	收液体积/ mL	氨氮质量浓度/ （mg/L）
12	12	3 890	3 235	1 985
12	24	4 590	3 650	1 896
12	36	2 630	2 415	1 011
11	47	1 890	1 630	384.6
6	53	3 080	2 840	300.1
6	59	2 110	1 915	109.3
4	63	1 600	1 360	118.4
4	67	3 890	2 850	95.18
4	71	760	825	83.49
6	77	3 080	2 620	67.08
6	83	1 500	1 815	84.60
4	87	1 970	1 495	86.75
4	91	1 960	1 370	69.51
4	95	940	1 285	54.42
4	99	1 310	1 120	50.12
4	103	1 610	1 305	31.26
4	107	760	625	20.54
4	111	810	715	6.25
4	115	1 990	1 575	2.53
4	119	1 510	1 320	0.91
4	123	970	895	0.11

由图 5-2 可知，在降水淋溶情况下，解吸出来的液体中氨氮质量浓度降低很快；经指数方程拟合，氨氮质量浓度的衰减符合指数曲线。根据试验淋溶水量与实际降水量的类比，经模型拟合可知，总体上氨氮质量浓度在降水淋溶情况下的衰减规律是每年衰减为上一年的约 1/2。

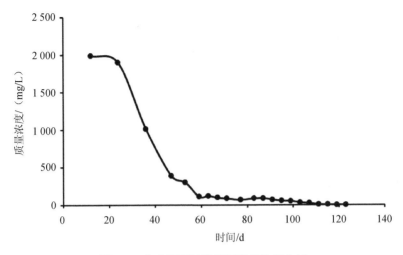

图 5-2 室内解吸试验氨氮质量浓度曲线

（6）水环境保护措施

①清污分流措施。

原地浸矿开采时设置截水沟、排水沟，从源头上进行清污分流，减少原地浸矿场母液产生量，从而减少了渗漏母液的量。

②防渗工程。

对原地浸矿场收液系统全部采取防渗措施，其中导流孔和收液巷道的地面均采用抗渗混凝土防渗，集液导流沟全部采用 HDPE 膜进行防渗；对母液处理车间的池体，全部采用 HDPE 膜进行防渗处理。

③母液处理车间水处理措施。

原地浸矿场清水清洗的尾水氨氮质量浓度超过《稀土工业污染物排放标准》（GB 26451—2011）中的限值（15 mg/L），需收集后进行处理，处理达标后再回用作为原地浸矿场清洗水。在母液处理车间布置尾水处理站，采用特种膜工艺，特种膜工艺的氨氮总去除率达到 99% 以上；工艺出水的氨氮质量浓度小于 15 mg/L，可回用于清洗采场；特种膜处理浓水氨氮质量浓度约为 2 500 mg/L，可返回母液车间用于配液，厂区工业废水实现无排放。

5.1.2 固体废物处理处置措施

（1）注液孔岩土

单个注液孔施工产生的岩土量较少，约 0.05 m³；岩土可就近装袋、堆存在注液孔周边，待浸矿完毕后，回填注液孔。

（2）收液系统岩土

对收液巷道、池体等工程掘进产生的弃土，一部分（约 70%）回填到采场采空区收液巷道中，剩余部分（约 30%）废石岩土堆存在临时弃土场。

（3）母液处理车间除杂渣

该矿母液处理车间除杂渣产量约为 50 t/a。经鉴定，除杂渣为第Ⅱ类一般工业固体废物，贮存在贮渣池内；贮渣池采用 HDPE 膜防渗处理。

（4）生活垃圾

生活垃圾集中收集后，定期运至当地环卫部门指定场所统一处理。

5.2 水文地质条件

5.2.1 区域水文地质条件

所在区域水文地质单元总体上可划分为黑水河左岸水文地质单元与左江干流水文地质单元。受地形及岩性控制，两河之间的区域分水岭与 F3 断层东部区域地表水分水岭一致。分水岭以西为黑水河左岸水文地质单元，地表及地下水分别向西或西南径流，排泄于黑水河，然后汇入左江。分水岭以东为左江干流水文地质单元，地表及地下水向东南径流，直接向左江排泄。研究区水文地质图见图 5-3。

（1）黑水河左岸水文地质单元

矿区位于黑水河左岸水文地质单元。该水文地质单元位于黑水河左岸（东岸），主要包括：

①碳酸盐岩夹碎屑岩含水岩组，岩性主要为北泗组（T_1b）的厚层状灰岩、白云质灰岩及白云岩和马脚岭组（T_1m）的浅灰色薄层或薄板状灰岩、条带状灰岩、泥质灰岩夹钙质泥岩，为碳酸盐岩夹碎屑岩含水岩组，含碳酸盐岩裂隙水。地下水赋存于岩石裂隙、溶蚀裂隙、溶洞、断裂破碎带中，主要补给来源为大气降水，总体自东北向西或西南径流，向黑水河排泄。

②火山岩风化裂隙水含水岩组，岩性主要由北泗组（T_1b）的酸性火山岩、花岗斑岩等组成，分布于矿区一带丘陵地段，含水介质以风化壳浅层网状风化裂隙为主，风化壳裂隙大多为黏土所充填，赋水条件不好，岩层下部裂隙发育程度低，结构较完整，不利于地下水的赋存和下渗运移，可视为隔水边界。地下水的补给来源以大气降水入渗补给为主；一般斜坡坡面地带透水而不含水，地下水以浅层径流为主，仅在谷地局部有季节性分布；在低处的沟谷内及地形较平缓、较宽大的沟壑处，含孔隙裂隙潜水，以弱赋水为主，水位埋深浅。

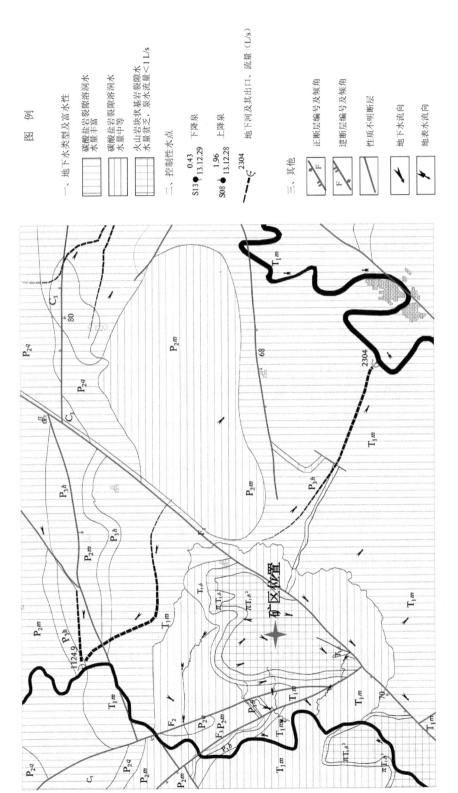

图例

一、地下水类型及富水性

碳酸盐岩裂隙溶洞水
水量丰富

碳酸盐岩裂隙溶洞水
水量中等

火山岩块状基岩裂隙水
水量贫乏，泉水流量<1 L/s

二、控制性水点

S13 ● 0.43
　　 13.12.29

　　下降泉

S08 ● 1.96
　　 13.12.28

　　上升泉

2304
ζ

地下河及其出口、流量（L/s）

三、其他

F₁
　正断层编号及倾角

F
　逆断层编号及倾角

　性质不明断层

　地下水流向

　地表水流向

图 5-3　区域水文地质图

火山岩地区的地下水由于受地形控制，大部分于坡脚谷地的低洼地带以面状分散渗流（沟尾泉）的形式出露地表，少量以点状泉流出现，汇集成溪流，排入黑水河。泉水流量一般较小，基本在 2 L/s 以下。

（2）左江干流水文地质单元

位于矿区东南面。沿矿区东南面 F3 断层发育，岩性为马脚岭组（T_1m）的薄层或薄板状灰岩、条带状灰岩、泥质灰岩夹钙质泥岩，为碳酸盐岩夹碎屑岩含水岩组，含碳酸盐岩裂隙溶洞水。地下水赋存于岩石裂隙、溶蚀裂隙、溶洞、断裂破碎带中，主要补给来源为大气降水，向东南径流，向左江排泄。

5.2.2 研究区含水层与隔水层

研究区全部位于火山岩（$\pi T_1 b^2$）之上，研究区范围内岩性单一，出露的火山岩为大面积分布、厚度大、透水性弱的火山岩地层。地下水类型分为松散岩类孔隙水、网状基岩风化裂隙水，隔水层为微风化、未风化火山岩。

（1）含水层

①松散岩类孔隙水。

主要赋存于第四系松散堆积土层的孔隙中，第四系坡积层、残积层由粉质黏土、砂质黏土组成，一般厚 0.3～3.5 m，含水量小，渗透系数为 $8.91×10^{-5}$～$1.54×10^{-4}$cm/s，平均为 $1.26×10^{-4}$cm/s，弱至中等透水。

②网状基岩风化裂隙水。

主要赋存于火山岩全风化层至中风化层，含水介质以风化壳浅层网状风化裂隙为主。地下水富水性与风化裂隙发育程度有关，强风化、中风化火山岩为网状构造、火山角砾熔岩结构，角砾成分主要为蚀变流纹岩，其次为石英、长石晶屑。胶结物有石英、长石、玻璃质、磁铁矿、褐铁矿等。岩芯多呈碎块状，含水层类型为网状基岩裂隙水，渗透系数为 $9.38×10^{-5}$～$9.29×10^{-4}$cm/s，中等透水。

（2）隔水层

微风化、未风化火山岩与完整火山岩为该水文地质单元的底部隔水边界。微风化火山岩与未风化火山岩无明显界线，呈过渡关系，微风化火山岩岩芯多呈短柱状、未风化火山岩岩芯呈长柱状，裂隙极不发育，渗透系数为 $6.79×10^{-8}$～$9.51×10^{-8}$ cm/s，钻孔揭露厚度 40.18～61.2 m，可视为相对隔水层。

（3）矿区风化裂隙含水层与下伏岩溶含水层的水力联系

矿区风化裂隙含水层与东南侧灰岩紧邻。为了进一步探明矿区风化裂隙含水层与下伏岩溶含水层的水力联系，在矿区内布设了 5 个深孔，孔深 73～101 m，钻孔揭露全风化、强风化、中风化层厚度为 12～26.3 m；钻孔揭露微风化、未风化火山岩厚度为 40.3～61.2 m，微风化、未风化火山岩岩芯呈长柱状,裂隙不发育,全段岩石较完整;揭露灰岩厚度为 9.7～22.4 m,岩芯钙质胶结,裂隙不发育,岩石完整。从而推测,矿区范围内强风化、中风化火山岩与下伏灰岩水力联系很弱。

为了进一步说明微风化、未风化火山岩的隔水性,选取距离约 100 m 的揭露角砾熔岩风化裂隙含水层的钻孔 CK09 与揭露下伏灰岩的钻孔 CK08-1,对二者水位进行比较。CK09 的水位标高为 317.34～318.05 m,风化裂隙水位埋深为 3.5 m 左右。CK08-1 地面标高为 298.3 m,孔深为 90 m,揭穿灰岩 10 m,未揭露到下伏灰岩地下水位。因此,推测如果下伏灰岩为潜水含水层,则其水位埋深大于孔深,即灰岩水位标高小于 208.3 m,比 CK09 的水位标高至少低 109.04 m。由此,推测火成岩风化裂隙水与下伏灰岩水联系不密切;推测如果下伏灰岩为承压水含水层,则证明顶板灰岩相对隔水,因此推测火成岩风化裂隙水与下伏灰岩水联系不密切。

5.2.3 研究区地下水的补给、径流、排泄

研究区处于低山丘陵区,火山岩构造裂隙不发育,以风化形成的孔、裂隙为赋水空间,地层风化深度较小,地下水主要接受大气降水补给,补给源单一。大气降水后形成的地表坡面径流一部分沿坡面以分散面流、溪流的形式向地势低洼处的溪沟汇集后向下游排泄,一部分在重力作用下沿风化带的孔隙或风化裂隙垂向补给地下水并赋存于基岩风化裂隙中。在水力坡降作用下,地下水沿基岩的风化裂隙缓慢渗透径流。受地形、地层岩性、构造等制约,研究区内的地下水围绕着各自微地貌单元,沿基岩风化裂隙,以小流量泉水或以分散裂隙渗流的方式由丘陵山坡地带向地势低洼处的坡脚与沟谷径流,形成地表径流,或以潜流的形式排向沟口方向,形成以沟谷为单元的支状汇流区。研究区地下水具有径流距离短、就近排泄等特点。

研究区北西-南东向、南北向典型水文地质剖面图见图 5-4、图 5-5。

5.2.4 研究区地下水动态特征

研究区位于火山熔岩分布区,低山丘陵坡地透水、不含水,地下水主要赋存在沟谷及地形较平缓、较宽大的沟壑内。地下水以泉水或分散裂隙流的形式于地势低洼处渗出地表。因此,地下水动态观测以水文地质监测井、泉水以及沟溪的流量监测为主。

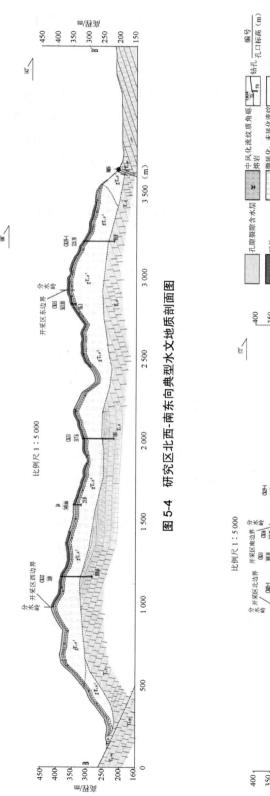

图 5-4 研究区北西-南东向典型水文地质剖面图

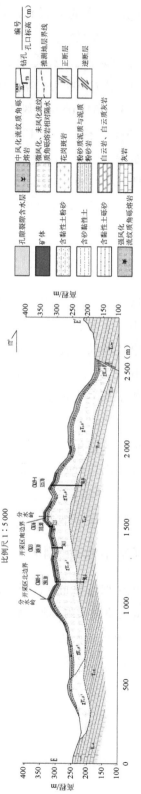

图 5-5 研究区南北向典型水文地质剖面图

该矿水文专项勘查中共布置了 16 个水位监测井、29 个泉水流量测量点、14 个溪沟流量监测断面，观测期为 2013 年 4 月—2014 年 3 月。总体地下水动态特征如下：研究区地下水动态具有与降水基本一致的季节性和时限性变化特征。研究区的地下水位变动与降水关系密切。在丰水期，地下水位变动相对较大，水位较高，泉流量较大；在枯水期、平水期，水位变动较平稳，水位较低，泉流量较小。研究区内 16 个监测孔地下水位年变幅为 0.32～2.52 m，泉水流量年变幅为 0.374～1.674 L/s。由于地形及地层入渗及地下径流条件的制约，降水量较大时，易在沟谷内形成季节性地表流，流量随降水量的变化较大。在枯水期、平水期，季节性沟谷径流往往断流，沟内出露的地下水露头下移，其流量变化也趋于平稳。

5.3　地下水环境质量现状

针对该矿历史遗留废弃地和拟建工业场地，分别开展地下水环境现状评价。

5.3.1　历史遗留废弃地周边地下水水质回顾性评价

历史遗留废弃地包括历史遗留采空区、现有母液处理车间。为了解现有工程及设施对周边地下水水质的影响，对现有矿山及周边地下水质量进行了调查与监测评价。具体监测点位布置见表 5-4 及图 5-6。

表 5-4　地下水水质回顾性评价监测点布设

序号	场地	监测点	遗留场地	监测层位
1	稀土采空区	J2	原堆浸渣场	网状基岩风化裂隙水
2		J3	原地浸矿采空区	网状基岩风化裂隙水
3		J5	母液池下游 100 m	网状基岩风化裂隙水
4		S8	采空区南侧下游 350 m 处泉水	网状基岩风化裂隙水
5		S8-2	采空区南侧下游 230 m 处泉水	网状基岩风化裂隙水
6		S8-3	采空区西侧下游 100 m 处泉水	网状基岩风化裂隙水
7		S10	采空区南侧下游 150 m 处泉水	网状基岩风化裂隙水
8	生产车间	J7	生产车间西北侧下游 60 m 监测井	网状基岩风化裂隙水
9		J8	原料车间下游监测井	网状基岩风化裂隙水
10		S13	生产车间西北侧下游 360 m 处泉水	网状基岩风化裂隙水
11	生产车间	S13-3	生产车间西北侧下游 400 m 处泉水	网状基岩风化裂隙水
12		S15	生产车间西南侧下游 350 m 处泉水	网状基岩风化裂隙水
13		Ck13	生产车间南侧下游监测井	网状基岩风化裂隙水

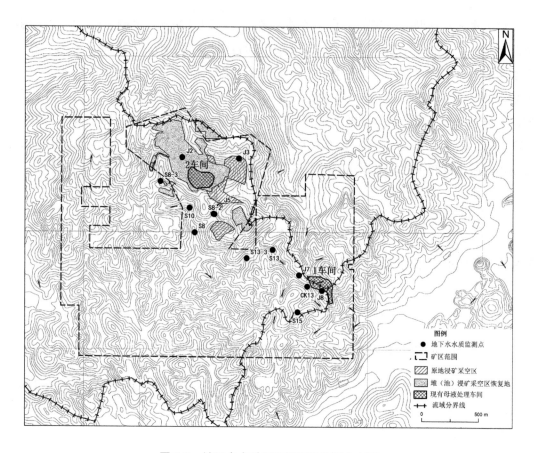

图 5-6　地下水水质回顾性评价监测布点图

5.3.1.1　稀土采空区周边地下水水质评价

　　针对稀土采空区，共布设了 7 个地下水水质回顾性评价监测点（J2、J3、J5、S8、S8-2、S8-3、S10）。稀土采空区及周边地下水调查与回顾性监测点监测结果显示：除 pH 值、氨氮、硝酸盐、亚硝酸盐、高锰酸盐指数存在不同程度超标外，其他水质因子均能满足《地下水质量标准》（GB/T 14848）中Ⅲ类标准要求。超标主要与稀土采矿活动有关。

5.3.1.2　生产车间及周边地下水水质评价

　　针对生产车间，布设了 6 个地下水水质回顾性评价监测点（J7、J8、S13、S13-3、S15、Ck13）。生产车间及周边地下水调查与回顾性监测结果显示：除 pH 值、氨氮、亚硝酸盐、高锰酸盐指数存在不同程度的超标外，其他水质因子均能满足《地下水质量标准》（GB/T 14848）中Ⅲ类标准的要求。超标主要与母液处理车间相关贮水设施的跑冒滴漏及生产人员活动有关。

5.3.2　拟建工业场地地下水水质现状调查及评价

在研究区内共布设了 25 个地下水水质监测点，主要对未开采区域的地下水水质进行了调查，水质监测点布设情况见表 5-5 和图 5-7。

表 5-5　地下水水质监测点布设

序号	监测点	监测位置	监测层位
1	S04	拟开采矿块	网状基岩风化裂隙水
2	S05	拟开采矿块下游	网状基岩风化裂隙水
3	S06	拟开采矿块下游	网状基岩风化裂隙水
4	S07	矿区外西部岩溶区地下水	碳酸盐岩裂隙岩溶水
5	S08	矿区外西部岩溶水（上升泉）	碳酸盐岩裂隙岩溶水
6	S12	拟开采矿块	网状基岩风化裂隙水
7	S14	拟开采矿块下游	网状基岩风化裂隙水
8	M01	岩溶区敏感点机井水	碳酸盐岩裂隙岩溶水
9	J8	拟开采矿块下游	网状基岩风化裂隙水
10	M02	岩溶区敏感点泉水	碳酸盐岩裂隙岩溶水
11	S03	拟开采矿块下游	网状基岩风化裂隙水
12	S14-1	矿区外北部岩溶区地下水	网状基岩风化裂隙水
13	CK08	拟开采矿块	碳酸盐岩裂隙岩溶水
14	CK09	拟开采矿块下游	网状基岩风化裂隙水
15	M03	矿区外东部岩溶区敏感点	碳酸盐岩裂隙岩溶水
16	M04	矿区外东部火山岩区敏感点	网状基岩风化裂隙水
17	M05	矿区外东南岩溶区地下水	碳酸盐岩裂隙岩溶水
18	M06	矿区外东南岩溶区地下水	碳酸盐岩裂隙岩溶水
19	M07	矿区外南部岩溶区地下水	碳酸盐岩裂隙岩溶水
20	M09	矿区外西南岩溶区地下水	碳酸盐岩裂隙岩溶水
21	S15-1	拟开采矿块下游	网状基岩风化裂隙水
22	S17	矿区外南部火山岩区地下水	网状基岩风化裂隙水
23	S18	矿区外南部火山岩区地下水	网状基岩风化裂隙水
24	S20	矿区外东南部岩溶水	碳酸盐岩裂隙岩溶水
25	CK20	拟开采矿块下游	网状基岩风化裂隙水

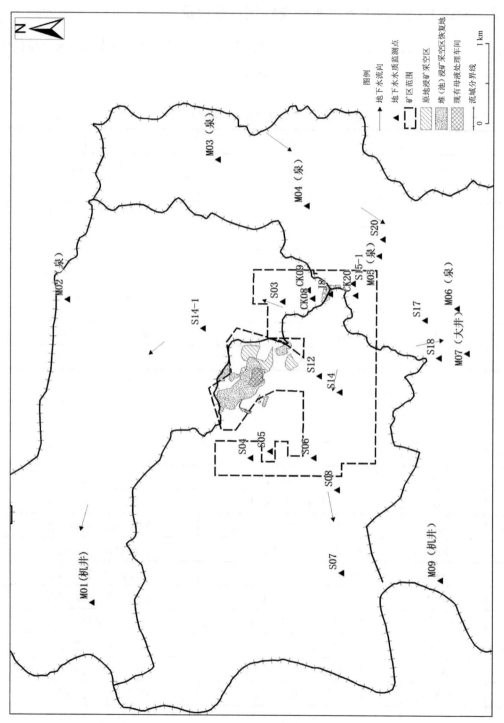

图 5-7　地下水水质现状监测布点图

地下水水质现状监测结果表明，亚硝酸盐、铁存在不同程度的超标，其他指标均能达到《地下水质量标准》（GB/T 14848）中的III类标准限值要求。

仅有 1 个监测点（S07）的亚硝酸盐超标，最大超标倍数为 0.05 倍，超标倍数很小。S07 位于矿区外西部岩溶区地下水，水质类型为碳酸盐岩裂隙岩溶水。由于 S07 位于农田附近，超标与农田施肥及人类活动有关。

铁超标点为 M04 点位，水质类型为网状基岩风化裂隙水，最大超标倍数为 0.27 倍，超标倍数较小。M04 与采空区及现有母液处理车间之间存在分水岭，无地下水直接补排关系，推测与采矿活动关系不大，应与局部区域原生地质条件有关。

5.4　地下水数值模拟预测及评价

原地浸矿场对地下水的污染具有时空动态变化特征。本节主要开展某单矿块原地浸矿场地下水污染预测评价，运用 FEFLOW 软件进行预测模拟。

选择拟采矿块 L2-6 作为模拟矿块，矿块面积约为 87 509 m²，开采标高为 260～380 m。矿块在矿区中的位置见图 5-8。

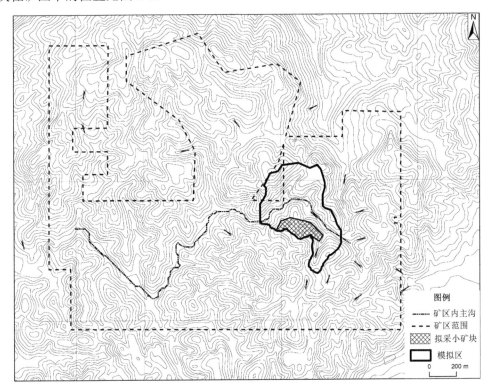

图 5-8　矿块位置及模型范围图

5.4.1 水文地质概念模型

本矿山位于山区，地形高差较大，地下水位不连续，难以准确刻画山区地下水流场，故必须根据其地下水特征进行概化处理。本模型建立时对模型范围及边界条件、流态、饱和与非饱和、模型结构的概化情况如下。

（1）模型范围及边界条件

模型范围依据分水岭确定，分水岭界线作为零流量边界。矿区内的主沟作为地下水的排泄场所，可设为内部水头边界。拟采矿块的东南侧为地下水补给边界，拟采矿块的西侧为地下水排泄边界。以中风化与微风化火山岩的分界线作为隔水底边界，上边界为大气降水入渗补给边界。地下水主要往河道排泄，模型范围为 26.3 m^2，见图 5-8。

（2）流态概化

水位统测结果表明，自然条件下，在一个水文年内，研究区浅层地下水位动态变化幅度为 0.3～2.5 m，且大部分监测点水位变幅为 1 m 左右，表明研究区地下水天然动态相对稳定。因此，地下水流场和模型验证采用稳定流模型。

（3）饱和与非饱和概化

收液系统布置于中风化或微风化层中，母液渗漏进入其下含水层中。本次模拟按最不利情况，不考虑包气带的吸附作用，将污染源直接赋给地下水含水层。

（4）模型结构

①矿区第四系地层及火山岩含水层、隔水层情况。

根据水文地质勘察报告，含黏性土粉砂厚 1.2～5.0 m，主要分布在山体坡面或坡脚，渗透系数为 6.02×10^{-5}～1.37×10^{-4} cm/s；含黏性土粗（中）砂厚 1.0～6.8 m，渗透系数为 6.84×10^{-3}～1.04×10^{-2} cm/s；含砂黏性土厚度为 1.1～13.1 m，渗透系数为 6.83×10^{-5}～1.17×10^{-4} cm/s；强风化火山岩厚度为 1.2～8.7 m，渗透系数为 9.29×10^{-4} cm/s；中风化火山岩厚度为 1.5～14.3 m，渗透系数为 9.38×10^{-5}～2.92×10^{-4} cm/s；微风化及未风化火山岩渗透系数为 6.79～9.51×10^{-8} cm/s，厚度为 40.18～61.2 m，为相对隔水层。山头和山坡部分风化层较厚，山脚和沟谷地带较薄。

②模型结构确定。

根据储量核实报告及矿体详查报告，矿体平均厚度为 4.00 m，矿体主要分布在第四系及火成岩强风化层中。

根据研究区水文地质条件，确定模拟对象为第四系孔隙水及火山岩风化裂隙水。矿区地下水为典型山区短径流型，地表水与地下水联系密切，山头和山坡地下水接受大气降水补给，地下水沿坡脚和沟谷多以散流形式排泄至地表水，局部以下降泉的形式出露。山头和山坡地带地下水位于强风化、中风化层内，在坡脚和沟谷地带补给强风化层、第四系地层和地表水。

本次模拟将第四系地层、强风化层、中风化层作为一层考虑，按二维模型进行模拟，模拟山区地下水流场。

5.4.2　地下水数学模型

（1）水流数学模型

将模拟区概化为非均质、各向同性的二维潜水稳定饱和地下水流系统，可用如下地下水渗流偏微分方程及其定解条件来表示：

$$\begin{cases} 0 = \dfrac{\partial}{\partial x}\left[K(h-b)\dfrac{\partial h}{\partial x} \right] + \dfrac{\partial}{\partial y}\left[K(h-b)\dfrac{\partial h}{\partial y} \right] + W & x,y \in \Omega \\ K_n \dfrac{\partial h}{\partial \overline{n}}\Big|_{\Gamma_2} = q(x,y) & x,y \in \Gamma_2 \end{cases} \tag{5-1}$$

式中：Ω——地下水渗流区域；

h——地下水水头，m；

Γ_2——模型的第二类边界；

K——渗透系数，m/d；

W——源汇项，包括降水入渗补给、河流入渗补给、井的抽水量等，m^3/d；

b——潜水含水层底板标高，m；

$q（x，y）$——第二类边界的单宽流量，m^2/d；

n——边界 S 上的外法线方向。

（2）溶质运移数学模型

地下水溶质运移偏微分方程及其定解条件如下：

$$\begin{cases} \dfrac{\partial}{\partial x_i}\left(D_{i,j}\dfrac{\partial C}{\partial x_j} \right) - \dfrac{\partial}{\partial x_i}(Cu_i) + p = \dfrac{\partial C}{\partial t} & i,j = 1,2,3 \\ C(x,y)\big|_{t=0} = C_0(x,y) \\ C(x,y,t)\big|_{\Gamma_1} = C'(x,y,t) & x,y \in \Gamma_1, t>0 \end{cases} \tag{5-2}$$

式中：D——含水层弥散系数，m^2/d；

C——地下水溶质质量浓度，mg/L；

u——地下水实际流速，m/d；

p——溶质源汇项，mg/（L·d）；

C_0 —— 初始质量浓度，mg/L；

C' —— 边界质量浓度，mg/L；

Γ_1 —— 模型的第一类边界。

5.4.3 地下水流数值模型

（1）网格剖分

对模拟区共剖分活动网格 64 735 个，剖分结点数 65 146 个。网格剖分情况见图 5-9。

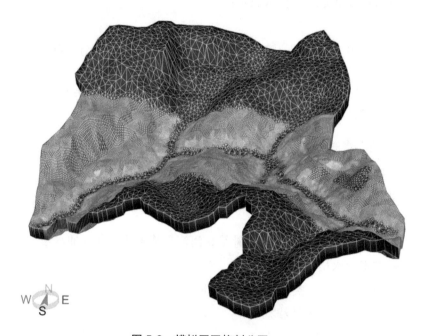

图 5-9　模拟区网格剖分图

（2）模型识别与检验

①渗透系数识别。

根据水文地质勘察报告，模拟区渗透系数分区情况见图 5-10。

根据抽水试验、压水试验、注水试验及岩性特征，向各分区初始参数赋值。模拟区各分区的渗透系数与各分区的岩性特征相符，各分区渗透系数为各层的综合渗透系数，山区渗透系数介于强风化火山岩和中风化火山岩的渗透系数之间，沟谷地区渗透系数介于第四系地层与强风化火山岩的渗透系数之间。赋值后，运行模型，计算出地下水流场；通过不断调试各分区的参数，得到最终地下水流场，达到识别模型的目的。模型识别后，模拟区各分区的渗透系数见表 5-6。

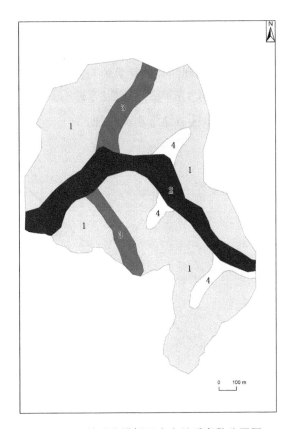

图 5-10　单矿块模拟区水文地质参数分区图

表 5-6　单矿块模拟区各分区水文地质参数

区号	渗透系数/ （m/d）	降水入渗 系数	弥散度/m	区号	渗透系数/ （m/d）	降水入渗系 数	弥散度/m
1	0.02	0.10	5	3	2	0.18	5
2	10	0.24	10	4	1	0.12	5

②降水入渗系数识别。

模拟区垂向上主要接受降水入渗补给。根据水文地质勘察报告，模拟区降水入渗系数分区见图 5-10 和表 5-6。

③弥散度识别。

可以依据室内试验、室外水文地质试验、模型反演校正等方法给出弥散度。因项目位于山区，弥散试验较困难，而且即使进行了弥散试验，也需考虑弥散度和运移尺度的关系，通过模型和实测资料进行参数校正或者反演。国内外（尤其国外）有相当多的文献对弥散度做了统计分析，证明影响弥散度的因素包括岩性、尺度效应等。本次模拟中弥散度取值参考李国敏等的研究成果[1]，给水度的取值采用经验值法。模拟区各分区的弥散度取值情况见表 5-6。

④模型检验。

将模拟范围内沟谷区分布的水位观测点的计算值与实测值进行对比，以验证地下水流模型。实测值与计算值水位差均在 0.5 m 内，模拟误差较小，水位总体拟合程度较好（见图 5-11），模型能较为准确地反映该区域地下水流特征。

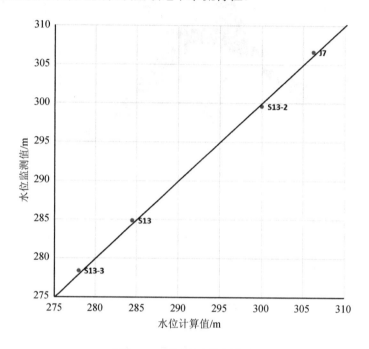

图 5-11　观测点水位拟合图

5.4.4　地下水污染预测

5.4.4.1　渗漏情景及污染源强确定

原地浸矿场在注液、淋洗过程中，由于受地质条件及开采技术限制，浸矿液或淋洗液进入矿层、不能全部回收，部分浸矿液或淋洗液经土壤入渗到地下，将导致地下水受到污染。

原地浸矿场地下水污染源主要为收液系统渗漏（面源污染）。其污染因子为氨氮、硫酸盐。根据室内试验数据，母液中氨氮质量浓度为 2 200 mg/L，硫酸盐质量浓度为 4 556 mg/L。母液处理车间地下水污染源主要包括母液集中池、配液池、除杂池、沉淀池、贮渣池，池子依据山坡呈梯段布置。其中源强浓度最大的为配液池，氨氮质量浓度最大值为 5 455 mg/L，硫酸盐质量浓度最大值为 14 545 mg/L。

原地浸矿场正常工况母液渗漏情景为离子型稀土矿山独有的地下水污染情景，因此本次模拟仅对该情景进行预测。

根据原地浸矿工艺特点，将原地浸矿场渗漏液污染源概化为非恒定面源污染，预测因子选定为氨氮、硫酸盐。由于生产中注入的硫酸铵溶液和渗漏母液的浓度是变化的，为了更准确地输入渗入地下水中的氨氮和硫酸盐的量，开展了室内稀土淋溶试验和标准矿块开采现场试验。室内稀土淋溶试验装置见图 5-12。

图 5-12　稀土淋溶装置

（1）室内稀土淋溶试验

首先向模拟土柱注入硫酸铵溶液模拟采矿，再采用清水对吸附 NH_4^+ 的土体进行淋洗。用硫酸铵浸矿开采稀土的原理主要是利用 NH_4^+ 与稀土元素进行阳离子交换，将稀土元素交换进入水中。硫酸铵进入矿体后，NH_4^+ 去向如下：①与稀土元素进行阳离子交换，降水淋溶过程中不溶出；②与非稀土元素的其他阳离子进行交换，或生成络合物，降水淋溶过程中不溶出；③以分子态吸附于矿体颗粒表面，可在降水淋溶过程中溶出；④进入收液系统母液中。

清水淋溶出污染物的量：根据室内的稀土淋溶试验数据，试验共注入硫酸铵（以 NH_4^+ 计）257.7 g，收集硫酸铵（以 NH_4^+ 计）130.3 g，留在试验柱内土体中的硫酸铵（以 NH_4^+ 计）为 127.4 g，清水淋洗后洗出硫酸铵（以 NH_4^+ 计）85.4 g，最终残留在土体内的硫酸铵（以 NH_4^+ 计）为 42 g，可见，清水淋洗出的硫酸铵（以 NH_4^+ 计）占 67%。NH_4^+ 平衡分析及占比见图 5-13、图 5-14。

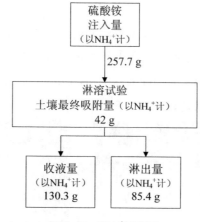

图 5-13　NH_4^+ 平衡图

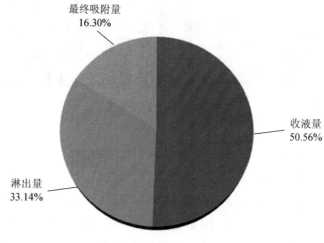

图 5-14　NH_4^+ 去向及占比

（2）标准矿块现场试验

现场试验以 6 000 m² 标准矿块为开采对象，开采按一年期计，提取出标准矿块中的稀土元素需要加浸矿液 36 500 m³，试验得出母液回收率为 90%，则开采后 10% 的母液进入包气带和含水层中。

根据试验渗漏水量，按照最大风险考虑，该部分母液穿过包气带、全部渗入含水层中。标准矿块开采 1 年，母液渗入含水层中的量为 3 650 m³/a，计 10 m³/d。

根据标准矿块的现场试验方案，在采矿生产阶段，注入硫酸铵 190 t，回收的硫酸铵质量为 109.36 t，开采结束后残留于岩体中的硫酸铵质量为 68.49 t，渗入含水层中的硫酸铵质量为 12.15 t，其中氨氮质量为 3.31 t，硫酸盐质量为 8.84 t。

在清水淋洗阶段，根据室内稀土淋溶试验，清水淋洗淋出硫酸铵量占 67%，即 45.89 t，最终残留于岩体中的硫酸铵质量为 22.60 t。其中淋洗出的硫酸铵的 90% 得到收集，10% 渗入含水层。由此推算，清水淋洗期收集到的硫酸铵量为 41.30 t，渗入含水层中的硫酸铵量为 4.59 t，其中氨氮质量为 1.25 t，硫酸盐质量为 3.34 t。硫酸铵平衡分析及占比见图 5-15、图 5-16。

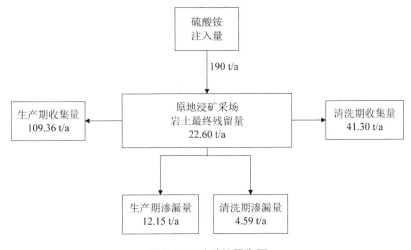

图 5-15　硫酸铵平衡图

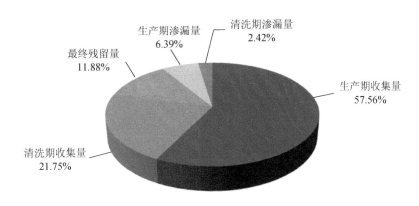

图 5-16　硫酸铵去向及占比

据此，可计算出生产期、淋洗期每天的污染物入渗源强，即将各开采矿块视为地下水污染面源，在模型中输入入渗水量和各污染因子的污染物质量。

参照《地下水质量标准》（GB/T 14848—93）Ⅲ类水质标准，氨氮、硫酸盐标准限值分别为 0.2 mg/L、250 mg/L［由于本次预测时，《地下水质量标准》（GB/T 14848—2017）未发布，而本书旨在展示地下水污染预测的相关技术方法，为读者提供一种地下水污染预测的思路，其结果具有参考作用，因此在标准方面仍然使用《地下水质量标准》（GB/T 14848—93）］。

在矿山生产期，模拟矿块的面积为 87 509 m²，类比 6 000 m² 标准矿块试验数据，得出生产期（第 1 年）和淋洗期（第 2 年）渗入含水层中的氨氮和硫酸盐量。根据前述降水淋溶情况下的室内解吸试验氨氮质量浓度衰减规律，降水淋溶期渗漏浓度中，氨氮质量浓度第 3 年为 7.5 mg/L［由第二年年末的浓度 15 mg/L 进行衰减，浓度 15 mg/L 为《稀土工业污染物排放标准》（GB 26451）中的排放标准］，硫酸盐质量浓度第 3 年为 20 mg/L，之后各污染物质量浓度逐年减半，衰减至第 8 年，污染物质量浓度已经达到《地下水质量标准》（GB/T 14848）Ⅲ类标准限值，第 9～30 年的质量浓度会进一步衰减。则降水淋溶期污染物（氨氮、硫酸盐）渗漏量=模拟矿块面积×日均降水量×降水入渗系数×污染物浓度。输入模型中的污染源强见表 5-7、图 5-17。

表 5-7 输入模型的污染源强

单位：kg/d

预测期	预测年份	渗入含水层氨氮量	渗入含水层硫酸盐量
生产期	第 1 年	132.26	353.23
淋洗期	第 2 年	49.95	133.46
降水淋溶期	第 3 年	0.324	0.864
	第 4 年	0.162	0.432
	第 5 年	0.081	0.216
	第 6 年	0.040	0.108
	第 7 年	0.020	0.054
	第 8 年	0.010	0.027
	第 9～30 年	0.0	0.0

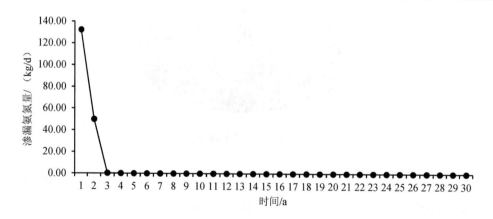

图 5-17 输入模型的污染源强

5.4.4.2 地下水中污染物浓度预测

本次模拟预测期共 30 年，输出地下水中氨氮、硫酸盐空间分布的时间点分别为 100 天、1 年、1 000 天、10 年、20 年、30 年，预测结果见图 5-18、图 5-19。

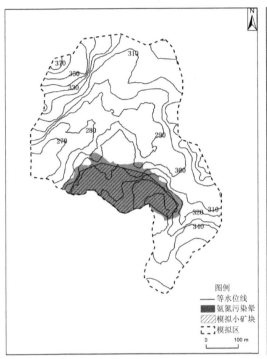

100 天

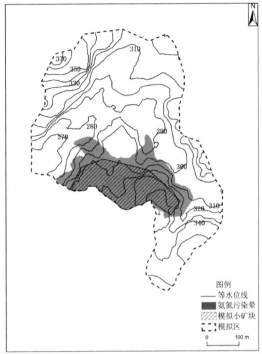

365 天

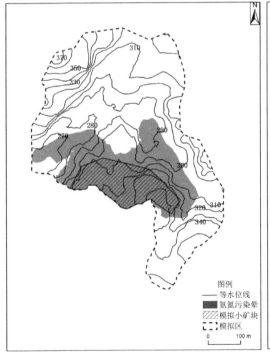

1 000 天

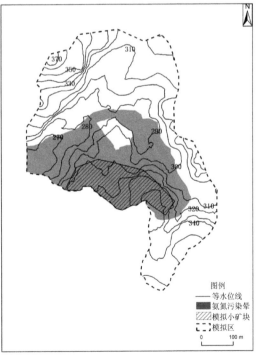

10 年

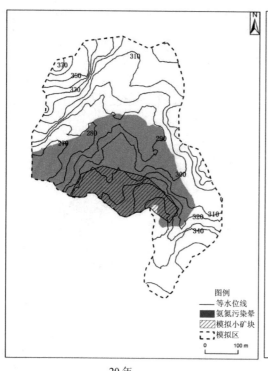

20 年

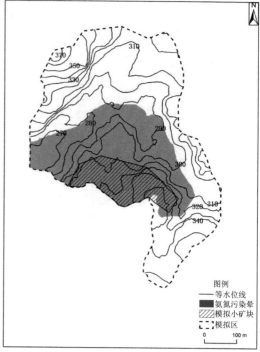

30 年

图 5-18　氨氮污染晕预测结果

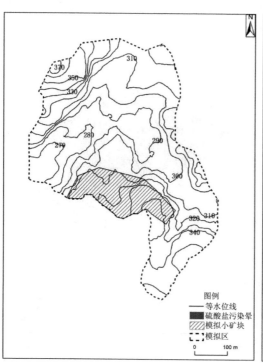

100 天

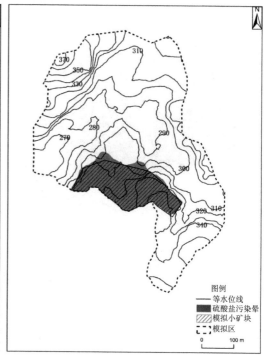

365 天

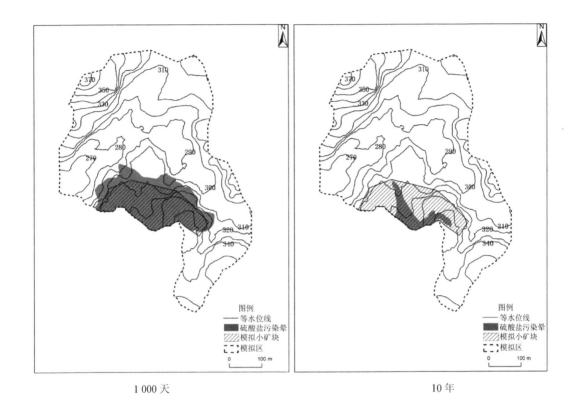

1 000 天　　　　　　　　　　　10 年

图 5-19　硫酸盐污染晕预测结果

从图上可以看出，预测年限内，随着时间的推移，地下水中氨氮污染晕范围逐渐增大；而硫酸盐污染晕范围先增大后减小，第 15 年时硫酸盐污染晕消失。

经预测，大约 700 天时，氨氮污染晕中心质量浓度出现峰值 150 mg/L，超标倍数为 749 倍；硫酸盐污染晕中心质量浓度出现峰值 670 mg/L，超标倍数为 1.68 倍。在小流域出口处，地下水中氨氮质量浓度在第 4 500 天时达到最大值（为 12 mg/L），而硫酸盐在整个模拟期内小流域出口处的质量浓度均未超标。

5.4.4.3　观察点氨氮、硫酸盐质量浓度历时变化

为了观测矿块下游不同距离处污染物的浓度变化情况，在矿块下游设置 3 个浓度观测点，观测预测时段内污染物浓度变化情况，观测点分布情况见图 5-20。

在矿块下游设置的 3 个质量浓度观察点中，氨氮的质量浓度历时曲线见图 5-21，硫酸盐的质量浓度历时曲线见图 5-22。

图 5-20　浓度观测点分布位置图

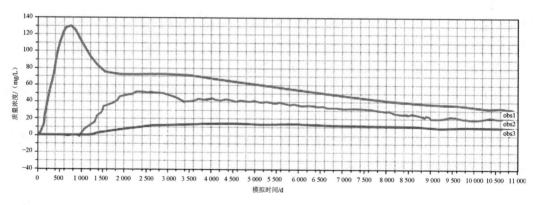

图 5-21　各观测点氨氮质量浓度历时变化曲线

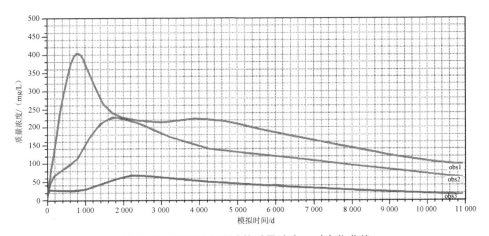

图 5-22　各观测点硫酸盐质量浓度历时变化曲线

由图可以看出，自矿块边缘至下游，各观察点的氨氮质量浓度、硫酸盐质量浓度均先快速升高、而后衰减，距离开采矿块较近的点的氨氮质量浓度、硫酸盐质量浓度较高，向下游依次大幅降低。可见污染晕主要集中在矿块附近，污染范围有限。

5.5　地下水污染防治对策

目前国内针对离子型稀土矿山污染治理提出了一些技术理论和试验研究，如北京矿冶科技集团有限公司提出清污分流、人工防渗、监控收液、地下水长期监控等污染控制措施[2]；有研科技集团有限公司提出绿色浸取剂及浸出液绿色富集技术[3]；江西理工大学提出采取土壤淋洗技术去除氨氮，进行注液工程与收液工程的优化，进一步研究无铵化浸矿以及矿山智能监控系统[4]；中南工业大学提出在矿山特有地形地貌条件下对原地浸析采场实施水封闭工艺，减少硫酸铵浸矿液的渗漏等[5]。

根据以上研究，结合本矿山特点，提出本矿山地下水污染防治措施。

（1）清污分流措施

在原地浸矿场内部设截水沟，周围设置雨水和山泉排水沟，分别收集雨水和山泉水与矿块浸矿液和淋洗液，浸矿液和淋洗液收集后送母液处理车间处理。

（2）淋洗措施

在浸矿结束后，加注清水或无污染淋洗剂进行清洗，然后利用原地浸矿场的集液系统进行尾水收集，将收集的尾水全部回用到母液处理车间。尾水中氨氮质量浓度较高，直接用于下一批次采场的生产。

（3）防渗措施

收液巷道、集液导流孔等的底板均采用抗渗混凝土进行防渗漏处理，其渗透系数应不

大于 $1.0×10^{-7}$ cm/s。原地浸矿场高位池、集液导流沟、收液池、中转池，母液处理车间母液集中池、配液池、除杂池、沉淀池、贮渣池、事故池等构筑物采用 HDPE 膜防渗。

（4）垂直监控收液井及地下水水质跟踪监测井措施

①垂直监控收液井。

设置垂直监控收液井的目的是进一步提高原地浸矿场母液回收率。

垂直监控收液井的位置要求：原则上在每个原地浸矿块下游沟谷一定距离处设置垂直监控收液井，提高母液回收率。垂直监控收液井的深度要求：达到火山岩微风化层，口径约为 300 mm。

②地下水水质跟踪监测井。

在每个垂直监控收液井下游约 20 m 处设置一口地下水水质跟踪监测井，井深度大于枯水期地下水埋深 2 m。且每季度监测一次。

（5）地下水污染水力截获措施

在水文地质单元出口处设置地下水污染水力截获带，用于截获运营期和退役期受到污染的地下水。

水力截获带是利用抽水井，通过抽水形成漏斗或汇水廊道，改变原有地下水流向，并将污染地下水抽出处理的一种方式，可有效阻止地下水中污染物向下游的运移。水力截获示意图见图 5-23。

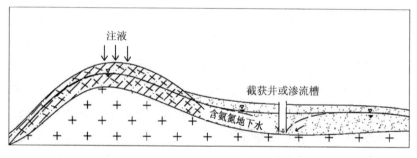

图 5-23　地下水污染水力截获示意图

水力截获井布设与使用原则如下。

①监测与截获相结合：监测点与截获点共享，按照先期监测、截获、截获效果监测的顺序进行；

②截获点尽量布置在狭窄沟谷处，尽量远离汇水溪流，以减少截获水量；

③截获井应横切沟谷布设，井深应达到火山岩微风化层，井中心间距应小于单井影响半径的 2 倍，确保形成完整连续的地下水截获带，防止截获带上游地下水穿越截获带并流向下游；

④结合开采计划，优化布设截获井，尽量做到一点多用、多块共享。

地下水污染水力截获措施可行性论证如下。

①地下水污染水力截获技术应用实例。

根据掌握的国内外情况，水力截获是控制和修复污染地下水的最经济、最有效且易于实际应用的成熟技术。国外早在 20 世纪八九十年代就已广泛应用，并积累了大量成功经验。我国自 21 世纪初以来，结合水文地质条件和地下水污染特征，做过大量的实验室研究并已有若干示范性案例，如中国地质大学主持的水专项"南水北调中线总干渠水质安全保障关键技术与工程示范"（2009ZX07212-3）课题在焦作市大家作区域进行了水力截获控制和修复铬污染地下水的示范工程，取得了良好的效果。截获前后 Cr^{6+} 质量浓度变化见图 5-24。

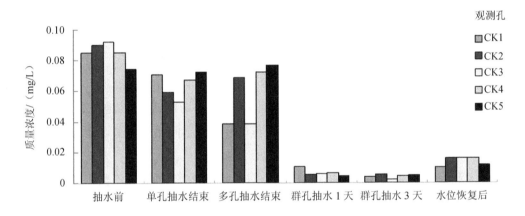

图 5-24　水专项示范区水力截获前后 Cr^{6+} 质量浓度变化

示范工程的 Cr^{6+} 质量浓度由运行前的 0.09 mg/L 降低到 0.02 mg/L，水力截获带对污染物 Cr^{6+} 的截获效果显著。

该示范工程通过了国家水专项办组织的第三方评估验收。验收意见认为，示范工程污染物截获率达到 90%以上。

②本矿水力截获措施的水文地质条件适用性分析。

矿区火山岩体中断裂构造不发育，以风化裂隙为主；随深度增加，风化裂隙发育程度降低并逐渐闭合；微风化、未风化层透水性差，形成完整的隔水底板。受矿区地形控制，地下水表现"近源补给，短途径流，就近排泄"特点，风化裂隙水补给溪谷处松散岩类孔隙水。水力截获控制的目的层为潜水含水层，表现为埋深浅、厚度小、水文地质单元微小而完整的特点，水文地质条件非常适合水力截获措施。

综上，采用水力截获技术控制区域污染物污染地下水的技术措施是可行的。

5.6 结论及建议

（1）研究区水文地质条件

研究区地下水类型分为松散岩类孔隙水、网状基岩风化裂隙水，隔水层为微风化、未风化火山岩。主要含水岩组为第四系坡积层、残积层及火山岩全风化层至中风化层，其底部边界为微风化、未风化火山岩与完整火山岩，风化裂隙不发育，为隔水底板。

（2）地下水环境质量现状监测结果

针对该矿历史遗留废弃地和拟建工业场地，分别开展了地下水环境现状评价。

稀土采空区及周边地下水调查与回顾性监测结果表明：除 pH 值、氨氮、硝酸盐、亚硝酸盐、高锰酸盐指数存在不同程度超标外，其他水质因子均能满足《地下水质量标准》（GB/T 14848）中Ⅲ类标准要求。超标主要与稀土采矿活动有关。

生产车间及周边地下水调查与回顾性监测结果表明：除 pH 值、氨氮、亚硝酸盐、高锰酸盐指数存在不同程度的超标外，其他水质因子均能满足《地下水质量标准》（GB/T 14848）中Ⅲ类标准的要求。超标主要与母液处理车间相关贮水设施的跑冒滴漏及生产人员活动有关。

拟建工业场地下游地下水水质现状监测表明，亚硝酸盐、铁存在不同程度的超标，其他指标均能达到《地下水质量标准》（GB/T 14848）中的Ⅲ类标准限值要求。亚硝酸盐超标与农田施肥及人类活动有关，铁超标与局部区域原生地质条件有关。

（3）地下水数值模拟预测

原地浸矿场对地下水的污染具有时空动态变化特征，与传统矿山污染源不同。因此，主要开展某单矿块原地浸矿场地下水污染预测评价，运用 FEFLOW 软件进行预测模拟。

预测结果表明：预测年限内，随着时间的推移，地下水中氨氮污染晕范围逐渐增大，而硫酸盐污染晕范围先增大后减小，第 15 年时硫酸盐污染晕消失。大约 700 天时，氨氮污染晕中心质量浓度出现峰值 150 mg/L，超标倍数为 749 倍；硫酸盐污染晕中心质量浓度出现峰值 670 mg/L，超标倍数为 1.68 倍。在小流域出口处，地下水中氨氮质量浓度在第 4 500 天时达到最大值（为 12 mg/L），而硫酸盐在整个模拟期内小流域出口处的质量浓度均未超标。

（4）地下水污染防治措施

离子型稀土矿原地浸矿工艺地下水污染防治措施包括：清污分流措施、淋洗措施、防渗措施、垂直监控收液井及地下水水质跟踪监测井措施、地下水污染水力截获措施。

参考文献

[1] 李国敏，陈崇希. 空隙介质水动力弥散尺度效应的分形特征及弥散度初步估计[J]. 地球科学，1995（4）：405-409.

[2] 祝怡斌，周连碧，李青. 离子型稀土原地浸矿水污染控制措施[J]. 有色金属（选矿部分），2011（6）：46-49.

[3] 肖燕飞，黄小卫，冯宗玉，等. 离子吸附型稀土矿绿色提取技术研究进展[J]. 稀土，2015，36（3）：109-115.

[4] 邓振乡，秦磊，王观石，等. 离子型稀土矿山氨氮污染及其治理研究进展[J]. 稀土，2019，40（2）：120-129.

[5] 汤洵忠，李茂楠，杨殿. 原地浸析采矿中的水封闭工艺原理及其应用[J]. 中南工业大学学报（自然科学版），1999（3）：3-5.

第6章

大埋深潜水区铜冶炼项目地下水数值模拟

——以新疆某铜冶炼项目为例

6.1 基本情况

新疆维吾尔自治区某铜业公司以铜精矿为原料,采用"富氧顶吹熔池熔炼—转炉吹炼—回转式阳极炉精炼—常规大极板电解精炼"工艺生产阴极铜,并采用动力波稀酸洗涤净化、两转两吸制酸工艺回收铜精矿中的硫。主要建设内容包括熔炼系统、电解系统、净液系统等主体工程,制酸系统等配套工程,给排水、供配电、制氧站、动力中心、余热锅炉、纯水站等公共辅助工程;预处理及配料系统、耐火材料库、备品备件库、综合仓库、重油库等储运工程;废气、废水、固体废物和噪声的治理措施等环保工程。

项目主要功能区包括原料区、熔炼区、电解区、制酸区、动力区、仓储区、生活管理区 7 个部分;其中,在精矿存放和运输、熔炼、电解、净液以及制酸的过程中都将产生大量的废气、废水和废渣。这些污染物一旦发生泄漏或暴露于地表,很可能由于防渗、防污等工程措施的失效或不当,将通过包气带进入含水层中,可能造成地下水污染。此外,如果工厂区工人生活产生的废水处理不当,也可能影响周围地下水,使地下水中氨氮(NH_3-N)、化学需氧量(COD)等的含量上升,从而影响地下水的水质。在此,重点介绍废水和废渣污染源及治理措施。

6.1.1 废水污染源及治理措施

本项目产生的废水可分为酸性含重金属生产废水、一般性生产废水、生活污水以及初期雨水。

(1)酸性含重金属生产废水

酸性含重金属生产废水主要包括废酸处理后产生的酸性废水(经硫化处理后的滤液)、电解及净液工段排出的酸碱废水、全厂可能被烟尘和酸污染的场地的场面废水(包括平时的冲洗水和下雨初期收集的雨水）等。各股废水分别通过各自废水输送管道，被送至酸性含重金属生产废水处理站。酸性含重金属废水处理站进水水质见表 6-1。

表 6-1 酸性含重金属废水处理站进水水质　　　　单位：mg/L，pH 值为量纲一

项目	浓度	项目	浓度	项目	浓度
pH 值	1~2	Pb	68.9	As	91.8
Cu	7.7	Zn	1085	F	97.8

酸性含重金属生产废水总量为 1 085 m³/d（不包括下雨初期收集的雨水）。这些废水统一经酸性含重金属废水处理站采用石灰石-石灰两段中和处理工艺处理，达到《铜、镍、钴工业污染物排放标准》（GB 25467—2010）表 2 的排放标准后，回用于熔炼炉渣水淬（855 m³/d）和污水处理药剂制备（230 m³/d）；这两处用水点对水质要求不高，废水处理站出水可满足回用要求，不外排。

（2）一般性生产废水

一般性生产废水是指生产区各车间排放的设备间接冷却循环水系统的排水、纯水站排出的高含盐污水等，产生量为 1 865 m³/d。其中，设备间冷循环水系统排水量为 1 805 m³/d，其水质含盐量比工业水高 5 倍，悬浮物（SS）含量较高（>100 mg/L），含盐量以溶解性总固体（TDS）表示，约为 1 500 mg/L，SS 含量约为 100 mg/L；采用沉淀+过滤处理后，全部回用于生产区各车间对水质要求不高的用户，包括精矿库地面冲洗及精矿制粒用水（140 m³/d），熔炼车间地面冲洗、浇铸机循环水设施、环境集烟脱硫补充水及熔炼渣水淬用水（759 m³/d）、电解净液车间酸雾净化塔补充水（33 m³/d）以及硫酸车间地面冲洗水、工艺系统补充水、尾气脱硫补充水（873 m³/d）。纯水站排出的高含盐污水量为 60 m³/d，含盐量约为 11 000 mg/L；经"多介质过滤+超滤+反渗透"处理系统处理后，淡水回用于浇铸机用水，浓水回用于熔炼渣水淬用水。

（3）生活污水

生活污水产生量为 72 m³/d，主要污染物产生浓度为 COD_{Cr} 350 mg/L、BOD_5 200 mg/L、NH_3-N 35 mg/L、SS 250 mg/L。经厂区自建的一体式生活污水处理设备处理并消毒后，水质达到《城市污水再生利用　城市杂用水水质》（GB 18920）中有关规定后，用于厂区绿化。冬季生活污水处理后无法回用时可排入厂内调节池。调节池面积为 18 000 m²，体积为 30 000 m³，可以容纳一个冬天的污水排放量（按照 120 天计算，冬季达标生活污水体积为 8 640 m³）。

（4）初期雨水

根据地面清洁程度控制雨水收集时间及水量，初期地面雨水全部收集送酸性含重金属生产废水处理站处理后回用。厂区内初期雨水收集量为 5 805 m³。根据厂区地势南高北低

的特点，在厂区北部设置一座 6 000 m³ 初期雨水收集池，收集的初期雨水经废水处理站处理后回用于生产工艺，替代熔炼渣水淬用水；不能一次性回用的初期雨水暂存在雨水收集池内，分期处理，处理后的初期雨水全部回用，不外排。

6.1.2 固体废物污染源及治理措施

本项目产生的固体废物包括水淬渣、转炉渣、阳极炉渣、白烟尘、铅滤饼、砷滤饼、黑铜板、废触媒、石膏、中和渣、生活垃圾等。其中，转炉渣、阳极炉渣和黑铜板作为中间产物被综合利用，水淬渣和石膏外售，生活垃圾统一由环卫部门收集处理，其他固废委托有资质单位处理处置。危险废物贮存场所按照《危险废物贮存污染控制标准》（GB 18597）及修改单要求建设，一般工业固体废物贮存场按照《一般工业固体废物贮存和填埋污染控制标准》（GB 18599）要求建设。

6.2 研究区概况及水文地质条件

6.2.1 研究区范围及保护目标

本次地下水研究范围（即模拟范围）包含厂区在内，东西边界沿着地下水等水位线，北部边界垂直于地下水等水位线，南部边界为本次水文地质勘查的南部边界（山前戈壁砾石带），西南边界为山区透水不含水层与山前平原区的分界线，属自然边界。总面积约 90.12 km²。地下水研究区范围见图 6-1。

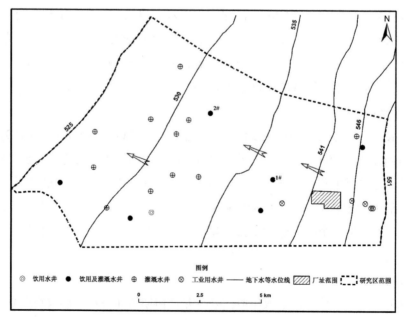

图 6-1　地下水研究区范围图

　　项目区下游的分散式水井有专门的饮用水井、饮用及灌溉共用的水井、专门的灌溉水井和工业用水井，这些水井处于项目区地下水流向的下游，接受来自上游的地下水补给，本次研究主要关注其中的有饮用功能的水井。因此，地下水评价的保护目标为厂区周围及下游地下水环境和厂区下游的分散式饮用水井，并重点关注厂区下游距厂区 1 674 m 的饮用水井 1#（QJ36）和距厂区 5 200 m 的饮用水井 2#（QJ54），见图 6-1。

6.2.2　地形地貌

　　区内地貌形态具有明显的分带性，其南部为东西向展布的山脉，向北依次为山前倾斜平原、冲积平原及沙漠，形成南部山区、中部平原区和北部沙漠区三个地貌单元。

　　研究区位于冲洪积扇组成的山前倾斜平原上，海拔为 500～700 m，总体地形平坦开阔，地形坡降为 12‰～15‰。单个扇体东西向宽 3～5 km，南北向长 10～15 km，扇轴部较扇间洼地高 20～40 m。洪积扇上水系、冲沟呈扇状、枝状展布，宽窄不一，由十几米到几十米不等，绝大多数为干沟，偶有临时性洪流，最终流向山前倾斜平原。

　　项目区位于山前冲洪积扇中上部，区内地形平坦，海拔高度在 627～661.6 m，最高点为 661.6 m，最低点为 627 m，最大高差为 34.6 m，坡降为 3%～4%。

6.2.3　气象条件

　　研究区位于博格达山北坡，具有干旱半干旱内陆盆地气候特征。其特点是冬季严寒、夏季酷热，降水稀少，蒸发强烈。多年平均降水量为 227.4 mm，年内最大降水量出现在 6—7 月；多年平均水面蒸发量为 1 652.2 mm，7 月的蒸发量最大。从多年动态变化来看，该区气温、降水量和蒸发量的年际变化趋势基本与山区相同，但水面蒸发量减少幅度大于山区。研究区丰水期为 6—9 月，枯水期为 12 月至翌年 4 月。各月累计平均降水量和蒸发量变化如图 6-2 所示。

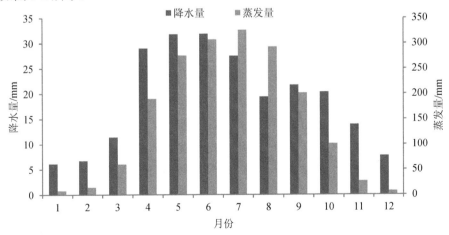

图 6-2　研究区降水量和蒸发量年内变化趋势

6.2.4 水文特征

区域内主要有两条常年性河流，均发育于南部山区，接受冰雪融水、大气降水及山区基岩裂隙水的补给。

由于两条河流出山口之后均渐渐被各种渠道所分流，没有了明显的主河道，因此本研究区内无主河道通过。

6.2.5 地质条件概况

6.2.5.1 地质构造

区域南部山区为天山-阴山巨型纬向构造带，在低序次构造上属于博格达弧形构造，由一系列东西向呈弧形展布的压扭性断裂和褶皱组成，北部平原区属准噶尔坳陷区，两者以山前大断裂（F1）为界，该区新构造运动相当强烈，主要表现为山区急剧上升、平原相对沉降。

其中，F1 断裂距离项目区南侧 4～5 km，呈东西向展布，长约 82 km，属压扭性、高角度、第四纪以来不断运动的断裂。研究区内的 F2 三台断裂向南倾，南盘上升，北盘下降，属高角度压扭性断裂，为一隐伏断裂。

研究区位于山前坳陷区，地势相对平坦，除 F2 隐伏断裂外，并无其他断裂构造分布。

6.2.5.2 地层岩性

所在区域南部中高山区出露的地层主要为石炭系、二叠系、三叠系、侏罗系，缺失白垩系，主要岩性为凝灰岩、灰岩、砂岩和砂砾岩等；低山区和平原区主要为新生界的第四系。研究区位于平原区，地层为第四系中更新统和上更新统-全新统。

（1）中更新统（Q_2）

呈台地状分布于河流西侧，为一套冰水、冰碛沉积物，岩性为砂岩、粉砂岩等，与下伏地层呈整合接触。

（2）上更新统—全新统（Q_{3-4}）

上更新统广泛分布于区内，构成山前倾斜平原，岩性由南部山前的卵砾石、砂砾石层渐变为北部的砂砾石、砂层及亚砂土、亚黏土层；据前人资料，第四系沉积厚度为 350～650 m。沉积物颗粒自山前向北部平原由粗变细。全新统主要分布于现代河床及冲沟内，为现代河流相冲洪积物沉积，岩性为松散的卵砾石及砂砾石。

出露的地层具体可分上更新统风积层（Q_3^{eol}）、上更新统冲洪积层（Q_3^{al+pl}）和全新统冲洪积层（Q_4^{al+pl}）。

①上更新统风积层（Q_3^{eol}）。

分布于研究区南部冲洪积扇，上层为风成黄土，呈南北向黄土梁，最大厚度可达 13 m

左右。

②上更新统冲洪积层（Q_3^{al+pl}）。

广布于研究区，岩性呈二元结构，上为含砾黄土状亚砂土、砾质亚砂土，厚度为 0.5～1.4 m，个别地方零星分布漂石，有的巨漂粒径达 2 m；其下为卵砾石，分选差，绝大部分为花岗岩、安山岩等，多呈中等密度，含少量砂质土。据物探成果，该地层厚度为 400～550 m。

③全新统冲洪积层（Q_4^{al+pl}）。

河流出山口后，在现代河床里分布有少量的全新统冲洪积层（Q_4^{al+pl}），主要为漂石，成分为火成岩、角闪岩和闪长岩等。

6.2.6 水文地质条件概况

6.2.6.1 地下水赋存特征

根据含水层介质和埋藏条件，区域地下水类型主要为松散岩类孔隙水。松散岩类孔隙水广泛分布于研究区，可分为第四系松散岩类孔隙潜水和承压水，南部为单一结构潜水含水层，北部为多层结构潜水-承压水含水层。区域及厂区水文地质图见图 6-3 和图 6-4。

（1）单一结构孔隙潜水

受含水层补给条件的影响，研究区内含水层的富水性有明显的分带规律，总体表现为沿河流冲洪积扇轴中上部较富水，向下游富水性变差，轴部两侧富水性也变差，即由南向北、由冲洪积扇轴部向轴部两侧富水性逐渐减弱；在山前地带、河谷西侧，分布由 Q_2^{fgl} 冰水、冰碛沉积物组成的台地，该区为透水不含水层。依据单位涌水量的大小（指井径 377 mm、降深为 1 m 时的涌水量），将研究区内含水层富水性划分为以下 3 个区。

①单位涌水量大于 1 000 m³/（d·m）区。

分布在冲洪积扇中上部，沿冲积扇轴 1～5 km 宽的范围内，单位涌水量大于 1 000 m³/(d·m)，例如 J44 单井涌水量为 3 870.720 m³/d，降深为 3.71 m，单位涌水量为 1 043.32 m³/（d·m）；J36 单井涌水量为 3 119.900 m³/d，降深为 2.81 m，单位涌水量为 1 110.28 m³/（d·m）。含水层厚度大于 100 m，含水层岩性以卵砾石、砂砾石为主，渗透系数为 52.13～78.27 m/d，水位埋深由南部的大于 100 m 向北渐变为 30 m，该区富水性强。

②单位涌水量 500～1 000 m³/（d·m）区。

分布于冲洪积扇轴部两侧及轴中下部。例如 J54 单井涌水量为 3 839.60 m³/d，降深为 5.39 m，单位涌水量为 712.36 m³/（d·m）；J23 单位涌水量为 629.62 m³/（d·m）、J8 单位涌水量为 516.15 m³/（d·m）。含水层厚度为 60～100 m，含水层岩性以砂砾石、含砾中粗石为主，渗透系数为 20.46～45.11 m/d，水位埋深为 25～70 m，该区富水性中等。

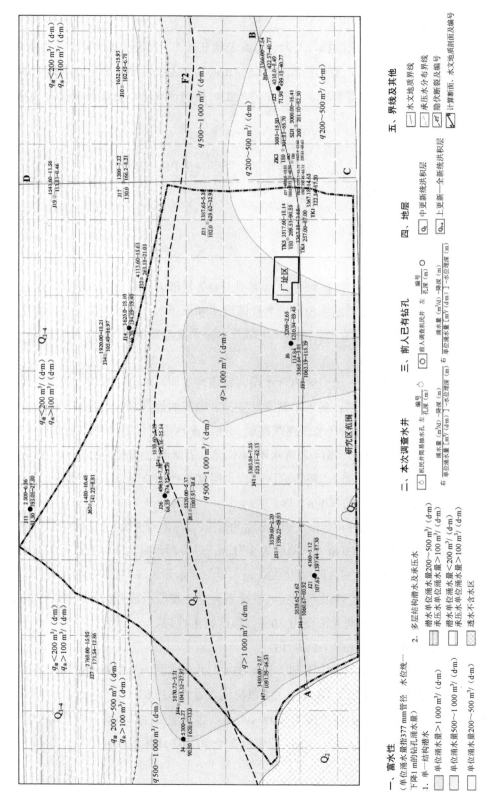

图 6-3　区域水文地质平面图

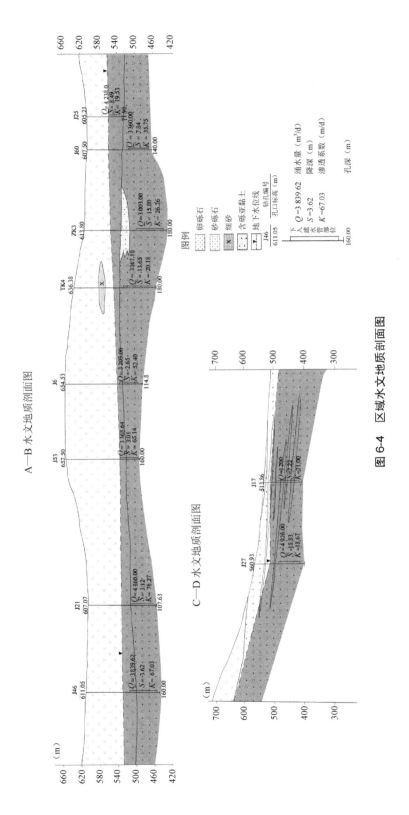

图 6-4 区域水文地质剖面图

③单位涌水量 200～500 m³/（d·m）区。

分布于南侧条带区域。据本次收集的现有井资料（J60、J32、ZK1、ZK2、ZK3、TK1、TK3、TK4、TK5）及本次实地调查的现有井资料（J27、J25），并进行野外抽水试验，单井涌水量在 4 571.70～3 000.0 m³/d，降深为 23.65～8.49 m，单位涌水量 209.53～499.18 m³/（d·m）；含水层厚度为 80～120 m，含水层岩性主要为砂砾石，含砾粗砂，渗透系数为 18.26～26.47 m/d，地下水位埋深 20～88 m，该区富水性较差。

（2）多层结构孔隙潜水-承压水

分布于研究区北部平原区，上覆潜水含水层岩性主要为砂砾石、中细砂，其富水性由南向北逐渐变弱，单位涌水量由 200～500 m³/（d·m）变至小于 200 m³/（d·m），渗透系数为 5.6～19.03 m/d，地下水位埋深为 20～30 m，矿化度小于 1 g/L，地下水水化学类型由南向北由 $HCO_3 \cdot SO_4$—$Ca \cdot Na$ 型变为 $SO_4 \cdot HCO_3$—$Na \cdot Mg$ 型。下伏承压水含水层岩性主要为中砂、粗砂和砂砾石，单位涌水量大于 100 m³/（d·m），矿化度小于 0.5 g/L，水化学类型为 $HCO_3 \cdot SO_4$—$Na \cdot Ca$ 型。其间隔水层由亚黏土、黏土组成。

厂址区地下水为第四系松散岩类孔隙潜水，该区地层由第四系上更新统冲洪积卵砾石及砂砾石构成。根据本次物探成果资料，厂址区内垂向结构为单一的第四系砂砾石及卵砾石，南北向厚度为 490～500 m，东西向厚度为 480～500 m，呈缓坡状。据本项目水文地质勘查资料，编号为 WXZK1 的钻孔的井深为 250 m，水位埋深为 122.61 m，0～130 m 深度内多为干燥的砂、卵砾石，130～250 m 深度内为砂砾石，单井涌水量为 2 401.92 m³/d，水化学类型为 $SO_4 \cdot HCO_3$—Na 型，矿化度为 0.67 g/L。

6.2.6.2 地下水补径排条件

受地形、地貌、地层和地质构造的控制，所在区域地下水形成和运移呈现一般干旱区冲洪积平原水文地质规律，即南部山区为地下水形成（补给）区，山前戈壁砾石带为地下水的补给-径流区，细土平原带为地下水的径流-排泄区。研究区位于洪积扇的中上部，属于区域中的地下水补给-径流区，局域尺度补径排条件较好。

（1）地下水补给

区域地下水主要来源于为南部山区的大气降水、冰雪融水补给；经统计，1985—2010 年区域多年平均地下水补给量为 6 677×10⁴ m³。研究区在山前倾斜平原，包气带和含水层组成颗粒粗大，地表入渗条件好，地下水径流强烈，且水系发达，主要接受大气降水、地表水（渠系）和南部山区的侧向补给。但因气候干旱，降水量少，地表水（渠系）入渗补给和侧向补给成为重要补给源。

（2）地下水径流

地下水径流条件与所处的地形、地貌及地层岩性有关。区域南部含水层岩性颗粒相对较粗，地下水径流速度快；向北随含水层岩性颗粒逐渐变细，含水层的渗透性减弱，径流速度变缓。根据本次水文地质勘查资料，研究区地下水流向整体由南东向北西径流，水力坡度为 1.3‰～3.1‰，见图 6-5。

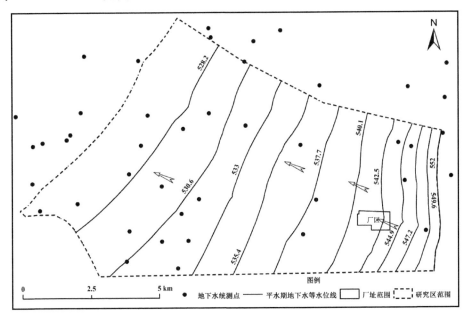

图 6-5　研究区地下水平水期流场图

（3）地下水排泄

山前倾斜平原区地下水排泄条件较好，主要有地下径流排泄和垂直排泄，前者为地下水沿径流方向向西北界外的排泄，后者为农灌井、工业生产井、民用抽水井等开采提取的地下水人工排泄和天然蒸发排泄。由于研究区内地下水埋深为 10～100 m，地下水蒸发排泄量少，主要通过地下水开采和侧向径流排泄。

6.2.6.3　地下水动态特征

该厂址区位于南部冲洪积扇中上部一带，受季节性开采和丰水期上游地表水的补给作用影响，地下水动态类型为径流-开采型。地下水类型为第四系松散岩类孔隙潜水，水位埋深大于 100 m；地下水径流条件较好，补给面积辽阔，正常条件下地下水位变化平缓，年际变幅较小，水位峰值多滞后于降水峰值，但地下水开采强烈（主要为农业开采及工业开采），地下水位年内变化相对较大。根据调查统计，对厂址区东北侧一民井（潜水观测井）资料进行分析（见图 6-6、图 6-7），其动态特征可以反映该区地下水动态特征。

（1）年际动态

从 2009—2011 年三年的观测资料来看，地下水位变化很小，年际变幅为 0.15～0.26 m。

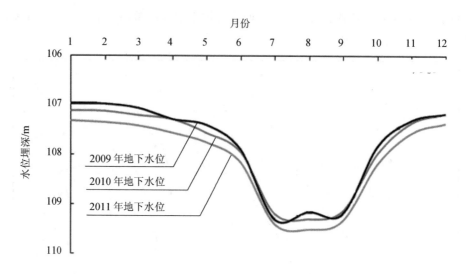

图 6-6 厂址东北侧一民井地下水年际动态曲线

（2）年内动态

从 2011—2012 年地下水位埋深观测资料来看，地下水位在大量开采的 7—9 月降至最低点，而 10 月以后开始回升，至翌年 3—4 月由于地下水开采量减少，地下水位上升至最高点，最大年内水位变幅达 2.19 m。

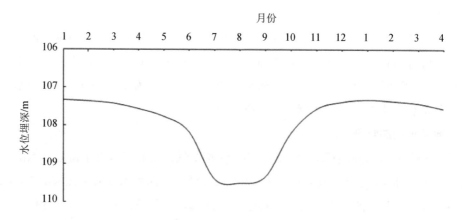

图 6-7 厂址东北侧一民井 2011—2012 年地下水动态曲线

6.2.6.4 地下水开发利用现状

研究区地下水资源的开发利用主要包括农村灌溉、生活用水及工业、城市生产生活用水。开采方式主要为机民井开采。灌溉开采一般在每年的 4—8 月之间，生活用水一般按 8 h/d 来计。

根据本次水文地质调查，在调查区共统计了 39 口机民井，各井地下水的开采量差别很大，其中以灌溉井为主。经分析计算，调查区内居民饮用水井开采量为 1 407.95 m³/d，灌溉及饮用水井开采量为 35 326.28 m³/d，灌溉水井开采量为 31 255.48 m³/d，工业用水井开采量为 18 039.66 m³/d。

6.2.6.5　地下水量均衡分析

对本次均衡计算所采取的水文地质参数，主要依据研究区水文地质勘查报告、项目可行性研究等相关资料以及气象部门、水利部门提供的相关资料，结合勘查区具体的地形地貌、包气带岩性及地下水位埋深等水文地质条件类比综合取值。

以本次均衡计算的区域为本次研究区。由于区内地下水动态呈枯、丰水期的年周期变化，因此取一年为均衡期来计算地下水量的补排关系。各均衡要素的分析如下。

（1）地下水补给量

通过对区内地下水的补给条件分析，本区地下水的补给量为：

$$Q_{总补} = Q_降 + Q_灌 + Q_渠 + Q_侧 \tag{6-1}$$

式中：$Q_{总补}$——地下水总补给量，万 m³/a；

$Q_降$——降水入渗补给量，万 m³/a；

$Q_灌$——灌溉入渗补给量，万 m³/a；

$Q_渠$——渠系入渗补给量，万 m³/a；

$Q_侧$——地下水侧向补给量，万 m³/a。

①降水入渗补给量

计算公式：

$$Q_降 = F \times P \times \alpha \tag{6-2}$$

式中：F——降水入渗补给面积，本次研究区范围内有村镇分布，但城市建设硬化路面较少，降水入渗的有效面积按研究区的 70% 计；

P——有效降水量，全年取 227.4 mm；

α——降水入渗系数，结合研究区水文地质勘察资料及当地地下水资源评价相关资料，取 0.2；由于本研究区内表层土的降水入渗系数相差不大，因此，本次计算降水入渗补给量时，降水入渗系数不进行分区。

经计算，降水入渗的补给量为 286.91 万 m³/a。

②农灌入渗补给量。

农灌入渗是地下水补给的一项重要来源，主要包括地表水灌溉田间渗漏量和井灌回归量。

由资料可知，根据灌区土壤岩性、地下水埋深、灌水定额等因素，选取相应计算参数，按渠系水到农口的水量，分灌区对全市地表水灌溉的田间渗漏量进行计算，得出全市灌溉区地表水灌溉田间渗漏补给地下水为 590 万 m³/a；根据调查统计的农林业灌溉开采量、井灌区的地下水位埋深等参数，得出全市灌溉区井灌回归量为 708 万 m³/a。

根据研究区水文地质勘察资料及该区地下水功能分区情况可知，本研究区灌溉面积约占全市灌溉区面积的 5%，由此可得本研究区农灌入渗补给量为 64.90 万 m^3/a。

③渠系入渗补给量。

研究区各类渠系长度共约 300 km。对渠系入渗补给量，采用入渗强度计算法，分防渗渠和未防渗渠按式（6-3）计算：

$$Q_{渠} = \sum_{i=1}^{n} L_i \times \lambda_i \times t_i \tag{6-3}$$

式中：L_i——渠系入渗长度，m，其中，支渠 9 km、斗渠 74 km，按防渗渠计算；农渠 104 km、毛渠 112 km，按未防渗渠计算；

λ_i——渠系不同时段的单位入渗强度，$m^3/$（d·m），参照资料选取，见表 6-2；

t_i——渠系不同时段的输水时间，d，见表 6-2。

表 6-2　研究区渠系入渗强度及输水时间取值表

分类			入渗强度/[$m^3/$（d·m）]	输水时间/d
未防渗渠	农渠	枯期	0.13	112
		丰期	0.11	76
	毛渠	枯期	0.06	112
		丰期	0.05	76
防渗渠	支渠	枯期	0.50	133
		丰期	0.30	86
	斗渠	枯期	0.27	133
		丰期	0.23	86

经计算，渠系入渗补给量为 851.37 万 m^3/a。

④地下水侧向补给量。

本研究区位于山前倾斜平原的中上缘。根据研究区的地下水流向，其南部边界和东部边界接受区域地下水的侧向补给。本次分析根据渗透系数的分布，对地下水侧向补给量进行分断面计算。

地下水径流侧向补给量按下式计算：

$$Q_{侧补} = K \times I \times B \times M \times \cos\alpha \tag{6-4}$$

式中：K——渗透系数，m/d，按照研究区水文地质勘察资料取值；

I——水力坡度，根据研究区等水位线图确定；

B——计算断面宽，m，直接在地形图上量取；

M——含水层厚度，m，依据物探试验及水文地质资料确定；

α——地下水等水位线与计算断面的夹角。

各参数取值及侧向补给量的计算见表 6-3。

表 6-3 地下水侧向补给量计算表

断面	K/（m/d）	I	B/m	M/m	$\cos\alpha$	$Q_{侧补}$/（m^3/d）
	26.3	0.001 3	222	400	0.50	1 518.04
	54	0.001 3	2 885	400	0.50	40 505.40
南部边界	26.3	0.001 5	4 021	400	0.42	26 815.71
	50	0.002	1 364	400	0.34	18 660.62
	26.3	0.002 5	1 205	400	0.50	15 845.75
	22	0.003 1	2 603	400	0.34	24 286.80
东部边界	26.3	0.002 5	1 767	400	1	46 472.10
	22	0.002 5	3 330	400	1	73 260.00
合计	—	—	—	—	—	247 364.41

经计算，地下水径流侧向补给量为 9 028.80 万 m^3/a。

⑤地下水总补给量。

综合本区各单项地下水补给量，本区地下水总补给量为 10 231.98 万 m^3/a。见表 6-4。

表 6-4 研究区各项地下水补给量 单位：万 m^3/a

类别	补给量	类别	补给量
降水入渗补给量	286.91	地下水侧向补给量	9 028.80
农灌入渗补给量	64.90	地下水总补给量	10 231.98
渠系入渗补给量	851.37		

（2）地下水排泄量

通过对区内地下水的排泄条件分析，本区地下水的排泄量为：

$$Q_{总排} = Q_{蒸发} + Q_{开采} + Q_{侧排} \qquad (6\text{-}5)$$

式中：$Q_{总排}$——地下水总排泄量，万 m^3/a；

$\quad Q_{蒸发}$——潜水蒸发排泄量，万 m^3/a；

$\quad Q_{开采}$——地下水人工开采量，万 m^3/a；

$\quad Q_{侧排}$——地下水侧向排泄量，万 m^3/a。

①蒸发排泄量。

本研究区位于山前倾斜平原的中上缘，第四系巨厚层沉积物较发育，地下水位埋深从南向北在 10～100 m 之间变化，而研究区地下水极限蒸发深度在 4～5 m，因此本次计算忽略蒸发排泄量。

②地下水人工开采量。

根据本次调查统计，研究区分布有多口抽水井，井的用途为饮用、饮用及灌溉、灌溉、工业用。取水来源为第四系孔隙潜水。不同抽水井的抽水量不同。经计算，研究区内的人工开采量总和为 2 207.95 万 m^3/a。

③地下水侧向排泄量。

本研究区的地下水侧向排泄断面为西部边界，地下水侧向排泄量按下式计算：

$$Q_{侧排} = K \times I \times B \times M \times \cos\alpha \tag{6-6}$$

式中：K——渗透系数，m/d，按照研究区水文地质勘察资料取值；

I——水力坡度，根据研究区等水位线图确定；

B——计算断面宽，m，直接在地形图上量取；

M——含水层厚度，m，依据物探试验及水文地质资料确定；

α——地下水等水位线与计算断面的夹角。

各参数取值及侧向排泄量的计算见表 6-5。

表 6-5　地下水侧向排泄量计算表

断面	K/（m/d）	I	B/m	M/m	$\cos\alpha$	$Q_{侧排}$/（m^3/d）
西部边界	26.3	0.002	2 471	400	1	51 989.84
	54	0.002	3 009	400	1	129 988.80
	22	0.002	691	400	1	12 161.60
	12	0.002	2 945	400	1	28 272.00
合计	—	—	—	—	—	222 412.24

经计算，地下水径流侧向排泄量为 8 118.05 万 m^3/a。

④地下水总排泄量。

综合各单项地下水排泄量，本研究区地下水总排泄量为 10 326.00 万 m^3/a，见表 6-6。

表 6-6　研究区各项地下水排泄量　　　　　　　　　　单位：万 m^3/a

类别	排泄量	类别	排泄量
蒸发排泄量	忽略	地下水侧向排泄量	8 118.05
地下水人工开采量	2 207.95	地下水总排泄量	10 326.00

（3）地下水总均衡

综上所述，本研究区地下水储存量的变化量为：

储存量变化量 ＝ $Q_{总补}$－$Q_{总排}$ ＝ 10 231.98－10 326.00 ＝－94.02 万 m^3/a

补给量小于排泄量，总体上本研究区处于地下水负均衡状态。地下水总均衡见表 6-7。

表 6-7 区域地下水总均衡计算 单位：万 m³/a

均衡项	类别	水量
各项补给量	降水入渗补给量	286.91
	农灌入渗补给量	64.90
	渠系入渗补给量	851.37
	地下水侧向补给量	9 028.80
总补给量	10 231.98	
各项排泄量	蒸发排泄量	0
	地下水人工开采量	2 207.95
	地下水侧向排泄量	8 118.05
总排泄量	10 326.00	
总均衡	−94.02	
均衡差百分比	0.91%	

6.3 地下水数值模拟预测及评价

6.3.1 水文地质概念模型

（1）含水层结构

根据前述研究区水文地质条件，本研究区主要分布厚层的单一结构第四系潜水，仅北部一小部分地区分布多层结构的潜水及承压水。而厂址区周围及下游地区的地下水主要在单一结构的潜水含水层中赋存和运移。为了较精确地刻画研究区地层结构，本次建模将整个研究区地层结构概化为三层，见表 6-8、图 6-8。其中，地表高程等值线及含水层底板等值线见图 6-9、图 6-10。

表 6-8 含水层系统概化表

概化层位	地层	含水层性质	厚度/m	岩性
第一层	第四系上更新统	潜水、主要含水层	25～50	砂砾石、粗砂，充填有亚砂土
第二层		亚黏土透镜体，相对隔水层（仅北部小范围分布）	5～15	亚黏土，以局部透镜体的形式存在
第三层		潜水、主要含水层	300～460	砂砾石、粗砂，充填有亚砂土

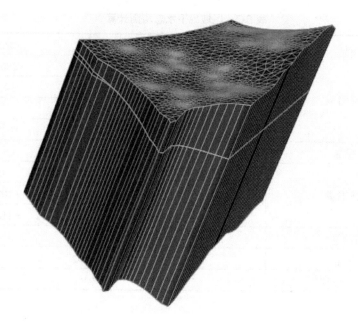

图 6-8　研究区地层结构示意图

海拔高度
等值线/m

■ 692~703
■ 680~692
■ 668~680
■ 656~668
■ 645~656
■ 633~645
■ 621~633
■ 610~621
■ 598~610
■ 586~598
■ 575~586
■ 563~575
■ 551~563
■ 539~551
■ 528~539

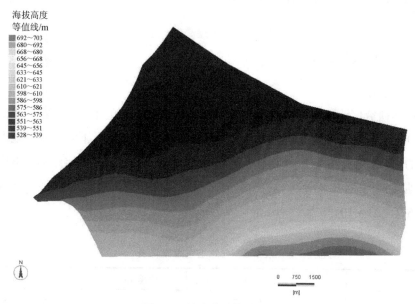

图 6-9　地表高程等值线

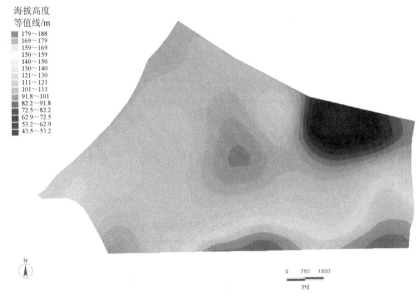

图 6-10 含水层底板等值线

（2）边界条件

研究区为山前冲洪积形成的倾斜平原。根据水文地质条件、地下水等水位线及厂址区周围敏感目标分布情况，将边界条件（以三层含水层概化模型为对象）概化为：北部边界为零流量边界；东边界、西边界由于有较多的水位监测点，概化为变水头边界；南部边界为流量边界；西南边界为零流量边界；上边界为潜水面，接受大气降水、农灌、渠系等补给且以人工开采的形式进行地下水排泄；下边界位于厚层第四系潜水含水层底板，为隔水边界。

（3）水文地质参数

①饱和带相关参数。

a. 含水层渗透系数（K）。

根据本研究区专项水文地质勘查报告，在大量收集前人资料的基础上（前人在本研究区主要进行的饱水带试验有：钻孔内单孔抽水试验 5 组、钻孔内多孔抽水试验 2 组、机民井抽水试验 14 组），现场实地完成了饱水带试验、包气带试验等。

前人对含水层渗透系数的计算采用单孔稳定流计算、多孔稳定流计算、泰斯（降深-时间法）等三种方法。本研究区参数计算结合前人参数计算方法，在勘查区采用单孔稳定流非完整井计算，具体计算公式如下：

$$K = \frac{0.366Q(\ln R - \ln r_{\mathrm{w}})}{H - S_{\mathrm{w}}} \tag{6-7}$$

$$R = 2 \cdot S_{\mathrm{w}} \sqrt{H \cdot K} \tag{6-8}$$

式中：Q —— 抽水试验涌水量，m^3/d；

    K —— 渗透系数，m/d；

    R —— 影响半径，m；

    H —— 至过滤器底部的含水层厚度，m；

    r_w —— 抽水孔半径，m；

    S_w —— 降深，m。

本次抽水试验结果见表 6-9。收集到的前人抽水试验成果及本次抽水试验的民井或钻孔点位见图 6-11。

表 6-9　本次抽水试验结果表

井编号	孔深/m	井径/m	含水层类型	含水层岩性	降深/m	涌水量/（m³/d）	渗透系数/（m/d）
J4	90	0.377	潜水	砂砾石	3.27	5 300.00	32.23
J21	108	0.377	潜水	砂砾石	3.12	4 360.00	78.27
J11	52	0.377	潜水	砂砾石	6.36	2 500.00	19.03
J26	66	0.377	潜水	砂砾石	7.36	4 963.00	20.46
J14	41	0.377	潜水	砂砾石	18.60	3 625.00	11.66
J6	114	0.377	潜水	砂砾石	2.65	3 209.00	52.40
J27	82	0.377	潜水	砂砾石	15.83	4 926.00	18.67
J25	72	0.377	潜水	砂砾石	8.49	4 238.00	19.53
J18	61	0.377	潜水	砂砾石	16.36	3 496.00	5.54
J17	82	0.377	潜水	砂砾石	6.25	3 961.00	21.00

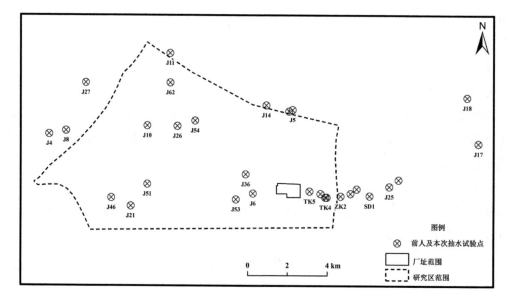

图 6-11　前人及本次抽水试验点分布图

另外，根据前述地下水赋存特征，从研究区含水层的富水性方面对渗透系数进行了分区，见表 6-10。

表 6-10 含水层渗透系数建议值

序号	含水层性质	含水层富水性/[m³/(d·m)]	渗透系数/(m/d)
1	单一结构潜水	>1 000	52.13～78.27
2	单一结构潜水	500～1 000	20.46～45.11
3	单一结构潜水	200～500	18.26～26.47
4	多层结构潜水、承压水	<200	5.6～19.03

b. 给水度（μ）和孔隙度（n）。

根据前人进行的抽水试验，结合本研究区含水层岩性等水文地质条件，综合确定给水度的取值为：含水层 0.24，亚黏土透镜体 0.10；孔隙度的取值为：含水层 0.32，亚黏土透镜体 0.47。

c. 溶质运移参数。

根据资料，本研究区的地下水实际流速 u 为 16.5～66.4 m/a，纵向弥散系数 D 为 2.4×10^{-2} cm²/s，由此得到纵向弥散度为 1～5 m。但考虑经验值 10 m，本次按最不利情况考虑，取纵向弥散度为 10 m。

②非饱和带相关参数。

a. 垂向饱和渗透系数。

本次研究在厂区内进行了 8 组双环渗水试验，试验深度均在建设项目地基深度之下，渗水试验计算公式如下：

$$K = \frac{QL}{F(H_k + Z + L)} \tag{6-9}$$

式中：K —— 土层渗透系数，m/d；

　　　Q —— 稳定的渗入水量，m³/d；

　　　L —— 试验结束时水的渗入深度（试验后开挖确定），m；

　　　F —— 试坑（内环）渗水面积，m²；

　　　H_k —— 土层毛细上升高度，m；

　　　Z —— 试坑（内环）中水层厚度，m。

由此得到其垂向饱和渗透系数（见表 6-11），建设项目地基之下的包气带渗透性分区图见图 6-12。

表 6-11　包气带的垂向饱和渗透系数一览表

试验点编号	试验深度/m	渗透系数/（m/d）	试验点编号	试验深度/m	渗透系数/（m/d）
S1	6.0	16.56	S5	3.6	16.15
S2	3.0	15.71	S6	4.0	17.34
S3	4.0	16.02	S7	2.8	19.62
S4	10.0	15.50	S8	2.6	21.12

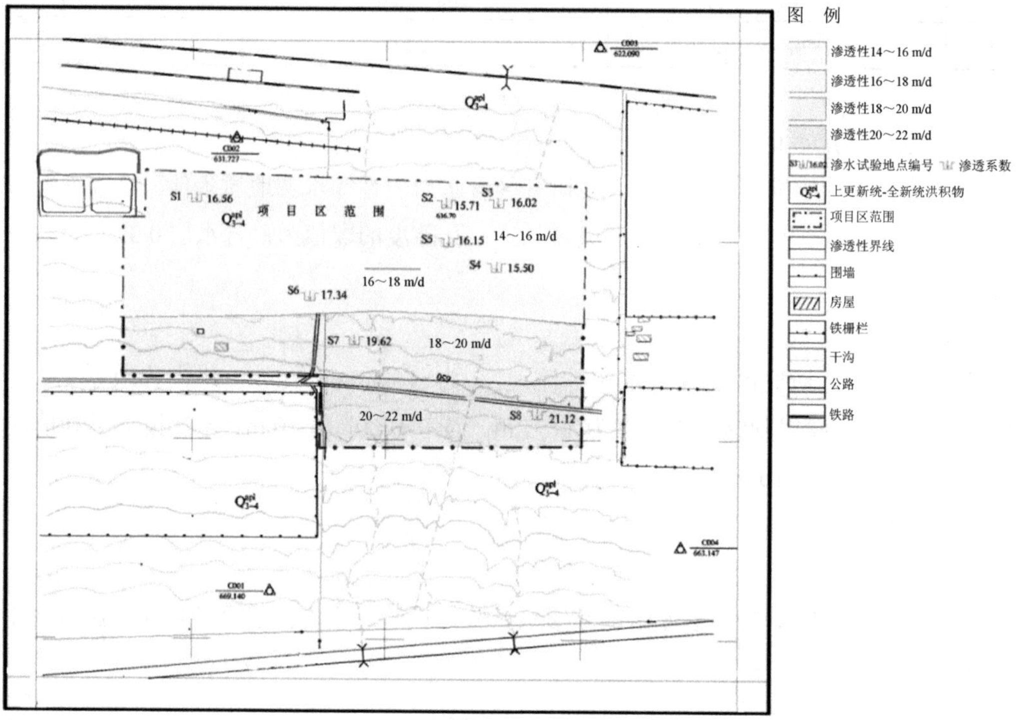

图 6-12　厂址区包气带渗透性分区图

b. 非饱和带水分特征曲线参数。

在非饱和带中，含水率和渗透系数都是随压力水头变化的函数，其中含水率和压力水头的关系可以用水分特征曲线来表征。目前，水分特征曲线的确定主要是通过实验来获得，但也可使用经验公式进行拟合计算。本次模拟则采用 Van Genuchten 模型拟合计算：

$$\theta(h) = \theta_r + \frac{\theta_s - \theta_r}{\left[1 + |\alpha h|^b\right]^a} \quad (\text{其中，} \ a = 1 - 1/b, \ b > 1) \tag{6-10}$$

$$K(h) = K_s S_e^l \left[1 - \left(1 - S_e^{1/m}\right)^m\right]^2 \left(\text{其中} \ S_e = \frac{\theta - \theta_r}{\theta_s - \theta_r}\right) \tag{6-11}$$

式中：θ_r、θ_s——残余含水率和饱和含水率，$L^3 L^{-3}$；

$\qquad K_s$——饱和渗透系数，LT^{-1}；

$\qquad S_e$——有效饱和度，量纲一；

$\qquad \alpha$——进气值，L^{-1}；

$\qquad a$、b、l——经验参数，量纲一。

其中，对 θ_r、θ_s、K_s、α、b 和 l 等 6 个参数，通常根据美国国家盐改中心（US Salinity Laboratory）通过室内或田间脱湿试验完成的一个非饱和土壤水力性质数据库（UNSODA）获得。本研究区中含砂卵砾石（粒径大于 2 mm 的砾石含量超过 30%）不包含在上述数据库中，其 θ_r、θ_s、α、b、l 参数值参考相关文献[1]得到，见表 6-12。

表 6-12　包气带水力特征参数表

土壤类型	θ_r	θ_s	α /（1/cm）	b	l
砾石（厂址区地基下）	0.065 5	0.231	0.258 0	3.420 0	0.5

c. 包气带溶质运移相关参数。

根据野外试验和经验值得到本研究区含砂卵砾石的干容重 ρ_b、纵向弥散度 α_L、有效孔隙度 n_e，见表 6-13。

表 6-13　包气带溶质运移相关参数

土壤类型	ρ_b/（kg/m³）	α_L/m	n_e
砾石（厂址区地基下）	1 860	10	0.32

6.3.2　地下水数学模型及模拟软件选择

考虑到研究区包气带厚度较大，污染物在渗入地下水的过程中会受到该包气带介质的阻滞，故本次地下水环境的预测评价需建立非饱和-饱和带模型。综合研究区地层岩性、地下水类型、地下水补径排特征、地下水动态变化等水文地质条件及研究区水均衡分析等，在现有资料的基础上，将非饱和带概化为均质各向同性的多孔介质，其中的水流运动符合推流模式，污染物侧向迁移忽略不计，即认为该水流运动和污染物迁移模型为一维垂向非稳定流模型；将饱和带概化为非均质各向同性的空间多层结构介质，其中的水流运动和污染物迁移模型为三维非稳定流模型。不同情景的泄漏对地下水的污染评价建立在非饱和带污染物迁移预测结果的基础之上，非饱和带和饱和带模型通过潜水面耦合。

6.3.2.1 非饱和带模型

（1）水流模型

①控制方程。

以地表面为零基准点，Z 轴向上为正，主渗透方向与坐标轴方向一致，上边界为地表（$z=0$），下边界为潜水面（$z=L$，L 取潜水埋深的负值），只考虑地面入渗，则无植物根系吸水的包气带一维垂向水流运动方程用压力水头 h 表示为：

$$\frac{\partial \theta(h)}{\partial t} = \frac{\partial}{\partial z}\left[K(h)\left(\frac{\partial h}{\partial z}+1\right)\right] \quad (6-12)$$

式中：h——压力水头，L；

　　　$\theta(h)$——土壤体积含水率，是压力水头的函数，$L^3 L^{-3}$；

　　　$K(h)$——土壤的渗透系数，也是压力水头的函数，LT^{-1}；

　　　z——沿 z 轴的距离，L；

　　　t——时间变量，T。

②初始条件。

$$h(z,t) = h_0(z) \quad t=0,\ L \leqslant z \leqslant 0 \quad (6-13)$$

式中：$h_0(z)$——给定的初始水头，L。

③边界条件。

上边界条件：如果是在连续点源污染（污染物以定浓度 c_0 连续注入）的情景下，供水强度 R 不超过土壤入渗强度，地表无积水时，给出定水流通量的第二类 Neumann 边界条件。

$$-\frac{\partial}{\partial z}\left[K(h)\left(\frac{\partial h}{\partial z}+1\right)\right] = R \quad t>0,\ z=0 \quad (6-14)$$

式中：R——上边界的已知入渗流量，$L^3 T^{-1}$。

如果是在短期点源污染（污染物以定浓度 c_0 注入一段时间 t_0 后，被及时控制）的情景下，供水强度 R 不超过土壤入渗强度，地表无积水时，给出脉冲型第二类 Neumann 边界条件。

$$-\frac{\partial}{\partial z}\left[K(h)\left(\frac{\partial h}{\partial z}+1\right)\right] = \begin{cases} R_1 & 0<t\leqslant t_0 \\ R_2 & t>t_0 \end{cases} \quad (6-15)$$

式中：R_1——$0\sim t_0$ 时段已知入渗流量，$L^3 T^{-1}$；

　　　R_2——t_0 时段后的已知入渗流量，$L^3 T^{-1}$。

下边界条件：假设潜水面随时间的变化幅度较小，可忽略不计，则给出压力水头为零的第一类 Dirichlet 边界条件。

$$h(z,t) = 0 \quad t>0, \ z = L \tag{6-16}$$

式中：L —— 潜水埋深的负值。

（2）溶质模型

①控制方程。

在水流模型的基础上，以不同情景泄漏的污染物为研究对象，不考虑溶液密度的变化，且本着风险最大的原则，忽略污染物的吸附、解吸和自然衰减等物理、化学、生物反应，只关注对流、弥散作用，建立包气带一维垂向溶质运移方程：

$$\frac{\partial \theta C}{\partial t} = \frac{\partial}{\partial z}\left(\theta D \frac{\partial C}{\partial z}\right) - \frac{\partial}{\partial z}(qC) \tag{6-17}$$

式中：C —— 污染物在包气带介质中的浓度，ML^{-3}；

$\quad\ \ D$ —— 包气带的弥散系数，L^2T^{-1}；

$\quad\ \ q$ —— 包气带中水流的实际速度，LT^{-1}；

$\quad\ \ z$ —— 沿 z 轴的距离，L；

$\quad\ \ t$ —— 时间变量，T；

$\quad\ \ \theta$ —— 土壤体积含水率，L^3L^{-3}。

②初始条件。

$$C(z,t) = 0 \quad t = 0, \ L \leqslant z < 0 \tag{6-18}$$

式中：L —— 潜水埋深的负值。

③边界条件。

上边界条件：如果是在连续点源污染（污染物以定浓度 C_0 连续注入）的情景下，地表为给定浓度的第一类 Dirichlet 边界条件。

$$C(z,t) = C_0 \quad t>0, \ z = 0 \tag{6-19}$$

如果是在短期点源污染（污染物以定浓度 C_0 注入一段时间 t_0 后，被及时控制）的情景下，地表为随时间脉冲变化的第一类 Dirichlet 边界条件。

$$C(z,t) = \begin{cases} C_0 & 0<t\leqslant t_0 \\ 0 & t>t_0 \end{cases} \tag{6-20}$$

下边界条件：由于模拟选择的下边界为潜水面，污染物呈自由渗漏状态，边界内外的浓度相等，故而将其认为是不存在弥散通量的第二类 Neumann 零梯度边界。

$$-\theta D \frac{\partial C}{\partial z} = 0 \quad t>0, \ z = L \tag{6-21}$$

6.3.2.2 饱和带模型

（1）水流模型

$$
\begin{cases}
\dfrac{\partial}{\partial x}\left(K_{xx}\dfrac{\partial H}{\partial x}\right)+\dfrac{\partial}{\partial y}\left(K_{yy}\dfrac{\partial H}{\partial y}\right)+\dfrac{\partial}{\partial z}\left(K_{zz}\dfrac{\partial H}{\partial z}\right)+W=\mu_{s}\dfrac{\partial H}{\partial t} & (x,y,z)\in\Omega,t>0\\[2mm]
H(x,y,z,t)\big|_{t=0}=H_{0}(x,y,z) & (x,y,z)\in\Omega\\[2mm]
H(x,y,z,t)\big|_{S_{1}}=H_{1}(x,y,z) & (x,y,z)\in S_{1},t>0\\[2mm]
K_{n}\dfrac{\partial H}{\partial n}\bigg|_{S_{2}}=q(x,y,z,t) & (x,y,z)\in S_{2},t>0
\end{cases}
\tag{6-22}
$$

式中：Ω —— 地下水渗流区域；

$\quad\quad H$ —— 地下水水头，m；

$\quad\quad S_{1}$ —— 模型的第一类边界；

$\quad\quad S_{2}$ —— 模型的第二类边界；

$\quad\quad K_{xx}$、K_{yy}、K_{zz} —— x、y、z 主方向的渗透系数，m/d；

$\quad\quad W$ —— 源汇项，包括降水入渗补给、河流入渗补给、井的抽水量等，m^{3}/d；

$\quad\quad \mu_{s}$ —— 弹性释水率，m^{-1}；

$\quad\quad H_{0}(x,y,z)$ —— 初始地下水水头函数，m；

$\quad\quad H_{1}(x,y,z)$ —— 第一类边界已知地下水水头函数，m；

$\quad\quad q(x,y,z)$ —— 第二类边界单位面积流量函数，m/d；

$\quad\quad n$ —— 边界 S_{2} 上的外法线方向。

（2）溶质模型

①控制方程。

本次建立的地下水溶质运移模型是针对三维水流影响下的三维弥散问题，水流主方向和坐标轴重合，溶液密度不变，存在局部平衡吸附和一级不可逆动力反应，溶解相和吸附相的速率相等，即 $\lambda_{1}=\lambda_{2}$。在此前提下，溶质运移的三维水动力弥散方程的数学模型如下：

$$
\frac{\partial(\theta C)}{\partial t}=\frac{\partial}{\partial x_{i}}\left(\theta D_{ij}\frac{\partial C}{\partial x_{j}}\right)-\frac{\partial}{\partial x_{i}}(\theta v_{i}C)+q_{s}C_{s}+\sum R_{n}
\tag{6-23}
$$

式中：C —— 地下水中组分的溶解相浓度，ML^{-3}；

$\quad\quad \theta$ —— 地层介质的孔隙度，量纲一；

$\quad\quad t$ —— 时间，T；

$\quad\quad x_{i}$ —— 沿直角坐标系轴向的距离，L；

$\quad\quad D_{ij}$ —— 水动力弥散系数张量，$L^{2}T^{-1}$；

$\quad\quad v_{i}$ —— 地下水实际流速，LT^{-1}；

$\quad\quad q_{s}$ —— 单位体积含水层流量，代表源和汇，T^{-1}；

C_s —— 源或汇水流中组分的浓度，ML^{-3}；

$\sum R_n$ —— 化学反应项，$ML^{-3} T^{-1}$。

②初始条件。

由于本次模拟对污染源的概化有两种方式（一种是补给浓度边界，一种是注水井边界），因此将补给浓度边界和注水井处的初始浓度定为 C_0，其余地方均为 0 mg/L，具体表述为：

$$\begin{cases} C(x_i,y_j,z_k,0)=C_0 & （x_i,y_j,z_k 处为补给浓度边界和注水井处） \\ C(x,y,z,0)=0 & （其余地方） \end{cases} \quad (6\text{-}24)$$

③边界条件。

本次模拟将含水层各边界均看做二类边界条件（Neumann 边界），且穿越边界的弥散通量为 0，具体可表述为：

$$-D_{ij}\frac{\partial C}{\partial x_j}=0 \quad （在 \Gamma_2，t>0） \quad (6\text{-}25)$$

式中：Γ_2 —— Neumann 边界。

6.3.2.3　模拟软件选择

对于此类大埋深潜水区的铜冶炼项目，污染物泄漏后的影响预测首先需考虑污染物在大厚度包气带中的迁移转化，因此非饱和带与饱和带水流和溶质迁移的联合模拟是大埋深潜水区地下水模拟的关键所在。

非饱和带的水流和溶质迁移模拟软件包括 HYDRUS、FEMWATER、TOUGH2 等，本次模拟选用 HYDRUS[2]。

近年来，HYDRUS 软件的应用也很普遍，如：吴敏[3]应用 Hydrus-1D 软件模拟了重金属 Pb 和 Cr 在红壤和风沙土中的迁移特征。李琦等[4]的研究认为 Hydrus-1D 模型是研究华北平原农田水盐运移规律的有效手段。葛菲媛等[5]以某典型围填造陆区入驻企业污染源泄漏为例，利用 Hydrus-1D 软件模拟了污染物进入包气带后的运移过程。茅佳俊等[6]利用 Hydrus-1D 软件对粉煤灰堆场 Cr（Ⅵ）的土壤吸附动力学试验结果进行了拟合，拟合系数达到 0.916，且通过该软件预测了包气带中 Cr（Ⅵ）出现最大浓度的深度。

HYDRUS-1D 软件是一款用于模拟一维非饱和、部分饱和以及完全饱和介质中水分、溶质和热量运移的软件，其中的水流方程加入了用来解释植物根系吸水的汇项，溶质运移方程考虑了液相的对流-弥散作用和气相的扩散作用，包括了固-液两相间的非线性非平衡反应、气-液两相间的线性平衡反应、零阶反应、一阶降解反应以及连续一阶衰变链。此外，还增加了双重介质水流运动和溶质运移的模拟，并考虑了固着-分离理论，能够模拟病原体、胶体和细菌的运移。该软件对模型的求解采用伽辽金线性有限单元法，其中参数的逆向估计应用 Marquardt-Levenberg 参数优化算法。

饱和带的水流和溶质迁移模拟软件包括 MODFLOW、FEFLOW、GMS、Visual Groundwater 等。本次模拟选用 FEFLOW 软件进行模拟。

德国 WASY 公司开发的 FEFLOW 软件是迄今为止功能最为齐全的地下水水量和溶质运移的计算机模拟软件系统，可以用来求解三维空间、二维平面、二维剖面等的地下水水流、溶质以及热传递模型，可解决多层自由表面含水层（包括潜水含水层中的上层滞水）、非饱和带和变密度（盐水或海水入侵）的地下水复杂问题。FEFLOW 软件预测结果科学合理、清晰明了，能够满足地下水评价的需要[7]。

6.3.3 地下水流场数值模拟

在建立水文地质概念模型、数学模型的基础上，运用基于有限单元法的 FEFLOW 软件，建立了研究区的地下水流数值模型，经参数识别与模型检验后，对研究区地下水流系统进行模拟分析，作为地下水溶质运移模拟的基础。

6.3.3.1 模型网格剖分

基于 FEFLOW 软件，应用 Triangle 三角网格生成法，将研究区 90.12 km^2 的范围剖分为 3 层，共 21 936 个结点、32 544 个计算单元，同时对厂址区及其周围的抽水井进行了单元加密处理。具体见图 6-13。

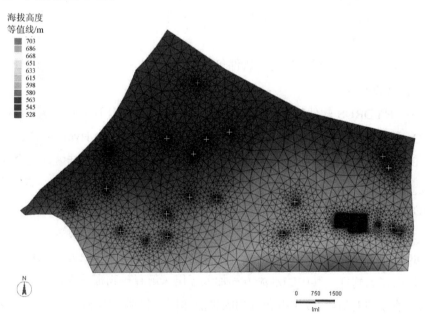

图 6-13 研究区地下水模型网格剖分图

6.3.3.2 源汇项处理

对降水入渗补给、农灌入渗补给、渠系入渗补给，均在 Excel 中处理好，通过 FEFLOW

物质属性中的 In/outflow on top/bottom 属性进行赋值；对人工开采，通过第四类边界条件 Well BC 赋值；对水头边界，采用第一类边界条件 Hydraulic-head BC 赋值；对流量边界，采用第二类边界条件 Fluid-flux BC 赋值。

6.3.3.3 参数识别

根据上述渗透系数的建议值，利用 FEFLOW 建立概念模型并输入所有计算要素之后，运行模型，形成地下水流场。在流场拟合的基础上，参考抽水试验数据，对渗透系数进行调参，得到渗透系数的分布情况。其中，第一层和第三层的渗透系数分区见图 6-14，第二层的渗透系数除了亚黏土透镜体的渗透系数（0.5 m/d）不同之外，其余地区的渗透系数和其他层相同。

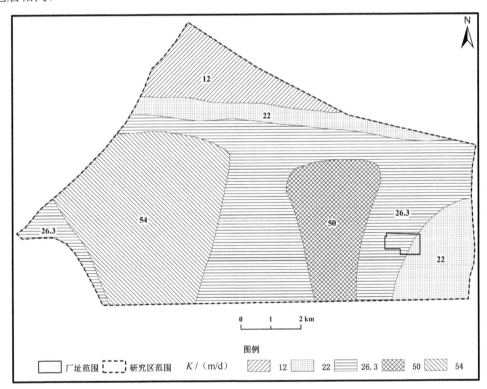

图 6-14 反演后渗透系数分区情况

6.3.3.4 模型检验

模型检验的主要原则为：①模拟的地下水流场要与实际地下水流场基本一致，即模拟的地下水流场要与实测地下水流场的形状相似；②模拟的地下水位的动态变化要与实测的地下水位动态变化基本一致；③从水均衡的角度出发，模拟的各源汇项的均衡量要与实测的量相符；④识别的水文地质参数要符合实际的水文地质条件。本模型主要从上述 4 个方面进行检验。

（1）流场检验

本次模拟将调查期间（含丰水期、平水期、枯水期的一个连续水文年）的丰水期地下水流场作为初始流场，通过对渗透系数等参数、边界条件、各源汇项的模型识别，得到平水期的地下水流场，见图6-15；在此基础上进行平水期至枯水期的模型验证，得到枯水期的地下水流场，见图6-16。由图可知，模型求出的平水期及枯水期的地下水流场（计算值）与实测的水位数据（观测值）基本吻合。

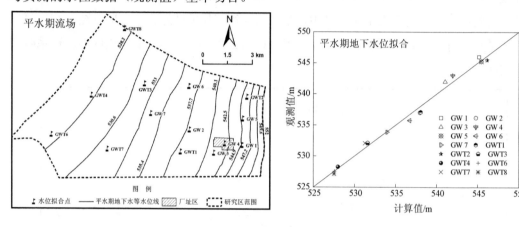

图 6-15　平水期流场及水位数据拟合

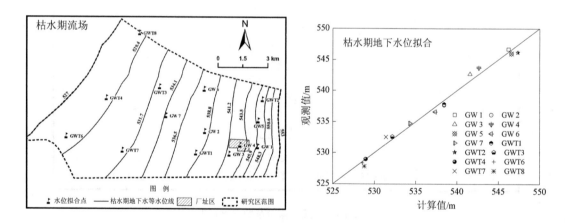

图 6-16　枯水期流场及水位数据拟合

（2）水位动态检验

本研究布设了多个地下水监测点，将监测点中的 GW1、GW6、GW7 设置为水位动态观测孔，记录丰水期、平水期、枯水期（从 2011 年 8 月至 2012 年 2 月）每月的地下水位变化。用地下水位的动态观测数据与模拟的水位变化进行拟合，结果见图6-17，可见模拟的地下水位的动态变化与实测的地下水位动态变化基本一致。

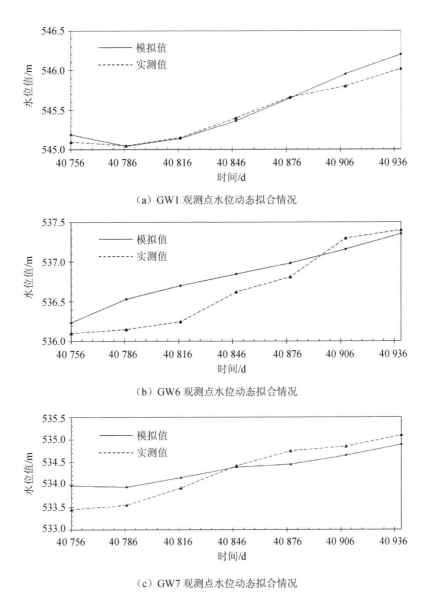

（a）GW1 观测点水位动态拟合情况

（b）GW6 观测点水位动态拟合情况

（c）GW7 观测点水位动态拟合情况

图 6-17　研究区水位动态拟合情况

（3）水均衡检验

由于本次模拟是将前述地下水量均衡分析中的数据代入模型进行运算，各源汇项均为实际调查值，因此模拟后的各源汇项计算值与实际的水均衡情况是基本一致的。

（4）水文地质参数检验

本次模拟对给水度和孔隙度，均按照水文地质勘查报告中的推荐值输入模型，没有改变，且符合当地水文地质条件；而对渗透系数在模型识别过程中进行了一定程度的调整，根据水文地质勘查报告中提供的各抽水试验点数据及渗透系数建议值，调整后的渗透系数基本符合本次勘查的渗透系数变化范围及规律，即由南向北沿冲洪积扇轴的中上部渗透系数较大，冲洪积扇下游及轴部两侧渗透系数相对较小。

综上所述，由流场检验、水位动态检验、水均衡检验及水文地质参数检验可知，所建立的模型基本达到精度要求，符合研究区水文地质条件，基本反映了本研究区地下水系统的动力特征，可以用该模型进行地下水污染情景预报。

6.3.4 地下水溶质运移模拟

6.3.4.1 事故情景设计

由于厂址区可能出现的污染事故点较多，可能对地下水造成污染的因素也较复杂，在设计可能出现的事故情景时，应重点考虑污染风险较大及一旦发生污染则危害较大的潜在事故源，如废水处理站废水池、净液车间黑铜泥地坑和调节池等。在污染因子选择方面，主要选择项目生产过程中可能产生的污染因子，在不同场景条件下预测污染物扩散范围及浓度变化。

本次研究将废水处理站废水池废水泄漏作为地下水污染事故情景进行模拟预测。

6.3.4.2 模拟条件概化

本次模拟将污染源设定为浓度边界，污染源位置按实际设计概化。

由于污染物在地下水系统中的迁移转化过程十分复杂，包括挥发、扩散、吸附、解吸、化学与生物降解等作用，本着风险最大原则，在模拟污染物扩散时不考虑吸附作用、化学反应等因素，重点考虑了地下水的对流、弥散作用。另外，由于包气带厚度较大，情景中污染物泄漏对地下水环境的影响评价都包含包气带的模拟预测。

6.3.4.3 模拟时段设定

从 2011 年 7 月（40 725 天）开始，将总时段设为 30 年（51 675 天），一共 10 950 天。具体到每一种情景时，则视污染物泄漏时间、扩散时间及扩散范围而定。扩散时间较长的，以 100 天或 1 000 天为时间步长来预测；扩散时间较短的，以 10 天等不同的时间步长来预测。预测过程中，针对厂址周围地下水环境，利用验证后的地下水数值模型预测泄漏点污染物随地下水流扩散所造成的影响。

6.3.4.4 溶质运移模拟预测及评价

①泄漏污染源概化：假设废水处理站运行过程中，废水池发生泄漏，按照保守估计，泄漏面积为废水池面积的 5%（根据下述泄漏量公式，泄漏量为 26 m³/d，占废水产生量的 2.4%）。这种工况假设在泄漏范围内的防渗系统整体破裂（即防渗膜及其上层防腐防渗层、下层黏土或素土夯实的基础层等），将污染源概化为连续点源污染。

②泄漏面积：废水池面积的 5%，33×0.05=1.65 m²。

③泄漏量及泄漏时间：泄漏量为 $Q=A\times K\times T$（A 为泄漏面积，m²；K 为包气带土层垂向渗透系数，m/d；T 为污染物处理时间，d），在防渗系统整体破裂的情况下，废水池处包气带的垂向渗透系数为 15.50 m/d，由此计算得到每天的泄漏量为 26 m³，由于废水处理站的废液产生量为 1 085 m³/d，泄漏量占废水产生量的 2.4%，因此在此情景下，事故工况不易被发现。根据地下水跟踪监测点的位置，通过模拟试算，废水泄漏引起的地下水污染将在 2 个月内被监测到；从环境安全的角度考虑，将发现污染物泄漏并采取措施以停止泄漏的时间确定为 3 个月。

④泄漏污染物质量浓度：废水中污染物为 pH 值 1~2、Cu 7.7 mg/L、Pb 68.9 mg/L、Zn 1 085 mg/L、As 91.8 mg/L、F 97.8 mg/L。

由于在模拟污染物扩散时未考虑吸附作用、化学反应等因素，在其他条件（水动力条件、泄漏量及弥散作用等）相同的情况下，污染物的扩散主要取决于污染物的初始浓度。因此，本情景综合考虑污染物浓度、超标倍数、毒性大小等因素，选取毒性较大、超标倍数最大的污染物 As 作为预测因子。

⑤As 在包气带中的迁移扩散预测及评价。

根据污染情景分析，As 初始浓度为 91.8 mg/L，模拟期为 10 950 天，利用 HYDRUS-1D 软件，得到 As 在包气带中的扩散预测结果，见图 6-18、图 6-19。

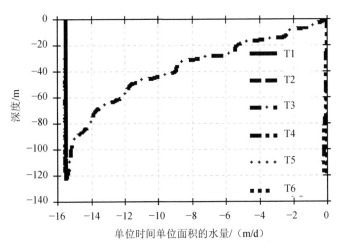

注：负号表示流出，T1~T6 分别为 0.99 天、3.89 天、90.14 天、100 天、1 000 天和 10 950 天。

图 6-18　废水池废水泄漏后不同时间水量随深度变化图

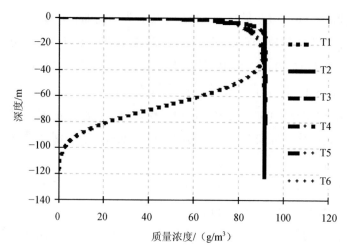

注：T1～T6 分别为 0.99 天、3.89 天、90.14 天、100 天、1 000 天、10 000 天和 10 950 天。

图 6-19　废水池废水泄漏后不同时间 As 质量浓度随深度变化图

　　经预测，如果废水处理站的废水池防渗系统整体破裂，其废水泄漏 0.99 天时，潜水面上流出的单位面积水量为废水单位面积泄漏量（15.50 m/d），质量浓度开始超过《地下水质量标准》（GB/T 14848—93）中Ⅲ类标准的标准限值（0.05 mg/L）；3.89 天到 90 天时，潜水面流出的单位面积水量一直维持在 15.50 m/d，As 泄漏到地下水中的质量浓度持续为泄漏质量浓度（91.8 mg/L），可见废水穿透了整个包气带；从停止泄漏后的 90 天到 10 950 天，进入地下水的水量开始减少，并快速趋于零，而污染物质量浓度在地表移除入渗补给源后，由于滞留于包气带中的污染物仍持续缓慢下渗，潜水面处的污染物质量浓度由 91.8 mg/L 仅仅下降到 91.6 mg/L（见表 6-14）。

表 6-14　废水池废水泄漏后包气带中 As 的迁移扩散预测结果

时间/ d	污染晕		潜水面处		
	最大质量浓度/ （mg/L）	最大质量浓度 所处的深度/m	质量浓度/ （mg/L）	超标倍数	单位面积流出水量/ （m/d）
0.99	91.8	0.00～14.71	0.05	0	15.50
3.89	91.8	0.00～122.61	91.8	1 835.00	15.50
90.14	91.8	17.17～122.61	91.8	1 835.00	15.45
100	91.8	72.95～122.61	91.8	1 835.00	0.19
1 000	91.6	81.54～122.61	91.6	1 831.00	1.66×10^{-4}
10 950	91.6	83.34～122.61	91.6	1 831.00	4.05×10^{-6}

注：由于本次预测时，《地下水质量标准》（GB/T 14848—2017）未发布，而本书旨在展示地下水污染预测的相关技术方法，为读者提供一种地下水污染预测的思路，其结果具有参考作用，因此在标准方面仍然使用《地下水质量标准》（GB/T 14848—93）。

由上述分析结果及模拟图件可知：

a. 泄漏发生后，废水中的 As 向下迁移形成垂向污染晕，污染晕的最大质量浓度位置先随着瞬间大量的污水下渗而迅速迁移；地表废水清理后，入渗水量骤减为零而迁移速度减小，其质量浓度也在弥散的作用下逐渐减小，在模拟期内稳定在 91.6 mg/L。

b. 污染晕前锋抵达潜水面的时间非常短，不到一天的时间，As 已经穿透包气带；此后，在污水快速渗流阶段，潜水面处的质量浓度急剧增大；当停止泄漏后，流入地下水的水量减少，污染物质量浓度平缓越过最大值后，以非常缓慢的速率减小。

c. 废水泄漏后会很快下渗进入地下水，而在泄漏停止后，潜水面上的水量也将会很快减少、趋近于零。

⑥饱水带中 As 的迁移扩散预测及评价。

在 FEFLOW 饱水带溶质运移模型中，将泄漏点设为溶质通量边界，并将穿过包气带的溶质通量（质量浓度乘以出流量）时间序列（见图 6-20）输入饱水带溶质通量边界，联合运行水流和水质模型，得到 As 扩散预测结果，详见图 6-21～图 6-23。各图分别给出了泄漏后 100 天（3 个月时停止泄漏）、1 000 天、4 500 天，As 在水平方向上的运移范围。

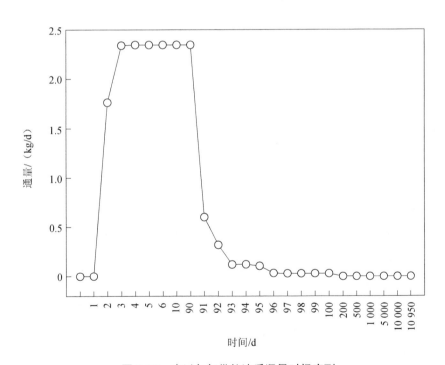

图 6-20　穿过包气带的溶质通量时间序列

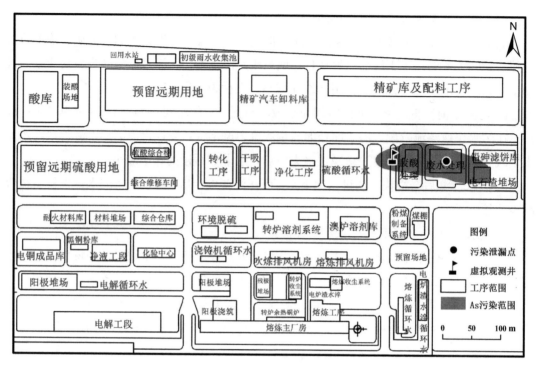

图 6-21 废水池废水泄漏 100 天后的 As 扩散范围

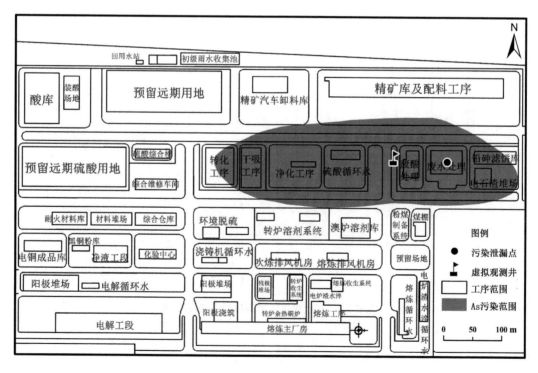

图 6-22 废水池废水泄漏 1 000 天后的 As 扩散范围

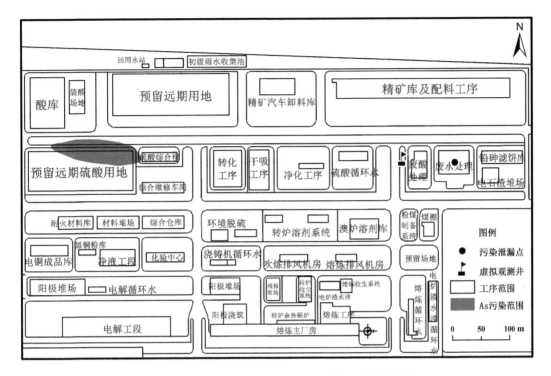

图 6-23 废水池废水泄漏 4 500 天后的 As 扩散范围

As 在水动力条件下向周围及下游扩散，其污染晕前锋的运移距离及质量浓度变化情况见表 6-15。

表 6-15 饱水带中 As 的迁移扩散预测结果

泄漏时间/d	污染晕前锋运移距离/m	运移方向	污染晕最大质量浓度/（mg/L）	超标倍数
100	110	NWW	20.6	411
1 000	390	W	0.62	11.4
4 500	690	W	0.052	0.04
4 600	—	—	0.047	—

注：由于本次预测时《地下水质量标准》（GB/T 14848—2017）未发布，而本书旨在展示地下水污染预测的相关技术方法，为读者提供一种地下水污染预测的思路，其结果具有参考作用，因此在标准方面仍然使用《地下水质量标准》（GB/T 14848—93）。

根据地下水跟踪监测点的布设，预测中在废水处理站下游 60 m 处设置一口虚拟观测井，用以监测地下水受到污染的时间和程度。虚拟观测井处的污染物质量浓度变化情况见图 6-24。

由图图 6-24 可知，虚拟观测井处在泄漏发生后两个月内便监测到了超标的污染物。污染物的质量浓度先增加后降低，虚拟观测井处的超标时间为 2 800 天。

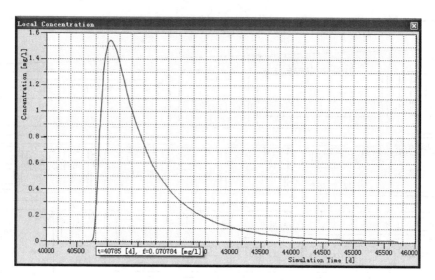

图 6-24　虚拟观测井处的污染物质量浓度变化情况

由上述分析结果及模拟图件可知：

①泄漏发生后，废水在短时间内穿过包气带、进入饱水带，溶质通量随时间的变化规律为先增加后减小，从而使污染物在饱水带中的质量浓度和污染范围的变化规律为先增加后减小。

②对厂址区周围及下游地下水环境的影响：在泄漏点处的防渗系统整体破裂的条件下，泄漏到饱水带中的 As 将随水流向下游扩散，但污染范围有限，仅仅局限于废水处理站下游 700 m 范围以内，并维持在厂址区范围之内。在 4 600 天的时间内，在地下水的稀释作用下，As 质量浓度降到了标准值之下。因而此情景对下游地下水不会产生明显不利影响。

③对下游饮用水井的影响：下游最近的饮用水井距离厂区 1 674 m（见图 6-1），而本情景下 As 污染晕的最大污染范围维持在厂址区范围之内，因此不会对下游饮用水井产生不利影响。

6.4　地下水污染防治对策

为了确保厂址区的生产运行不会对周围地下水产生污染，根据上述包气带及饱水带溶质运移预测及评价，建设单位应对厂址区实施防渗措施并设置长期观测井，同时做好应急预案。

6.4.1　分区防渗

厂址区的潜在污染源来自调节池及各事故水池、废水处理站、废酸处理站、电解车间、净液车间、铅砷滤饼库等。针对厂址区各工作区特点和岩土层情况，提出以下相应的分区防渗要求，见表 6-16。

表 6-16 厂区各工作区防渗要求

防渗级别	功能区	工作区	防渗要求
重点防渗区	熔炼区	白烟尘库	等效黏土防渗层厚度≥6.0 m，渗透系数≤1.0×10⁻⁷ cm/s；或参照 GB 18598 执行
	电解区	电解车间	
		净液车间	
		黑铜粉库	
	硫酸区	铅砷滤饼库	
		硫化钠库	
		净化车间、干吸车间、转化车间	
		废水处理站	
		酸库及装酸站台	
		废酸处理站	
	公辅区	事故油池	
		加油站地下油罐	
		调节池	
		初期雨水收集池	
一般防渗区	备料区	精矿库及配料车间	等效黏土防渗层厚度≥1.5 m，渗透系数≤1.0×10⁻⁷ cm/s；或参照 GB 16889 执行
	熔炼区	熔炼循环水车间	
		电炉渣水淬循环水车间	
		浇铸机循环水车间	
	电解区	循环水车间	
		硫酸镍处理车间	
	硫酸区	中和渣罐堆放场地	
		回用水站	
		硫酸循环水站	
		电石渣浆化系统	
		环集脱硫系统（含石膏渣堆放点）	
	公辅区	净水站及净水车间	
简单防渗区	备料区	精矿汽车卸料库、煤粉制备系统、精矿制粒、熔剂上料及铁路精矿卸料区等	视情况进行防渗或地面硬化处理；渗透系数≤1.0×10⁻⁵ cm/s
	熔炼区	熔炼主厂房、熔炼工序、熔炼余热锅炉区、转炉工段、转炉余热锅炉、转炉收尘系统、转炉熔剂系统、烟尘破碎、阳极炉工段、阳极炉收尘系统、阳极炉余热锅炉、熔炼 10 kV 配电所、吹炼 10 kV 配电所等	
	电解区	综合维修车间、耐火材料库、电铜产品库、化验中心、综合仓库、电极糊及耐火材料破碎、熔炼/电解/仪表综合楼等	
	硫酸区	硫酸综合楼、环境集烟系统、硫酸余热锅炉及环集烟囱处等	
	公辅区	制氧站、制氧站循环水系统、纯水站、动力中心、总降压变电站等	

鉴于石油类污染物一旦泄漏，对地下水的污染较严重，为了确保厂址周围及下游地下水的安全，还需强调：厂址加油站的地下储油罐应选用具有二次保护空间的双层储油罐，其二次保护空间应能进行泄漏检测（可根据实际情况选择气体法、液体法或传感器法进行泄漏检测），且在储油罐底还应设计现浇混凝土地坑，以确保储油罐的安全。另外，厂区内各输水管道接口处下方设置足够容积的集废水地坑，并采用抗渗混凝土整体浇筑；厂区路面采取硬化处理，并设集水沟，防止撒落的物料在雨水冲刷下渗入地下；各绿化区范围外设置截水沟，防止区外雨水或污水流入绿化区；成立专门事故小组，小组成员分班每日检查各车间设备及调节池等处的运行情况，尤其强调每日检查各车间废水泄漏风险点及调节池处的防渗系统的维护情况，确保防渗系统的完好无损，并记录、处理各种非正常情况。

重点防渗区的具体防渗措施可参照以下结构，见图6-25。

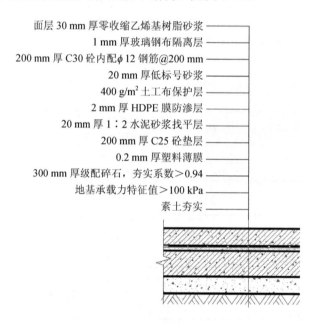

图6-25　地下水防渗结构示意

6.4.2　监测管理措施

6.4.2.1　地下水跟踪监测

建设单位应组织专业人员定期对地下水水质进行监测，以掌握厂址区及周围地下水水质的动态变化，为及时应对地下水污染提供依据，确保建设项目的生产运行不会影响周围地下水环境。因此，在厂址区上下游及各风险污染源处设置多口长期观测井以对地下水水质进行监测，具体监测方案如下。

①监测点布设：根据厂址区周围地下水流向，在厂址区上下游及各风险污染源位置处

共布设 5 口长期观测井，同时各风险污染源处的长期观测井在必要的情况下也起到应急抽水井的作用。见表 6-17。

表 6-17　厂址区地下水跟踪监测点分布

编号	位置	方位及距离	作用	监测层位及井深
D1	厂址区上游	东南侧，距离厂界 50 m 左右	监测地下水背景值	监测第四系孔隙潜水；根据厂址区地下水位埋深，监测井的井深应在 125～130 m
D2	废水处理站及废酸处理站下游	西北侧，距离废水处理站 60 m 左右	监测风险污染源处的水质动态，同时在必要时用作应急抽水井	
D3	加油站及事故油池下游	西北侧，距离事故油池 5 m 左右		
D4	净液车间下游	西北侧，距离黑铜粉库 5 m 左右		
D5	调节池下游兼厂址区下游	西北侧，距离厂界 100 m 左右	监测整个厂址区地下水水质动态	

②监测项目：pH 值、铜、铅、锌、砷、汞、镉、六价铬、氟化物、石油类等。

③监测频率：每季度监测一次。

④将每次的监测数据及时进行统计、整理，并将每次的监测结果与相关标准及历史监测结果进行比较，以分析地下水水质各项指标的变化情况，确保厂址区周围及下游地下水环境的安全。

6.4.2.2　地下水监测管理

为保证地下水监测的有效、有序管理，制定相关规定、明确职责，采取相应的管理措施和技术措施。同时制定厂址区地下水应急预案，明确各种情景下的应急处置措施。具体见第 4 章相关内容。

6.5　结论及建议

6.5.1　结论

①厂址区位于山前冲洪积扇的中上部，地形相对平坦，无断层分布；地层主要为第四系中更新统和上更新统-全新统；地下水类型为第四系松散岩类孔隙潜水；地下水补径排联系密切，周围地下水主要接受大气降水、地表水（渠系）及地下水侧向径流的补给，经地下水侧向径流和人工开采进行排泄；地下水流向由南东到北西；水文地质条件简单。研究区内地下水的开采方式主要为机民井开采，用途主要为饮用、灌溉、工业用。

②通过对研究区水文地质条件的合理概化，建立了研究区饱和-非饱和的水文地质概念模型、地下水流场和溶质运移数学模型及数值模型，并将企业运营期中可能产生的地下水污染情景设置为废水处理站废水池废水泄漏，并分别进行了包气带和饱水带的溶质运移预

测，预测结果表明：废水处理站废水池一旦发生泄漏，并通过跟踪监测点监测到污染，进而停止泄漏后，在防渗系统整体破裂的情况下，由于包气带的阻滞和溶质的弥散作用，废水下泄到饱水带中的时间略微滞后，且污染物质量浓度也相应减小，污染物在饱水带地下水中的迁移范围有限，完全维持在厂址区范围之内，且在 4 600 天的时间内，污染晕质量浓度降低到标准值之下，不会对厂址区下游地下水环境产生明显不利影响。

③建设单位应加强管理、提高环保意识，并严格执行分区防渗、监测管理、制定应急预案等措施。

6.5.2　建议

①在大厚度包气带地区的建设项目地下水评价中，包气带对污染物的阻滞作用不容忽视，其潜水面的污染源强不等同于地表污染源的泄漏源强，该值可以通过包气带水流和溶质迁移模拟来确定。

②对于大厚度包气带地区的工业废水泄漏事故处理，一方面要及时控制污染源，另一方面要在预防地下水污染的同时重视包气带土壤的修复。

参考文献

[1] Nimmer M，Thompson A，Misra D. Groundwater Mounding Beneath Stormwater Infiltration Basins[C]. American Society of Agricultural and Biological Engineers Annual International Meeting，2007.

[2] 郑洁琼，楚敬龙，陈谦. HYDRUS-1D 软件在地下水环境影响评价中的应用[C]. 2015 年中国环境科学学会学术年会论文集（第一卷）：1697-1701.

[3] 吴敏. 重金属铅、铬在土壤中的迁移特征——以泉州市为例[J]. 中国煤炭地质，2021，33（2）：68-72，77.

[4] 李琦，李发东，张秋英，等. 基于 HYDRUS 模型的华北平原小麦种植区水盐运移模拟[J]. 中国生态农业学报（中英文），2021，29（6）：1085-1094.

[5] 葛菲媛，刘景兰，李立伟. 基于 Hydrus-1D 的滨海围填造陆区包气带中污染物运移的数值模拟[J]. 资源信息与工程，2020，35（4）：130-132.

[6] 茅佳俊，刘清. 基于 Hydrus-1D 的粉煤灰堆场 Cr（Ⅵ）在包气带中迁移规律的研究[J]. 能源环境保护，2019，33（1）：13-18，25.

[7] 楚敬龙，林星杰，白飞，等. 数值法在西北某铜冶炼项目地下水环境影响评价中的应用[J]. 有色金属工程，2015，5（5）：88-92.

第7章

基岩山区铅冶炼项目地下水数值模拟

——以广西某铅冶炼项目为例

7.1 基本情况

广西壮族自治区某铅冶炼企业的老厂区位于城区边缘地带，随着环保要求的不断提高，其制约因素主要有：①随着当地经济的快速发展，城区不断扩大，其老厂区已接近城区，不再适合有色金属的冶炼生产，厂址已不符合城市整体规划要求；②当时铅冶炼工艺为"烧结-鼓风炉"工艺，不满足当时的《铅锌行业准入条件》的要求（现已改为《铅锌行业规范条件》），铅冶炼生产系统综合能耗较高，硫的利用率低，余热没有回收利用，清洁生产指标与国内先进指标相比存在较大差距；③含重金属烟（粉）尘、SO_2 等污染物排放量较高，严重污染了周围环境。

为了解决上述问题，该公司决定对当时铅冶炼生产设施实施整体搬迁改造，建设地点从城区边缘地带搬迁至新建的工业园区内，采用先进的生产工艺，综合回收有价金属。此技改项目建设地点为新建工业园区内，距离最近火车站 1.5 km，距离国道西侧约 300 m，交通便利。

技改项目以铅精矿等为原料，生产工艺采用"富氧侧吹氧化熔池熔炼—热态氧化渣富氧侧吹还原熔池熔炼—热态还原渣富氧连续烟化吹炼—初步火法精炼脱铜—大极板电解精炼—阳极泥火法熔炼"，综合回收锑、银、金、铅、铜、锌、铋等有价金属。技改项目属于异地搬迁改造工程，所有建设内容全部异地新建；技改项目完成后，现有铅冶炼系统将全部拆除。技改项目主要生产工序有原料库及配料、熔炼（含侧吹氧化熔炼、侧吹还原熔炼、侧吹烟化炉吹炼、初步火法精炼、阳极板制造及铜浮渣处理）、电解、阳极泥库及配料、阳极泥处理（含阳极泥还原熔炼、贵合金吹炼、贵铅氧化精炼）、金银电解以及制酸等。其中，与地下水紧密相关的环节包括生产过程中的废水及固体废物产生环节。

7.1.1　废水污染源及治理措施

技改项目的废水主要包括生产废水、生活污水、初期雨水。

（1）生产废水

硫酸、金银电解污水：这股污水先自流进集水池，再由塑料悬臂液下泵送至生产废水处理站的硫酸污水调节池，经生产废水处理系统处理后回用，不外排。

一般工业废水：主要为车间地面冲洗水、循环水排污水、锅炉房定期排污水、金银电解车间生产废水。一般工业废水先经生产废水排水管网自流进集水池，再由泵送至生产废水处理站的综合废水调节池，经生产废水处理系统处理后回用，不外排。

生产废水处理站主要处理生产工艺废水及初期雨水。采用石灰加铁盐+膜深度处理工艺。石灰加铁盐流程分两级三段进行，两级为污酸处理和综合废水处理，污酸处理三段为降酸、除 As、污泥压滤，综合废水处理三段为一次沉淀除 Cu、Pb、Zn，二次沉淀除 Cd 及污泥压滤。

①石灰加铁盐处理工艺。

硫酸污水经厂区硫酸污水管网收集、进入硫酸污水调节池，由硫酸泵提升，经 1#搅拌槽进浓密池。1#搅拌槽中加石灰进行降酸、调 pH 值至 3.5，生成的硫酸钙沉渣经浓密池浓缩后，用污泥泵送至污泥压滤机房进行压滤；浓密池中上清液加 3#絮凝剂、硫酸亚铁，经 2#搅拌槽进 1#沉降池进行除 As 处理。沉渣由污泥泵送至污泥压滤机房进行压滤；1#沉降池上清液进综合废水调节池。污泥压滤机房滤液回流进硫酸污水调节池，泥饼回收。

综合废水经厂区综合废水管网进综合废水调节池，由耐酸污水泵提升，经 3#搅拌槽进 2#沉降池。3#搅拌槽中加石灰、调 pH 值至 10，Cu、Pb、Zn 等金属离子在该条件下与石灰反应，生成的沉淀物在 2#沉降池中沉淀，沉渣由污泥泵送至污泥池；上清液自流进入 4#搅拌槽，4#搅拌槽中加 $NaCO_3$、调 pH 值至 12，Cd 离子在该条件下生成的沉淀物进入 3#沉降池中沉淀，沉渣由污泥泵送至污泥池；上清液自流进入中间水池，再加压送至压力过滤器，过滤后进回水池，再由加压泵加压输送至厂区各用水点。同时，在厂区雨水管网排水总管上设截流井，截流前 40 mm 的初期雨水进初期雨水调节池，再通过阀门调节流量后进入综合废水调节池，与综合废水一起处理。污泥分类压滤，不同阶段产生的污泥分别由各自配套的板厢式压滤机压滤，便于企业回收污泥中的金属。企业对压滤后的污泥采取进一步的处理措施，回收重金属离子。石灰加铁盐处理流程见图 7-1。

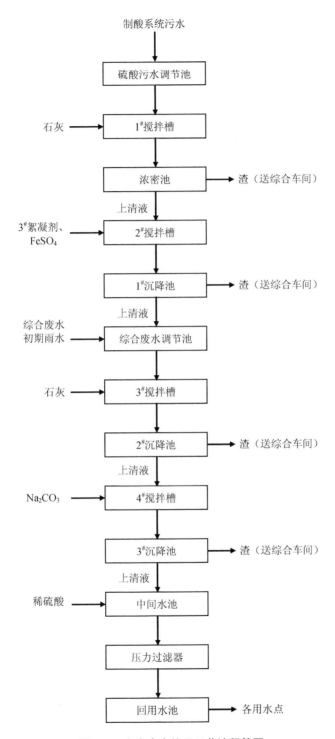

图 7-1 生产废水处理工艺流程简图

②膜处理工艺。

由于经过生产废水处理站处理后的回用水池中的中水含有大量的 Ca、Mg 及 Cl 离子，导致回用也仅仅能用于冲渣等对水质要求较低的工段。为了提高回用水使用率，实现废水零排放，采用膜技术深度处理系统对经生产废水处理站处理后的中水做进一步处理。

膜深度处理系统采用分段处理方式，生产废水处理站出水先进入调节池，然后进入过滤器，再依次经过"微滤-1—纳滤-1"组合膜流程，纳滤-1 产水收集到后续工业反渗透的原水池，该阶段的纳滤系统产水量保持在 50%，仅有纳滤的浓水（占原水量的 50%）被泵到下工段的中和沉淀工段。中和沉淀工段分两级中和、沉淀，一级中和、沉淀后底流压滤成污泥填埋，二级中和、沉淀后的上清水在中间水池经硫酸回调 pH 值后经"微滤-2—纳滤-2"组合膜工艺继续深度分离，纳滤-2 产水收集到后续工业反渗透的原水池。两步纳滤的作用主要是让水中的单价离子与二价离子、多价离子分离，随后两阶段的纳滤产水经过工业反渗透以分离纳滤产水中的单价离子，最后得到的浓水进行冲渣，淡水进一步回用至其他用水工段。

（2）生活污水

生活污水经生活污水处理站处理后回用于厂区绿化及抑尘。

（3）初期雨水

为避免厂区初期雨水对周边环境造成影响，初期雨水收集量按前 40 mm 降水量考虑。技改项目生产系统区域的初期雨水量为 7 000 m³，该公司建设 15 000 m³ 初期雨水收集池 1 座。初期雨水经收集后，送厂内生产废水处理站处理，作为生产补水回用。

7.1.2 固体废物污染源及治理措施

技改项目生产过程中产生的大量中间物料可以在内部作为二次资源循环利用，且针对这些中间物料，厂区内设有封闭的危险废物临时渣场，对地面均进行了防渗硬化处理，分区堆存各种中转渣。

技改项目最终产生的固体废物主要有烟化炉水淬渣、苏打渣、砷碱渣、煤气发生炉炉渣、煤气发生炉烟灰、废触媒、污水处理石膏渣和砷渣，以及生活垃圾等。其中，一般工业固体废物外售给水泥厂或其他厂家以综合利用，危险废物委托有资质的单位进行处理，生活垃圾委托环卫部门进行处置。其中，与地下水密切相关且需要重点关注的是各种固体废物的临时堆存场所，应关注其渗滤液或经降水淋溶后的淋溶液是否会渗入地下并污染地下水环境。

7.2　研究区概况及水文地质条件

7.2.1　研究区范围及保护目标

（1）研究区范围

根据研究区的水文地质条件、地下水流场情况，确定了技改项目所在的水文地质单元范围。由于此水文地质单元范围内地形起伏剧烈、高差较大，东北部一半的区域与西南部一半的区域高差最大差 500 m，加之西南部区域存在次级地下水分水岭，而东南部又有无名小溪作为地下水的排泄边界，且水文地质单元范围内的地下水主要为风化裂隙水（其流动性主要受地形影响），技改项目拟建厂址位于地下水的径流排泄区，基本处于此水文地质单元的下游，因此本次研究区范围（即模拟范围）为：包含厂区在内，东北部沿着等水位线，西北部为次级地下水分水岭，西南部以较大地表水体为界，东南部以无名小溪为界，总面积为 1.7 km^2。其中，紧靠拟建厂址东侧也有两条小溪，作为内边界（排水沟边界），交汇于东南侧的无名小溪边界（见图 7-2）。

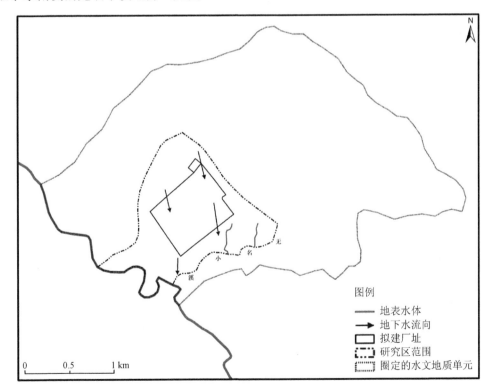

图 7-2　研究区范围图

（2）保护目标

根据技改项目水文地质专项勘察报告，研究区范围内无村庄及地下水饮用水水源，而周围的村庄以及村庄饮用水水源均不在研究区范围内，因此本次地下水保护目标为拟建厂址周围及下游地下水环境、无名小溪地表水。

7.2.2　地形地貌

从区域上看来，研究区地处滇黔高原—桂西北丘陵过渡边缘，位于中低山沟谷地貌区。地势总趋势为西北高、东南低。主要山脉走向与区域构造线走向一致，多呈北西—南东向展布。海拔标高一般为 650～1 200 m，相对高差为 300～700 m。

厂址区处于中低山沟谷斜坡地形，地势呈向南西之地表水体所在的河谷倾斜，厂址区地形为东北高、西南低。原地形由数座小山丘组成，丘顶海拔标高在 472～530 m 之间，沟谷标高为 375～390 m，地形坡度为 15°～25°。地面原状为荒地，植被以灌木丛及杂草为主。目前厂址区大部分地段已大体整平。

7.2.3　气象水文

（1）气象特征

研究区位于北回归线以北，属亚热带山区气候类型，雨量充沛，气温宜人。据县气象站实测资料统计，多年平均气温为 16.9℃，极端最高气温为 35.7℃，极端最低气温为 -5.5℃；多年平均降水量为 1 476.1 mm，最大年降水量为 1 963.0 mm（1968 年），最小年降水量为 963.6 mm（1940 年），降水年内分配很不均匀，有明显的丰水期和枯水期，一般 3—4 月为第一个平水期，5—9 月为丰水期，其降水量占全年的 70%，10—11 月为第二个平水期，12 月至次年 2 月为枯水期。多年平均蒸发量为 825.7 mm；多年平均相对湿度为 82%，历年最小相对湿度为 5%。

（2）水文特征

厂址西南侧有较大地表水体通过，并由北西流向南东，其河床为本区最低切割侵蚀面，为地表水及地下水的排泄通道。厂址附近枯期水面宽 3.0～5.0 m，水深 0.1～0.8 m，流量为 0.84～1.28 m³/s，河床标高为 363～368 m。

本区流域水系较发育，流经厂址区东面的无名小溪发源于北部山脉，自北东流向南西，为常流性小溪，流长约 1.3 km，汇水面积约 3 km²，枯期流量为 0.05 m³/s 左右。溪水面宽 0.5～2.0 m，水深 0.1～0.2 m，沟底标高为 376～382 m，汇入西南侧的地表水体。

7.2.4　地层岩性

根据勘察钻探揭露，厂址区主要分布有单层结构土体和极软页岩岩组，其特征分述如下。

（1）单层结构土体

①素填土（Q_4^{ml}）：为新近人工堆填物。杂色，松散，稍湿；主要由黏性土组成，混含10%左右的风化基岩碎块、碎屑及砾石，夹少量块石，均匀性差，属高压缩性土。该层主要分布于场地中部、东—东北部地段，揭露层厚 1～38 m。

②含砾粉质黏土（Q_4^{el}）：灰黄色，稍湿，硬塑状，以黏性土为主，含有少量角砾石。该层主要分布于山坡表层，层厚为 0.5～3.00 m。

（2）极软页岩岩组

根据钻探揭露及现场面上调查，区内基岩主要为下泥盆统塘丁组（D_1t）、中泥盆统纳标组（D_2n）：主要为灰黑色泥岩、页岩，以泥质为主，局部为轻质变质岩、少许角砾岩，区域厚度为 146～471 m。分布于厂址区，该岩组从上到下呈强风化至中等风化状。

①强风化页岩：灰黄色，岩石结构大部分已破坏，岩体呈散体结构或碎裂结构，岩块锤击声哑，易击碎，岩芯呈碎块状及砂状，属极软岩，岩体质量等级为 V 级。场地揭露强风化层厚度为 4.40～8.20 m。

②中风化页岩：青灰色，薄层状构造，薄片状节理，锤击声较脆，不易击碎，岩芯呈碎块状及长柱状，采取率大于 80%。属极软岩，岩体较完整，岩体质量等级为 IV 级。该层在厂址区内钻孔均有揭露，揭露中风化层最大厚度为 83.10 m，未揭穿。场地开挖边坡出露的岩层结构见图 7-3。

图 7-3　场地开挖边坡出露的岩层结构

7.2.5 地质构造

本区经历了华力西、印支、燕山期三大地壳运动，形成了不同形态、不同性质、规模各异的褶皱、断裂、隆起及断陷等构造形迹。构造线以北西向为主，其次为北东向。区内岩层总体倾向北东，倾角为15°～50°，受构造影响，局部发育次级小褶皱。厂址区岩层产状为47°～62°∠28°～33°。厂址区及周边主要构造形迹分述如下。

（1）褶皱

区域背斜：长约90 km，宽10～16 km，背斜轴部呈舒缓式弯曲，其中多被北东向断裂所错断。背斜轴出露下泥盆统碎屑岩，两翼由石炭系—三叠系碳酸盐岩组成。项目区处于背斜轴北东侧，地层出露中泥盆统—下泥盆统碎屑岩。

（2）断裂

区域大断裂：该断裂西北起自黔桂边界，经昆仑关至横县莲塘，全长400 km，呈北西—南东向展布。该断裂北端倾向北东，控制晚古生代深水相硅泥质岩沉积，有燕山晚期花岗岩浆多次侵入，形成著名的锡多金属矿床。断裂切割泥盆系至三叠系，性质多变，以压性为主，亦有张性及剪性特征，为一条长期活动的深断裂，是导致岩浆和强烈矿化的主因。厂址区南西距主断裂线约2.5 km。

厂址区没有断裂通过。

7.2.6 水文地质特征

（1）地下水赋存特征

厂址区地下水主要有松散岩类孔隙水和碎屑岩风化裂隙水两种类型，其特征分述如下。

①松散岩类孔隙水。

松散岩类孔隙水赋存于回填土及沟谷冲积卵砾石、砂砾石层中。地下水直接接受大气降水的补给，其入渗系数一般为0.16～0.22，受地形条件及季节性影响明显，动态不稳定，水量贫乏，单井涌水量<50 L/d。水化学类型主要为HCO_3—Ca。含水岩组属透水层。

②碎屑岩风化裂隙水。

含水岩组由泥盆系塘丁组、纳标组页岩、泥岩夹粉砂岩等组成。地下水主要赋存于碎屑岩构造裂隙、风化带网状裂隙中，以潜水层存在。地下水补给来源主要是大气降水和上部松散岩类孔隙水。枯期径流模数为1～3 L/（s·km²），泉流量小于0.1 L/s，水量贫乏。水化学类型为HCO_3—Ca，矿化度为0.08～0.68 L^{-1}。碎屑岩风化裂隙水广泛分布于厂址区，为厂址区及其附近主要地下水。

厂址区典型水文地质剖面图及钻孔柱状图见图7-4、图7-5。

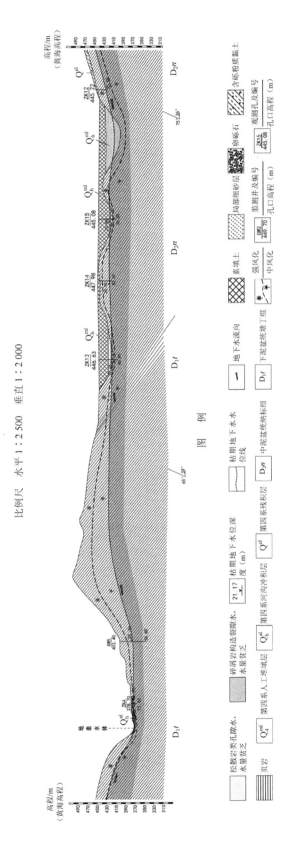

图 7-4　研究区典型水文地质剖面图

钻孔编号	gw2			坐标		钻孔深度	82.40	m	初见水位		m
孔口标高	448.56		m			钻孔日期	2012 年 10 月 8 日		稳定水位	21.17	m

地质时代及成因	层序	层底标高/m	层底深度/m	分层厚度/m	柱状图 1:400	岩土描述	采取率/%	标准贯入 击数 深度/m	取样 取样编号 深度/m	备注
Q_4^{ml}	①-1	438.86	9.70	9.70		素填土：杂色，松散，稍湿，主要由黏性土和风化页岩、粉砂岩碎块、碎屑组成，为人工平整场地时新近堆填物。含少量块石，均匀性差，硬质物含量为50%～90%，属高压缩性土				
D_2n	⑤-1	434.26	14.30	4.60		强风化页岩：青灰色，灰黄色，层状构造，具有薄片层状的节理，锤击声哑，易击碎，岩芯呈碎块状。局部与薄层粉砂岩、泥质页岩互层存在				
D_2n	⑤-2	366.16	82.40	68.10		中风化页岩：青灰色，层状构造，具有薄片层状的节理，锤击声较脆，不易击碎，岩芯呈碎块状及长柱状，采取率大于80%。局部与薄层粉砂岩、泥质页岩互层存在。总体岩性以泥质为主，普遍含钙质和砂质，局部为轻质变质岩、少许角砾岩				

图 7-5　研究区典型钻孔柱状图

（2）地下水补径排条件

厂址区处于水文地质单元径流排泄区，地下水主要接受大气降水的入渗补给，部分接受上游地下水的侧向径流补给。地下水径流排泄主要受地形控制，地下水向沟谷底运移，径流途径短，于沟谷两侧以分散渗流或小泉眼的形式排出地表、形成小溪流，溪流在沟谷径流过程中，又部分下渗补给地下水。

从总体上看，地下水以分散径流为运动方式，向最低切割侵蚀基准面的河床运移，即总体上自北东向南—南西径流排泄，最终于地表水体河岸出露地表。

（3）地下水动态特征

地下水动态受大气降水的影响和控制，随季节变化明显。勘察期间对厂址区内的钻孔地下水位进行了丰水期、平水期、枯水期的动态观测；一个水文年的监测结果显示，大部分地段的地下水潜水水位动态变化较小，年动态变化幅度为 1～2 m，局部地段年动态变化幅度为 2～4 m，其变化波动主要与地形有关。

根据现场调查，研究区内没有集中式供水井，村庄均在圈定的水文地质单元之外，研究区内地下水开采利用量几乎为零。

7.3　地下水数值模拟预测及评价

7.3.1　水文地质概念模型

7.3.1.1　含水层概化

研究范围内主要分布有第四系松散岩类孔隙水含水层和碎屑岩风化裂隙水含水层。松散岩类含水层主要为项目平整场地形成的局部的回填土、细砂层及沟谷、河漫滩的冲积砂、砂砾石层；碎屑岩风化裂隙水含水层主要由泥盆系塘丁组、纳标组页岩、泥岩夹粉砂岩等组成，主要分布有强风化、中风化裂隙潜水。根据厂址区抽水试验、注水试验结果，研究范围内的素填土、强中风化裂隙水含水层的渗透性相似，基本为 0.25～1.43 m/d 之间。根据水文地质剖面图及钻孔柱状图，地下水主要在强风化、中风化基岩裂隙水中流动，局部赋存于素填土底部，沟谷地区也会由基岩裂隙水补给砂砾层中的地下水，进而往地表水体排泄。综合考虑，在参数分区的基础上将整个研究区含水层概化为一层：即局部含素填土和砂砾石层的强风化、中风化基岩裂隙水含水层，地下水性质为潜水，平均厚度为 40～60 m。含水层概化结构图见图 7-6。

图 7-6　含水层结构概化示意图

7.3.1.2　边界条件

根据研究区的地形地貌、水文地质条件、地下水等水位线、地下水与地表水的水力联系等特征综合确定：东北边界为沿着地下水等水位线的流量边界；西北边界为地下水分水岭，概化为零流量边界；西南边界为较大的地表水体，概化为水头边界；东南边界为无名小溪，概化为水头边界。上边界为地表面，接受大气降水补给并通过蒸发进行排泄，下边界为中风化基岩裂隙水含水层底板，此界面之下主要为弱风化、微风化及未风化基岩，为隔水边界。

7.3.1.3　水文地质参数

（1）水流模型参数

①渗水试验。

本研究在厂址区内及其附近的第四系覆盖层及强风化基岩中进行了 10 组试坑渗水试验，渗水试验计算公式如下：

$$K=V=\frac{Q}{F} \tag{7-1}$$

式中：Q —— 稳定的渗入水量，m^3/d；

　　　F —— 试坑（单环）渗水面积，m^2。

由此得到其垂向饱和渗透系数（见表 7-1）。

表 7-1　渗水试验成果表

试验层位	圆环直径/cm	水柱高度/cm	注水器容量/mL	注水时间/min	渗透系数 K/（m/d）
素填土（GC1）	20	10	100	175	38.1
素填土（GC2）	20	10	100	175	1.04
素填土（GC3）	20	10	100	175	1.46
素填土（GC4）	20	10	100	175	13.2
素填土（GC5）	20	10	100	175	6.55
强风化页岩（GC6）	20	10	100	175	0.28
残积土（GC7）	20	10	100	175	0.61
强风化页岩（GC8）	20	10	100	175	0.58
强风化页岩（GC9）	20	10	100	175	0.55
强风化页岩（GC10）	20	10	100	175	1.72

由此可知，渗水试验得出的包气带防污性能为弱（渗透系数均大于 1×10^{-4} cm/s）。渗透系数基本处于 0.28～1.72 m/d 之间，个别点大于 6 m/d，是由于试验点土层为新填素填土，未经压实，比较松散。

②抽水试验。

抽水试验中选择无名小溪附近的 ZK6、ZK8 孔进行，以了解厂址区附近岩土层渗透性。抽水试验计算公式如下：

$$K = \frac{0.732Q}{(2H - S_{\mathrm{w}})\,S_{\mathrm{w}}} \lg \frac{2b}{r_{\mathrm{w}}} \tag{7-2}$$

$$R = 2S_{\mathrm{w}}\sqrt{HK} \tag{7-3}$$

式中：K —— 含水层渗透系数，m/d；

Q —— 抽水井涌水量，m³/d；

R、r_{w} —— 影响半径、抽水井半径，m；

H —— 静止水位至含水层底板的距离，m；

S_{w} —— 水位降深，m；

b —— 地表水与抽水孔距离，m。

得到各岩层水文地质参数，计算结果见表 7-2。

表 7-2　抽水试验成果表

钻孔	主要岩性	S_w/m	Q/（m³/d）	H/m	r_w/m	b/m	R/m	K/（m/d）
ZK6	强风化页岩	2.47	18.896	3.5	0.065	3.5	14.64	0.251
ZK8	强风化页岩	3.23	40.867	4.2	0.065	27.0	30.25	0.522

③注水试验。

通过对 gw1、gw2、gw3、ZK10、ZK13、ZK15 等钻孔的注水试验，了解研究区岩土层的透水情况。注水试验结果见表 7-3。

表 7-3　注水试验成果表

孔号	试验地层	K/（m/d）
gw1-1	中风化基岩	1.24
gw1-2	中风化基岩	0.34
gw2-1	强风化基岩	0.85
gw2-2	中风化基岩	0.64
gw3	中风化基岩	0.91
ZK10	中风化基岩	1.43
ZK13	素填土	0.32
ZK15	素填土	0.58

④其他水文地质参数。

根据本次专项水文地质勘查结果并结合所收集的相关水文地质资料及地区经验，在确定研究区岩土层渗透系数的基础上，综合确定其他水文地质参数，具体见表 7-4。

表 7-4　相关水文地质参数建议值

参数名称	建议值
给水度	0.15
孔隙度	0.18
降水入渗系数	0.1～0.3

（2）溶质运移模型参数

地下水溶质运移模型参数主要包括弥散度和有效孔隙度。有效孔隙度根据孔隙率数据、结合经验值确定，弥散度的确定相对比较困难。本研究根据查阅的文献及参考前人的研究成果，确定弥散度及有效孔隙度取值（见表 7-5）。

表 7-5　弥散度及有效孔隙度取值表

岩性	纵向弥散度/m	横向弥散度/m	有效孔隙度
主要为强风化、中风化页岩	10	1	0.15

7.3.2　地下水数学模型及模拟软件选取

7.3.2.1　水流数学模型

综合上述研究区的地层岩性、含水岩组特征、地下水补径排特征等水文地质条件，以及地下水现状监测数据（研究区一个水文年内的大部分监测点的地下水位变幅不超过 2 m，仅个别点由于处于地形剧烈变化的过渡区，受降水及地表汇流的短暂影响，其地下水位波动为 2～4 m），在现有资料的基础上，可将研究区地下水流系统看做某一段周期内的稳定流系统。基于此，将本研究区的地下水流系统概化成非均质各向异性、空间单层结构、三维稳定地下水流系统，用下列的数学模型表述：

$$
\begin{cases}
\dfrac{\partial}{\partial x}\left(K_{xx}\dfrac{\partial H}{\partial x}\right) + \dfrac{\partial}{\partial y}\left(K_{yy}\dfrac{\partial H}{\partial y}\right) + \dfrac{\partial}{\partial z}\left(K_{zz}\dfrac{\partial H}{\partial z}\right) + W = 0 & (x,y,z)\in\Omega \\[2mm]
H(x,y,z)\big|_{S_1} = H_1(x,y,z) & (x,y,z)\in S_1 \\[2mm]
K\dfrac{\partial H}{\partial n}\Big|_{S_2} = q(x,y,z) & (x,y,z)\in S_2
\end{cases}
\qquad (7\text{-}4)
$$

式中：Ω —— 地下水渗流区域；

　　　H —— 地下水水头，m；

　　　S_1 —— 模型的第一类边界；

　　　S_2 —— 模型的第二类边界；

　　　K_{xx}，K_{yy}，K_{zz} —— x、y、z 主方向的渗透系数，m/d；

　　　W —— 源汇项，包括降水入渗补给等，m^3/d；

　　　$H_1(x,y,z)$ —— 第一类边界已知地下水水头函数，m；

　　　$q(x,y,z)$ —— 第二类边界单位面积流量函数，m^3/d；

　　　n —— 边界 S 上的外法线方向。

7.3.2.2　溶质运移数学模型

（1）控制方程

本次建立的地下水溶质运移模型描述了三维水流影响下的三维弥散问题，水流主方向和坐标轴重合，溶液密度不变，存在局部平衡吸附和一级不可逆动力反应，溶解相和吸附相的速率相等，即 $\lambda_1 = \lambda_2$。在此前提下，溶质运移的三维水动力弥散方程的数学模型如下：

$$\frac{\partial(\theta C)}{\partial t} = \frac{\partial}{\partial x_i}\left(\theta D_{ij}\frac{\partial C}{\partial x_j}\right) - \frac{\partial}{\partial x_i}(\theta v_i C) + q_s C_s + \sum R_n \tag{7-5}$$

式中：C —— 地下水中组分的溶解相质量浓度，mg/L；

   θ —— 地层介质的孔隙度，量纲一；

   t —— 时间，d；

   x_i —— 沿直角坐标系轴向的距离，m；

   D_{ij} —— 水动力弥散系数张量，m²/d；

   v_i —— 孔隙水平均实际流速，m/d；

   q_s —— 单位体积含水层流量，代表源和汇，m³/d；

   C_s —— 源或汇水流中组分的质量浓度，mg/L；

   $\sum R_n$ —— 化学反应项，mg/（L·d）。

（2）初始条件

由于本次模拟将污染源概化为补给浓度边界，因此将补给浓度边界的初始浓度定为C_0，其余地方均为 0 mg/L，具体表述为：

$$\begin{cases} C(x_i, y_j, z_k, 0) = C_0 & (x_i, y_j, z_k \text{处为补给浓度边界}) \\ C(x, y, z, 0) = 0 & （其余地方） \end{cases} \tag{7-6}$$

（3）边界条件

本次模拟将含水层各边界均看做二类边界条件（Neumann 边界），且穿越边界的弥散通量为 0，具体可表述为：

$$-D_{ij}\frac{\partial C}{\partial x_j} = 0 \qquad （在 \varGamma_2，t > 0） \tag{7-7}$$

式中：$\varGamma_2$ —— Neumann 边界。

7.3.2.3　模拟软件选取

数值法是用离散化方法对地下水数学模型微分方程求取近似解的方法，主要包括有限差分法和有限单元法等，应用的模拟软件主要有 GMS、FEFLOW、Visual MODFLOW 等。王延辉等[1]采用 Visual MODFLOW 软件对某场址地下水环境影响进行了数值模拟计算，确定了污染因子在模拟区中的动态迁移情况，评价了污染物泄漏对周边敏感点和地表水的影响。陈戈[2]以焦化厂为例，采用 GMS 软件预测了厂区污水处理调节池及机械澄清槽的废水泄漏后特征因子的扩散范围，评价了工厂生产运营对地下水的影响。陆嘉等[3]以氯化物为预测因子，利用地下水数值模拟软件 Visual MODFLOW，对煤层气采出水进入地下水后污染物的迁移路径和污染范围进行了模拟，结果表明污染物基本不会对周围居民饮水健康造成影响。

本次选取 Brigham Young 大学开发的 GMS（Groundwater Modeling System）软件。这

是一款先进的，基于概念模型的，支持 TINs、Solids、钻孔数据、2D 与 3D 地质统计学的地下水环境模拟软件，其数值模拟功能强大，能模拟多相多组分的溶质运移[4]。主要模块组成为：①3D Grid 模块，包括 MODFLOW、MODPATH、MT3DMS、RT3D 等；②2D Mesh 模块，如 SEEP2D；③3D Mesh 模块，包括 FEMWATER 和 ADH；④反求参数模块，如 PEST 等。本次研究主要应用 MODFLOW 模块、MT3DMS 模块。

　　MODFLOW 是世界上应用最广泛的三维地下水流模拟模块，包括水井、补给、河流、沟渠、蒸发蒸腾和通用水头边界 6 个子程序包，用来处理相应的水文地质条件。MT3DMS 模块用来模拟地下水系统的对流、弥散、吸附、化学反应等的溶质运移现象。本次研究基于这两个模块，对研究区地下水溶质迁移情况进行模拟。

7.3.3　地下水流场数值模拟

7.3.3.1　模型网格剖分

　　基于 MODFLOW 模型，将研究区 1.7 km² 的范围剖分为 15 m×15 m 的矩形网格，并对主要污染源（如污水处理站等）进行了 5～15 m 的单元加密，模型共剖分 159 列、176 行、1 层，共计 27 984 个计算单元，见图 7-7。

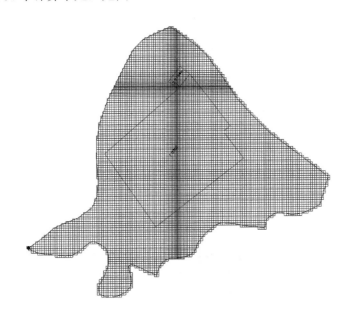

图 7-7　研究区网格剖分图

7.3.3.2　源汇项处理

　　本研究区的地下水补给量主要来自降水入渗补给及地下水侧向径流补给，以地下水侧向径流、排泄入河流等方式进行排泄。模型中，对降水入渗等面状补给采用 recharge 子程序包;对流量边界采用 specified flow 子程序包;对水头边界采用 specified head 子程序包;对定浓度污染源采用 specified conc.子程序包。

7.3.3.3 参数识别

根据上述渗透系数及其他水文地质参数的试验值及建议值,利用 GMS 建立概念模型并输入所有计算要素之后,运行 MODFLOW 模型,形成初始地下水流场。在流场拟合的基础上,根据抽水试验、注水试验的结果及实际水文地质条件,利用 pest 模块对渗透系数进行自动反演,并结合手工调参,得到渗透系数的分布情况。其中,考虑了基岩裸露区、填土区、河漫滩砂砾石区等。渗透系数分区见图 7-8。各分区渗透系数最终值见表 7-6。

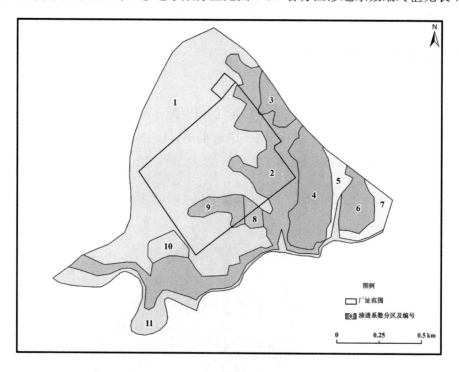

图 7-8　渗透系数分区图

表 7-6　各分区渗透系数取值表

渗透系数分区	K_{xx}/（m/d）	K_{yy}/（m/d）	K_{xx}/K_{zz}	渗透系数分区	K_{xx}/（m/d）	K_{yy}/（m/d）	K_{xx}/K_{zz}
1	0.32	0.32	10	7	0.92	0.92	10
2	0.85	0.85	10	8	1.38	1.38	10
3	0.34	0.34	10	9	0.65	0.65	10
4	0.34	0.34	10	10	1.90	1.90	10
5	0.92	0.92	10	11	10.5	10.5	10
6	0.34	0.34	10				

7.3.3.4 模型检验

（1）水位拟合

经过本研究区水文地质参数分析，将识别后的水文地质参数、实际的各源汇项及边界条件代入模型、生成地下水流场，并对研究区调查的 14 个水位观测点进行拟合，拟合情况见图 7-9 和图 7-10。

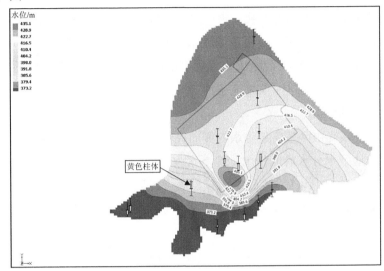

图 7-9　研究区水位拟合情况

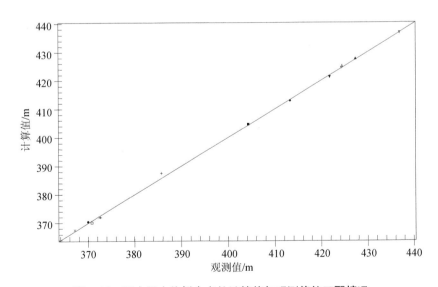

图 7-10　研究区水位拟合点的计算值与观测值的匹配情况

图 7-9 中，柱体长短表示误差值大小，误差值范围为 ±0.5 m。绿色代表误差小于等于 0.5 m，黄色代表误差在 0.5～1 m 之间，红色代表误差大于 1 m。由图可知，研究区水位拟

合点中，仅有一处黄色柱体，无红色柱体，其余均为绿色柱体，误差小于 0.5 m 的数据占到 93%。图 7-10 也反映了水位拟合点处的水位模拟计算值和实际观测值匹配较好。

（2）水文地质参数分析

根据研究区水文地质资料分析，本次模拟的给水度、孔隙度、弥散度参数等均与建议值一致，比较符合当地水文地质条件；对渗透系数在模型识别过程中进行了一定程度的调整。研究区基岩裸露区基本为强风化、中风化页岩含水层，而区内素填土的渗透性大部分与强风化、中风化页岩的渗透性相似，渗透系数范围为 0.32～1.90 m/d，与抽水试验、注水试验结果相吻合。地表河流附近的砂砾石层的渗透系数偏大一些。调整后的渗透系数等水文地质参数基本符合本地区水文地质条件的变化规律。

（3）地下水流场分析

研究区东北部接受山区基岩裂隙水的侧向径流补给，地下水由东北往西南流动；西北部由于地形高处地下水分水岭的作用，地下水由高处流往低处（地表水体方向）；而研究区中部（厂址区西南部）由于存在小型山丘，风化裂隙水由山丘顶部往四周流，使得研究区流场中部出现水位高值区。地下水的总排泄去向为地表水体（其中，无名小溪的地表水最终汇入西南边界处的地表水体）。

本次模拟在参考调查的流场的基础上，考虑了地形变化，同时结合边界条件和水位拟合点，更精确地给出了研究区地下水流场。总体来说，研究区流场比较符合当地水文地质条件。

综上所述，由水位拟合检验、水文地质参数检验等可知，所建立的模型基本达到精度要求，符合研究区水文地质条件，基本反映了研究区地下水系统的动力特征，可以用该模型进行地下水污染情景预报。

7.3.4　地下水溶质运移模拟

7.3.4.1　事故情景设计

企业生产运行中产生的生产废水中含有铜、铅、锌、锑、砷等重金属或类金属离子，一旦这些污染物在处理或储存过程中泄漏到地下水中，便会污染地下水环境，而地下水环境的后期修复是极其困难的。因此，进行厂址区潜在污染源对地下水水质影响的分析尤为重要。

由于厂址内可能出现的污染事故点较多，厂区内可能对地下水造成污染的因素也较复杂，在设计可能出现的事故情景时，重点考虑了污染风险较大及一旦发生污染则危害较大的潜在事故源。在污染因子选择方面，主要选择企业生产过程中可能产生的污染因子，在不同场景条件下预测污染物扩散范围及浓度变化。

另外，在情景设计中，对风险污染源进行排查时，对于有泄漏风险但悬空处置的设备

（如各种悬空废水池），重点对其进行污染分析并提出防治措施；对于有泄漏风险且接地的设备（如半地埋式废水调节池等），重点进行模拟预测并提出防治措施。

经过排查，厂区内长期贮水、含重金属污染物且直接接地的池子主要有污水处理站的污酸调节池、综合废水调节池等。其他（如初期雨水池、事故池等）均为暂时性贮水设施，一旦有暂时性的废水排入，废水即在一定时间内经过污水处理站处理后进入工艺流程循环利用。生活污水调节池等贮存一般性废水，各冷却水循环水池基本为清净下水，污染风险远远低于含重金属的生产废水。其他贮存在槽罐中、流动于管道中的生产水均不直接接地，在严格管理和实施防渗措施的基础上，基本不会对地下水产生污染。

企业固体废物主要有烟化炉水淬渣、苏打渣、砷碱渣、煤气发生炉炉渣、煤气发生炉烟灰、废触媒、污水处理石膏渣、砷渣及生活垃圾等。其中，一般工业固体废物外售给水泥厂或其他厂家以综合利用，危险废物委托有资质的单位进行处理，生活垃圾委托环卫部门进行处置。厂区建有封闭的危废临时渣场，地面防渗硬化处理，分区堆存各种中转渣。厂区没有大型露天固废堆场。

确定污水处理站污酸调节池为主要预测对象，也是所有地下水污染风险源中风险最大的设施，据此设置地下水污染事故情景如下。

情景一：非正常情况，污酸调节池底部防渗系统破裂情况下的废水泄漏。

情景二：正常情况，污酸调节池底部防渗系统完好无损的情况下的废水渗漏。

7.3.4.2　模拟条件概化

本次模拟将上述两个情景的污染源设定为浓度边界，污染源位置按实际设计概化。由于污染物在地下水系统中的迁移转化过程十分复杂，包括挥发、扩散、吸附、解吸、化学与生物降解等作用，因此本着风险最大原则，在模拟污染物扩散时不考虑吸附作用、化学反应等因素，重点考了地下水的对流、弥散作用。

7.3.4.3　模拟时段设定

从污染物泄漏开始，将总模拟时段设为 30 年，一共 10 950 天。具体到每一种情景时，则视污染物泄漏时间、扩散时间及扩散范围而定。扩散时间较长的，以 100 天或 1 000 天为时间节点进行输出显示；扩散时间较短的，以 10 天或 30 天等不同的时间节点进行输出显示。预测过程中，针对厂址周围保护目标，利用验证后的地下水数值模型预测泄漏点污染物随地下水流扩散所造成的影响。

7.3.4.4　溶质运移模拟预测及评价

（1）情景一：非正常情况，污酸调节池底部防渗系统破裂情况下的废水泄漏

①泄漏面积。

考虑地面贮存场所防渗系统防渗膜的接缝处可能做得粗疏或防渗膜铺设不到位以致出现拉裂现象等，将防渗膜铺设不到位的地方及破裂处的面积定为整个场地面积的 5%（根

据场地设计经验，5%的破裂面积对于平地型的临时堆场及贮存场也是较为合理的）。

污水处理站污酸调节池的面积为 218.36 m²，泄漏面积为 218.36×0.05=10.9 m²。

②泄漏量。

泄漏量为 $Q=A×K×T$（A 为泄漏面积，m²；K 为包气带土层垂向渗透系数，m/d；T 为污染物处理时间，d）。在防渗系统破裂的情况下，废水以该处包气带的饱和渗透系数（0.34 m/d）的速度下渗，由此计算得到每天的泄漏量为 3.7 m³。由于污酸调节池的废水汇入量为 1 774 m³/d，因此本情景的废水泄漏量占总废水汇入量的 0.2%，在这种情况下，泄漏事故在短时间内很难被发现。

③污染源概化及泄漏时间。

本情景假设污酸调节池积水一段时间后出现底部防渗系统破裂的情况，由于其地基之下包气带的垂向渗透系数很小，废水下渗量较小，短时间内很难被发现，因此考虑最不利情况，将污染源概化为定浓度连续点源。根据地下水跟踪监测点的位置，通过模拟试算，废水泄漏引起的地下水污染将在泄漏后的一定时间内被监测到（不同污染物被监测到的时间有所不同），据此确定发现污染物泄漏并采取措施以停止泄漏的时间。

④预测因子选择。

a. 等标污染负荷计算。

等标污染负荷计算公式：

$$P_i = \frac{C}{C_0}Q , \quad P = \sum_{i=1}^{n}P_i \tag{7-8}$$

式中：P_i —— 某污染源中第 i 种污染物的等标污染负荷，m³/d；

P —— 某污染源中 n 种污染物的总等标污染负荷，m³/d；

C —— 第 i 种污染物排放的平均质量浓度，mg/L；

C_0 —— 第 i 种污染物的标准质量浓度，mg/L；

Q —— 某污染源的废水排放量，m³/d。

等标污染负荷比计算公式：

$$K_i = \frac{P_i}{P} \tag{7-9}$$

式中：K_i —— 某污染源中第 i 种污染物的等标污染负荷比，量纲一；

P_i、P 的意义同上。

进入污酸调节池的废水中的主要污染物为 Zn 43.2 mg/L、Pb 50.3 mg/L、Cu 3.5 mg/L、Cd 4.89 mg/L、Cr^{6+} 3.66 mg/L、As 213.5 mg/L、F 715.4 mg/L、Cl 724 mg/L、Hg 0.13 mg/L。据此计算污水处理站污酸调节池污染源的各污染物等标污染负荷比（见表 7-7）。

表 7-7　污水处理站污酸调节池各污染物等标污染负荷比

污染物	$C/$（mg/L）	$C_0/$（mg/L）	$Q/$（m³/d）	$P_i/$（m³/d）	$K_i/$%
Zn	43.2	1	1 774	76 636.8	0.64
Pb	50.3	0.05	1 774	1 784 644	14.94
Cu	3.5	1	1 774	6 209	0.05
Cd	4.89	0.01	1 774	867 486	7.26
Cr^{6+}	3.66	0.05	1 774	129 856.8	1.09
As	213.5	0.05	1 774	7 574 980	63.42
F	715.4	1	1 774	1 269 119.6	10.62
Cl	724	250	1 774	5 137.504	0.04
Hg	0.13	0.001	1 774	230 620	1.93
合计				11 944 690	100.00

注：由于本次预测时《地下水质量标准》（GB/T 14848—2017）未发布，而本书旨在展示地下水污染预测的相关技术方法，为读者提供一种地下水污染预测的思路，其结果具有参考作用，因此在标准方面仍然使用《地下水质量标准》（GB/T 14848—93）。

b. 预测因子。

由于在模拟污染物扩散时未考虑吸附作用、化学反应等因素，在其他条件（水动力条件、泄漏量及弥散作用等）相同的情况下，污染物的扩散主要取决于污染物的初始浓度及分布位置。因此，本情景根据上述污染物的等标污染负荷计算情况，综合考虑污染物质量浓度、超标倍数、毒性大小、等标污染负荷比等因素，选取毒性较大、超标倍数最大、等标污染负荷比最大的特征污染物 As 作为预测因子。

⑤防渗系统破裂情况下污染物 As 的迁移扩散预测及评价。

在溶质运移模型中，泄漏点设为补给浓度边界，通过 specified conc.功能来实现。根据污染情景分析，As 的初始质量浓度设为 213.5 mg/L，模拟期为 30 年，利用 MODFLOW 和 MT3DMS 软件包，联合运行水流模型和水质模型，得到 As 的扩散预测结果。

根据地下水跟踪监测点的位置，通过模拟试算，As 污染物泄漏引起的地下水污染将在泄漏后的 10 个月（300 天）内被监测到，因此将发现污染物泄漏并采取措施以停止泄漏的时间确定为 10 个月（300 天）。图 7-11 给出了泄漏后 300 天，及停止泄漏后 100 天、1 000 天、10 000 天，As 在含水层中的迁移扩散范围。

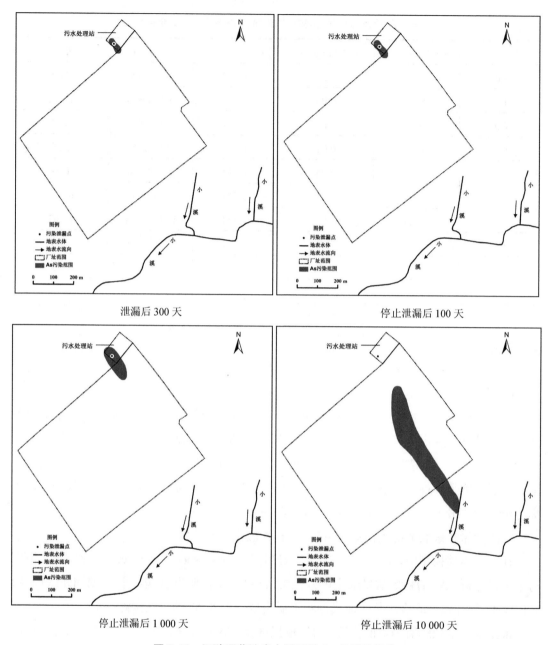

图 7-11　污酸调节池废水泄漏后 As 的迁移扩散

　　As 在含水层地下水动力条件下向周围及下游扩散，其污染晕的迁移扩散情况及质量浓度变化情况见表 7-8。

表 7-8　As 的迁移扩散预测结果

预测时间	As 污染晕扩散情况			
	最大扩散距离/m	超标范围/m²	污染晕最大质量浓度/（mg/L）	超标倍数
泄漏后 300 天	50	2 347	213.5	4 269
停止泄漏后 100 天	55	2 350	51.0	1 019
停止泄漏后 1 000 天	125	9 351	9.7	193
停止泄漏后 10 000 天	845	50 798	0.19	2.8

注：由于本次预测时《地下水质量标准》（GB/T 14848—2017）未发布，而本书旨在展示地下水污染预测的相关技术方法，为读者提供一种地下水污染预测的思路，其结果具有参考作用，因此在标准方面仍然使用《地下水质量标准》（GB/T 14848—93）。

由上述分析结果及模拟图件可知：

①污水处理站污酸调节池废水泄漏后 300 天内，下游监测点监测到污染物，进而停止泄漏，已形成的污染晕在水动力条件下往东南方向迁移扩散，迁移距离及污染范围逐渐增大，在 8 395 天（23 年）时到达厂址东南侧小溪。然而，在 30 年的模拟期内，As 污染晕最大质量浓度逐渐减小；随着时间的推移，在地下水的稀释作用下，污染晕将逐渐消失；污染范围基本维持在厂址范围内及厂址与东南侧小溪之间。

②对厂区周围保护目标的影响：从污染迁移途径上看，As 污染物在 23 年时已迁移到厂址东南侧的小溪，进而可能污染到下游较大的地表水体（无名小溪），但在地表水的稀释作用下，污染程度将进一步减小；从污染范围上看，除了污染晕的前锋可能影响地表水体外，其影响范围较小，基本维持在厂址范围内及厂址与东南侧小溪之间，对厂址周围及下游的地下水环境不会产生明显不利影响。

（2）情景二：正常情况，污酸调节池底部防渗系统完好无损的情况下的废水渗漏

①渗漏污染源概化：企业污酸调节池在按照防渗级别的要求进行防渗处理后，正常情况下不会发生废水泄漏。按最不利情况考虑，污水处理站运行过程中，废水穿过防渗系统、发生渗漏，则短时间内较难被发现，将污染源概化为连续点源污染。

②渗漏量及渗漏时间：渗漏量为 $Q=A \times K \times T$（A 为泄漏面积，m²；K 为防渗系统垂向渗透系数，m/d；T 为污染物处理时间，d）。在防渗系统完好的情况下，污酸调节池处防渗系统的垂向渗透系数为 8.64×10^{-8} m/d，由此计算得到每天的渗漏量为 1.9×10^{-5} m³，将渗漏（模拟）时间定为 10 950 天。

③预测因子及污染物质量浓度分析同情景一，选取等标污染负荷比最大的特征污染物 As 作为预测因子。

④防渗系统完好无损情况下 As 的迁移扩散预测及评价：渗漏发生后，污染物 As 因入渗量甚微，加之地下水的稀释作用，其在 30 年内几乎不会发生扩散，不会影响厂区周围及下游的地下水保护目标。

7.4 地下水污染防治对策

7.4.1 分区防渗

企业的潜在污染源来自各事故水池、污水处理站、烟化炉水淬渣冲渣水池、制酸系统、雨水收集池等。针对厂区各工作区特点和岩土层情况，提出以下相应的分区防渗要求，见表 7-9。

表 7-9 厂区各工作区防渗要求

防渗级别	功能区	工作区	防渗要求
重点防渗区	环保工程	污水处理站	等效黏土防渗层厚度≥6.0 m，渗透系数≤1.0×10⁻⁷ cm/s；或参照 GB 18598 执行
	主体工程	苏打渣、砷碱渣、砷渣、废触媒等危险废物的封闭式临时堆存库	
		阳极泥库	
		铅电解车间	
		金银电解车间	
	配套工程	制酸系统（包括净化工段、干吸工段、转化工段、脱硫工段等）	
	公辅工程	应急池	
		初期雨水收集池	
一般防渗区	主体工程	铅熔炼车间	等效黏土防渗层厚度≥1.5 m，渗透系数≤1.0×10⁻⁷ cm/s；或参照 GB 16889 执行
		铅电解系统循环沉淀池	
		贵铅熔炼车间	
		烟化炉水淬渣冲渣水池	
		阳极泥熔炼及吹炼	
		贵金属回收循环水池	
		铅银渣过滤车间	
		铜浮渣处理车间	
		烟化炉出渣场地	
	配套工程	硫酸循环水站	
	公辅工程	各一般固体废物临时堆场	
简单防渗区	项目其他部分	对厂区地下水基本不存在风险的车间以及各路面、室外地面等部分	视情况进行防渗或地面硬化处理；渗透系数≤1.0×10⁻⁵ cm/s

注：对于存在泄漏风险的悬空装置，应在其下方设置相应防渗级别的围堰，并定期检查，及时处理泄漏废水。

厂区内各污水管道下方设置集废水渠道，采用抗渗混凝土整体浇筑，以防跑冒滴漏及管道泄漏等产生的废水发生渗漏，并将收集到的废水排往污水处理站处理后回用；所有原料堆存场地均设在室内，确保防风、防雨、防晒、防渗措施完好；厂区路面采取硬化处理，并设集水沟，防止撒落的物料在雨水冲刷下渗入地下；各绿化区范围外设置截水沟，防止区外雨水或污水流入绿化区；成立专门事故小组，小组成员分班每日检查污水处理站、渣库（或物料堆存场地）、各车间设备及循环水池等处的运行情况，尤其强调每日检查烟化炉水淬渣冲渣水池、各车间废水泄漏风险点及污水处理站各水池处的防渗系统的维护情况，确保防渗系统的完好无损，并记录、处理各种非正常情况。

7.4.2　监测管理措施

7.4.2.1　地下水跟踪监测

①监测点布设：根据厂区地下水流向，在厂区上下游及各风险污染源位置处共布设长期观测井 7 个，同时各处的长期观测井在必要的情况下也起到应急抽水井的作用，见表 7-10。

表 7-10　厂区地下水跟踪监测点分布

编号	钻孔性质	位置	方位及距离	作用	监测层位及井深
1#	已有钻孔	整个厂区上游	北侧，距离拟建厂址边界 200 m 左右	监测整个厂区上游地下水背景值	监测基岩风化裂隙潜水，井深 80 m
2#	新钻孔	污水处理站污酸调节池下游	东南侧，距离调节池 5 m 左右	监测风险污染源处的水质动态，同时在必要时用作应急抽水井	监测第四系孔隙及基岩风化裂隙潜水；由于厂区地形变化较大，监测井的井深视地形及地下水位而定，井底应至少低于枯水期地下水位 2 m
3#	新钻孔	污水处理站综合废水调节池下游	东南侧，距离调节池 5 m 左右		
4#	新钻孔	烟化炉水淬渣冲渣水池下游	东南侧，距离冲渣水池 3 m 左右		
5#	新钻孔	制酸系统下游	南侧，制酸系统场地与道路之间		
6#	新钻孔	整个厂区下游	东南侧，距离厂界 100 m 左右	监测整个厂区地下水水质动态，同时在必要时用作应急抽水井	
7#	已有钻孔	整个厂区下游	西南侧，距离厂界 90 m 左右		

②监测项目：pH 值、铜、铅、锌、砷、镉、六价铬、汞、锑、铊等。

③监测频率：每季度监测一次。

④将每次的监测数据及时进行统计、整理，并将每次的监测结果与相关标准及历史监测结果进行比较，以分析地下水水质各项指标的变化情况，确保厂区周围地下水环境的安全。

7.4.2.2 地下水监测管理

为保证地下水监测有效、有序管理，制定相关规定、明确职责，采取相应的管理措施和技术措施。同时制定厂区地下水应急预案，明确各种情景下的应急处置措施。具体见第4章相关内容。

7.4.3 污水系统破坏的风险及防控措施

（1）污水系统破坏的风险

项目建设期间，会对场地进行挖方填方、消尖补平等工程工作，使场地平整，利于车间厂房的建设，也会由于局部设施的需要或场地的限制等因素形成一定程度的边坡。

对于挖方填方而平整的场地，由于原始地层为以页岩为主的较坚硬岩石，而填方岩性为素填土，松散且均匀性差，主要由黏性土和风化页岩、粉砂岩的碎块、碎屑组成，属高压缩性土，因此如果填土没有达到一定的压缩强度，其对建筑物的承载力与原始地层会不一致，严重时会产生地层的不均匀沉降，导致其上车间或厂房产生裂缝、歪斜等现象，或对坐落其上的污水池、污水管道产生拉裂等破坏，导致污水通过裂缝泄漏、污染地下水。对于边坡区，如果边坡较陡或不稳定，容易在雨期或长期拉应力的作用下产生滑坡、崩塌等地质灾害，对周围建筑物尤其是污水系统产生破坏。总之，项目运行过程中，由于建设阶段挖方填方、地基平整及压实、边坡处理等原因，可能导致地面不均匀沉降、边坡崩塌、滑坡等地质灾害，从而对污水系统产生一定的破坏风险。

（2）防控措施

为了预防上述工程原因对污水系统可能产生的破坏，提出以下防控措施：

①对平整场地上的车间或厂房，尽量不要同时压占原始地层和填方土层，应根据车间性质和形状，尽量选择在同一岩性的区域建设。

②对处于边坡附近的建筑物，应尽量选择荷载较小的车间，并严格管理，减少震动。

③应在施工期间严格监督施工质量，提高监理水平，使填方岩土的压实程度同原始地层相符合，并进行现场试验，以保证填方岩土的压实程度满足建设要求。

④对所有边坡均实行锚固或水泥混凝土护坡等强化措施，以防止崩塌、滑坡等灾害发生。

⑤对同时压占原始地层和填方土层的建筑物周围以及边坡的坡体上，设置位移监测点，定期监测地层移动状态，发现问题时及时采取避让、修复等措施，以确保不会发生地面不均匀沉降、边坡崩塌、滑坡等地质灾害，避免由此造成污水系统的破坏、产生地下水污染。

7.4.4　其他地下水污染预防措施

①拟建厂区部分地段为填土区，应做好压实及相应防渗措施，防止填土区成为废水泄漏通道。

②加强管理，增设环保工作组，定期检查厂内的生产运行是否规范，禁止生活垃圾和生产过程中的废渣、废水的无序排放，以防止降水对其淋溶后产生的淋滤液下渗污染地下水。

③电解车间等的主要设备机组、电解槽等应布置在二楼，管道可以布置在一楼、二楼之间，管道不应埋地；电解槽应具备防腐防渗效果，使用寿命一般应在 20 年以上。

④含重金属废水应采用架空管道输送；对其他所有埋地的隐蔽工程（主要为埋地管道），应在管道沿途设置地下集水廊道或采用双层套管，防止由于事故泄漏而污染地下水。

7.5　结论及建议

①厂址区地处滇黔高原—桂西北丘陵过渡边缘，属于中低山沟谷地貌区，地势呈向西南之地表河流所在的河谷倾斜，厂址区地形为东北高、西南低，无区域性断裂通过；地层岩性为泥盆系强风化、中风化页岩及局部的素填土和含砾粉质黏土等。

②研究区地下水主要有松散岩类孔隙水和碎屑岩风化裂隙水两种类型；不具备岩溶发育条件，调查工作中亦未发现本区及周边有岩溶塌陷、漏斗、落水洞、溶洞等岩溶形态的发育；厂址区处于水文地质单元径流排泄区，地下水主要接受大气降水的入渗补给，部分接受上游地下水的侧向径流补给，以分散径流为运动方式，向最低切割侵蚀基准面河床运移，总体上自北东向南—南西径流排泄；研究区内无集中式地下水水源地，地下水开采量几乎为零。

③本次模拟范围为：包含厂区在内，东北部沿着等水位线，西北部为次级地下水分水岭，西南部以较大地表水体为界，东南部以无名小溪为界，总面积为 1.7 km²；地下水保护目标为拟建厂址周围及下游地下水环境、无名小溪地表水。

④通过对研究区水文地质条件的合理概化，建立了研究区的水文地质概念模型、地下水流场及溶质运移数学模型及数值模型，并对地下水流场数值模型进行了模型识别和检验，检验结果良好，模型建立基本准确。

⑤确定污水处理站污酸调节池为主要预测对象，应用建立的数值模型，对可能产生的地下水污染问题设置了两种情景，并进行了溶质运移预测，预测结果表明：

a. 预测污水处理站污酸调节池底部防渗系统破裂情况下废水泄漏时，选择 As 作为预测因子。从污染迁移途径上看，As 污染物在 23 年时已迁移到厂址东南侧的小溪，但在地表水的稀释作用下，污染程度将进一步减小；从污染范围上看，除了污染晕的前锋可能影响地表水体外，其影响范围均维持在厂址范围内，对厂区周围及下游地下水环境不会产生明显不利影响。

b. 污酸调节池底部防渗系统完好无损的情况下废水渗漏的预测表明：渗漏发生后，污染物因入渗量甚微，加之地下水的稀释作用，其在 30 年内几乎不会发生扩散，不会影响厂区周围及下游的地下水保护目标。

⑥建设单位应加强管理、提高环保意识并严格执行本研究提出的分区防渗、监测管理、制定应急预案及其他针对性措施，以降低或避免地下水受到污染的风险。

参考文献

[1] 王延辉，杨生彬，刘仍阳. 基于 Visual MODFLOW 的某电厂地下水环境影响预测与评价[J]. 污染防治技术，2018，31（3）：13-18.

[2] 陈戈. GMS 在地下水环境影响评价中的应用——以某焦化厂为例[J]. 地质灾害与环境保护，2018，29（2）：66-76.

[3] 陆嘉，张春晖，何绪文，等. 基于数值模拟方法研究煤层气采出水对地下水环境的影响[J]. 中国矿业，2013，22（5）：57-60.

[4] 贺国平，张彤，赵月芬，等. GMS 数值建模方法研究综述[J]. 地下水，2007，29（3）：32-38.

第8章

长江沿岸岩溶区铜冶炼项目地下水数值模拟

——以江西某铜冶炼项目为例

8.1 基本情况

江西省某铜冶炼企业以铜精矿为原料，采用"仓式配料—蒸汽干燥—闪速熔炼—PS转炉吹炼—回转式阳极炉精炼—永久不锈钢阴极电解精炼"工艺生产阴极铜，熔炼炉渣选矿回收渣精矿，对熔炼、吹炼烟气采用"动力波净化—两转两吸"工艺制酸。主要建设内容包括熔炼系统、吹炼系统、阳极炉精炼系统、电解精炼系统、电解液净化系统等主体工程；制酸系统、精矿干燥系统、渣选矿系统、余热发电系统等配套工程，物料储存、运输系统、轻油库等储运工程，给排水、供配电、制氧站、空压站、纯水站等公共辅助工程，废气、废水、固体废物和噪声的治理措施等环保工程。

项目对厂区及周围地下水环境的影响途径有两种：一种是废水中的污染物因接纳装置（包括水池、水槽和管线等）发生跑冒滴漏及事故泄漏后，经由包气带下渗、进入地下含水层所产生的。另一种是固体废物中的污染物随其渗滤液或降水淋溶作用产生的淋溶液，经由包气带下渗、进入地下含水层所产生的。

8.1.1 废水污染源及治理措施

项目产生的废水包括生产废水、生活污水、初期雨水。其中，生产废水分成酸性含重金属废水、循环水系统排污水（清净下水）。

（1）生产废水

①酸性含重金属废水。

酸性含重金属废水产生总量为 1 537 m³/d，包括污酸处理后液（1 058 m³/d）、电解、净液碱性废水（81 m³/d），冶炼和制酸等车间地面冲洗水（69 m³/d），圆盘浇铸机冷却水

（160 m³/d），渣缓冷场冷却水（110 m³/d），废水处理站自用水（49 m³/d）和化验站废水（10 m³/d）。废水中主要含有 H_2SO_4、Pb、Zn、As、Cu 等污染物，全部进入处理规模为 2 000 m³/d 的生产污水处理站，采用石膏法+二段铁盐-石灰法处理后回用于生产。

污酸处理后液首先被泵至石膏反应槽，加入石灰乳反应后，进入石膏浓密机，浓密机上清液进入石膏滤液槽。底流经离心分离机过滤后，滤液返回石膏滤液槽，送至中和处理工序。滤渣即石膏渣，外运。来自石膏工序的石膏滤液与其他酸性废水在污水调节池中混合，进而进入一次中和槽，加入砷的共沉剂硫酸亚铁溶液，同时加入石灰乳进行充分反应。石灰乳的加入量由一次中和槽出口处的 pH 计控制。在一次中和槽后设置氧化槽，进行曝气氧化，使二价铁氧化为三价铁，起到絮凝作用。经氧化后的污水被送至二次中和槽，再投加石灰乳进行反应，出口处 pH 值控制为 9～10。在二次中和槽后设絮凝槽，并投加一定量的聚丙烯酰胺絮凝剂以提高沉淀效果。经浓密机沉淀分离后，上清液经液体过滤器过滤后，送回用水池回用；浓密机底流经立式压滤机过滤后，滤液返回调节池，滤渣与液体过滤器滤渣一起构成中和渣，在中和渣库暂存，定期外售。处理工艺见图 8-1。

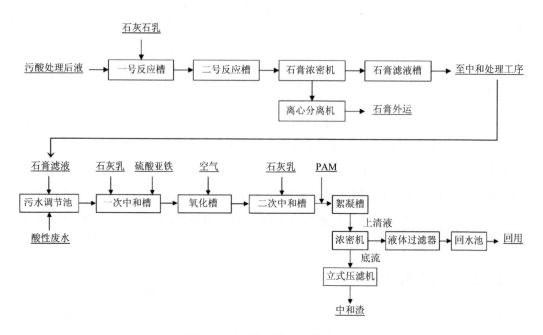

图 8-1 酸性废水处理工艺流程图

酸性废水处理站出水水质符合《铜、镍、钴工业污染物排放标准》（GB 25467—2010）表 2 规定的水污染物排放限值要求，酸性废水处理站出水全部回用于对水质要求不高的渣缓冷工段。

②循环水系统排污水。

设备冷却水、余热锅炉补充水等循环水系统排污水产生量为 8 657 m³/d，这些废水是含盐废水，属于较清洁废水，其中 6 641 m³/d 回用作为浇铸机循环水补充水、熔炼渣缓冷循环水补充水、渣选矿回用水、硫酸净化补充水、酸雾净化塔补充水等，剩余 2 016 m³/d 进深度处理工艺，并经反渗透处理后，产水全部回用，反渗透产生的浓盐水送至蒸发结晶工艺进行处理。深度处理工艺由反渗透、压缩蒸发、结晶蒸发等工艺单元依次组成，深度处理工艺设计处理废水规模为 2 500 m³/d，工艺系统总产水率为 89.5%。

反渗透工艺采用一级二段布置，循环冷却水通过反渗透工艺进行脱盐处理。一段反渗透工艺系统设计回收率为 70%，系统产淡水返回生产，浓水进入二段反渗透工艺继续进行脱盐处理。二段反渗透工艺系统设计回收率为 65%，系统产淡水返回生产，浓水进入后续蒸发单元处理。蒸发单元采用压缩蒸发工艺和结晶蒸发工艺，把浓水蒸发，水中的无机盐结晶回收。

（2）生活污水

项目生活污水产生量约为 255 m³/d，主要污染物为 COD_{Cr} 250 mg/L、BOD_5 100 mg/L、SS 150 mg/L、NH_3-N 25 mg/L，采用化粪池处理后排入园区污水管网。

（3）初期雨水

根据总平面图确定的厂区可能受污染区域的面积，计算初期雨水量为 6 495 m³/次，综合考虑全厂事故情况下需收集的废水量，在厂内建 1 座 12 000 m³ 初期雨水收集池，兼作事故水池。同时在厂内建 1 座应急处理站，主要用于处理初期雨水，处理规模为 3 500 m³/d（正常情况按 5 天处理完，连续降水时按 2 天处理完），出水水质达到工业用循环冷却水水质后回用于生产。

8.1.2　固体废物污染源及治理措施

本项目产生的固体废物包括铅滤饼、砷滤饼、白烟尘、渣选尾矿、石膏、中和渣、废触媒、废耐火材料、阳极炉烟尘、黑铜粉、废活性焦以及生活垃圾。其中，废耐火材料、阳极炉烟尘和废活性焦作为中间产物被综合利用，渣选尾矿和石膏外售进行综合利用，生活垃圾交由环卫部门统一处理，其他固废委托有资质单位处理处置。危险废物贮存场所按照《危险废物贮存污染控制标准》（GB 18597）及修改单要求建设，一般工业固体废物贮存场按照《一般工业固体废物贮存和填埋污染控制标准》（GB 18599）要求建设。

8.2　研究区概况及水文地质条件

8.2.1　研究区范围及保护目标

（1）研究区范围

根据地下水环境现状调查区 53 km² 范围内的水文地质条件、地下水统测情况及厂区周围相关敏感目标的分布情况等，确定本次地下水研究区范围（即模拟范围）为：包含厂区在内，北部以长江为界，西北部及南部以三叠系下统大冶组下段（T_1d^1）黄绿色钙质页岩隔水层为界，西南部沿地下水等水位线以灰岩裸露区与覆盖区的交界线附近为界［其中间凸出的部分为大冶组下段（T_1d^1）黄绿色钙质页岩隔水层边界］，东南部以湖泊为界，东北部以三叠系灰岩和第三系砂岩地层的角度不整合界线为界，总面积约为 17 km²，见图 8-2。

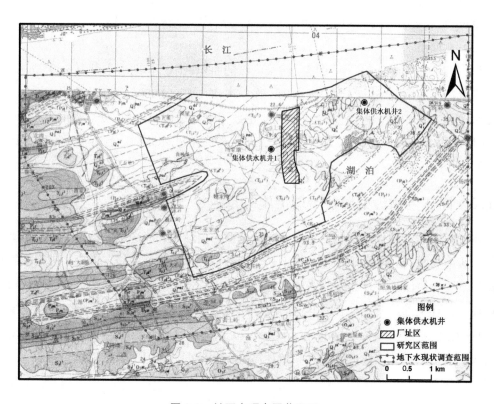

图 8-2　地下水研究区范围图

（2）保护目标

根据研究区的水文地质情况及现场踏勘，研究区属于覆盖型岩溶水区，上覆第四系粉质黏土相对隔水层，下伏三叠系灰岩裂隙溶洞水含水层。由于上覆粉质黏土层渗透性差，不具有供水意义，地下水多为上层滞水及暂时性缓慢流动的潜水，而下伏裂隙溶洞水为连通性较好的承压水，因此确定下伏裂隙溶洞水为本次研究的目的含水层。

本研究区内地下水（裂隙溶洞水）与地表水（长江、湖泊）联系密切，厂区周围零星分布有居民点，并分布有村民集体供水机井，为饮用水井，其水源为灰岩裂隙溶洞水。因此，确定地下水环境保护目标为建设项目周围下伏灰岩地下水环境、村民集体供水机井、周边地表水。见表 8-1、图 8-2。

表 8-1　地下水保护目标

保护目标名称	方位	距离厂界/m	抽水层位	备注
集体供水机井 1	SW	200	T_2j 岩溶水	建设项目周围下伏灰岩地下水环境也是保护目标
集体供水机井 2	NE	1 500	T_2j 岩溶水	
长江	N	200	—	
某湖泊	SE	700	—	

8.2.2　地形地貌

研究区为长江高漫滩、长江冲积平原（Ⅰ级、Ⅱ级阶地）、滨湖平原和构造剥蚀丘陵地貌，地面标高为 12.3～112.5 m，最大高差为 100.2 m。

（1）长江高漫滩区

研究区北部堤防外为长江高漫滩，沿江岸呈近东西向带状展布，漫滩面标高一般为 13.2～19.2 m，地形坡度一般小于 5°，但其外侧长江南岸为冲刷岸，岸坡坡度约 15°～25°。

（2）长江冲积平原（Ⅰ级、Ⅱ级阶地）区

长江Ⅰ级阶地沿研究区北部堤防南侧呈近东西向狭窄条带状展布，长江Ⅱ级阶地呈垄岗状分布于研究区北部、南西部及南部。Ⅰ级阶地与Ⅱ级阶地呈上叠及内叠接触关系。

Ⅰ级阶地地形平坦，阶面标高一般为 14.4～18.9 m，地面坡度小于 5°，地形较平坦。该区以棉田旱地为主，水（鱼）塘密布。

Ⅱ级阶地由于地表水及大气降水冲刷作用连续性差，地形起伏较大，表现为垄岗阶地平原，地面标高为 18.5～70 m，相对高差一般为 10～25 m，最大高差为 51.5 m，地形坡度为 8°～20°，垄沟较发育，沟谷浅宽，谷底较平缓，汇水面积较小。缓坡地段主要分布有村落、旱地，垄沟沟口建有水（鱼）塘。

（3）滨湖平原区

研究区东部湖泊西岸滨湖平原地面标高为 12.3～19.7 m，地形平坦，主要分布有棉田旱地、水（鱼）塘及沟渠。

（4）构造剥蚀丘陵区

研究区西侧、南西侧构造剥蚀丘陵地貌地面标高为 30～112.5 m，最大高差为 82.5 m，地形坡度为 18°～25°，局部达 30°。该区沟谷短浅宽阔，汇水面积较小；丘陵区植被较发育，主要为松、杉、灌木。其中，局部地区二叠系—三叠系碳酸盐岩夹碎屑岩裸露，岩石弱风化、中风化，地表溶沟、溶槽等岩溶现象较发育。

8.2.3　气象条件

本区属亚热带季风型气候，气候温和，光照充足，雨量充沛，四季分明。据当地 1951—2012 年气象统计资料，历史极端最高气温为 41.2℃，极端最低气温为-18.9℃，年平均气温为 16.7℃。年平均降水量为 1 513 mm，年最大降水量为 1998 年的 2 180.3 mm，年最小降水量为 903.4 mm（1978 年），最大日降水量为 2005 年 9 月 3 日的 277 mm，最大小时降水量为 81.1 mm。降水量年内分配不均，受季风环流影响，每年 4—7 月为雨季，降水量占全年降水量的 54%～65%；12 月至翌年 3 月降水量最少，仅占全年降水量的 16%。

8.2.4　水文特征

研究区北近长江，东临湖泊。长江江面宽度约为 2.5 km，正常水深一般为 35 m，河床不对称，河槽偏南岸。长江枯水期在 12 月至翌年 3 月，平均水位标高为 7.78 m，极端最低水位标高为 4.70 m。汛期平均水位标高为 15.33 m。项目北侧的长江防洪大堤总长为 5.4 km，堤顶高程为 22.1～24.6 m，坝顶宽 8.00 m，堤高 7.8 m。

研究区湖泊属长江水系，洪水期水域面积达 98 km^2，水量达 5.8 亿 m^3，历史最高洪水位标高为 20.27 m（现调洪水位一般在 15 m 以下）；平水期水域面积为 48 km^2，水量为 1.2 亿 m^3，水位标高为 13.7 m；枯水期最低水位标高为 11 m。该湖泊通过人工闸口与长江相通，经人工调蓄后注入长江。湖泊沿岸由岗地与湖汊地形组成，自然条件下洪水期湖水可沿湖汊倒灌，淹及低洼地带。但在沿岸湖汊均修筑了防倒灌堤圩，湖水由人工调节。

研究区内水（鱼）塘及水渠受季节性控制较明显，且位于粉质黏土相对隔水层之上，对项目场地基本无影响。

8.2.5　地质条件

8.2.5.1　地质构造

研究区位于通江岭—东雷湾复向斜东段之北部上田次级向斜、中部猫母山次级背斜及泥湾—三尾山次级短轴背斜结合部，见图 8-3。

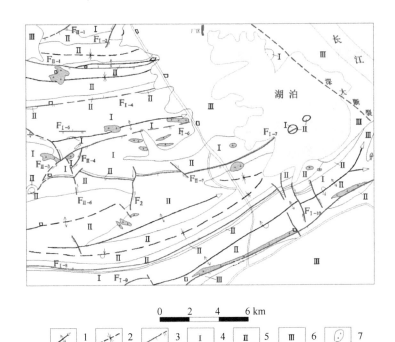

0　　2　　4　　6 km

1　2　3　Ⅰ 4　Ⅱ 5　Ⅲ 6　7

1. 背斜轴与倾伏端；2. 向斜轴；3. 实测与推测断层；4. 奥陶系—志留系；
5. 泥盆系—三叠系；6. 第三系—第四系；7. 岩体

图 8-3　区域构造纲略图

（1）褶皱

通江岭—东雷湾复向斜：北临长江，东至通江岭倾没于湖泊，南与宝山—大桥背斜相连，轴向近东西，轴面南倾。由奥陶系—三叠系地层构成，产状北缓（20°～30°），南陡（一般 60°以上）；受南北方向挤压作用，次级小褶曲和断裂构造较发育，该复向斜由北部上田向斜、中部猫母山背斜及泥湾—三尾山短轴背斜、南部东雷湾向斜同向次级褶曲组成，横剖面上呈"W"形。上田向斜槽部地层为三叠系中统嘉陵江组中段（$T_2 j^2$），猫母山背斜核部地层为二叠系下统茅口组上段（$P_1 m^2$），泥湾—三尾山背斜核部地层为三叠系中统嘉陵江组下段（$T_2 j^1$），东雷湾次级向斜槽部地层为三叠系中统嘉陵江组上段（$T_2 j^3$）。

项目场地地处上田向斜、猫母山背斜、泥湾—三尾山短轴背斜结合部。

（2）断层

研究区地表大部分为第四系松散物覆盖，以往地质工作及本次调查主要发现研究区西部及南部发育两条北东东向纵断层（编号 F_{II-1}、F_{I-4}）。各断层基本特征分述如下。

F_{II-1}：研究区西部一带发育一北东东向纵断层，为猫母山背斜轴向大断裂，区域长度为 9 km 左右，宽数十米，产状 345°∠70°，断层东端延伸入研究区。断层逆冲使背斜北翼地层倒转，南翼缺失二叠系上统龙潭组、长兴组地层，沿断层面见裂隙、溶隙发育。

F_{1-4}：研究区南西部泥盆系五统组与黄龙组地层间隐伏一北东东向纵断层。根据区域资料，该断层长度大于 9 km，倾向南，倾角为 40°左右，为逆掩断层。

8.2.5.2 地层岩性及岩浆岩

（1）地层岩性

研究区地表大部分为第四系松散物覆盖，仅南西侧丘陵地带见基岩出露。根据地质调查资料、部分岩土工程勘察揭露及本次野外地质环境调查，研究区地层有第四系全新统—上更新统松散岩、三叠系—石炭系碳酸盐岩夹碎屑岩、泥盆系—奥陶系上统五峰组碎屑岩、奥陶系上统汤头组—中统汤山组碳酸盐岩夹碎屑岩。各时代地层岩性特征由新到老分述如下。

①第四系（Q）。

全新统冲淤积层（Q_4^{al-l}）：分布于研究区东部滨湖平原，为湖水冲淤积物。岩性上部由褐黄色粉质黏土组成硬壳层，可塑状，湖泊沿岸及水（鱼）塘局部有软塑状及流塑状淤泥，厚度为 2～5 m。下部为淤泥质粉质黏土夹粉细砂，灰黑色，软塑状，厚 1～7 m，局部大于 7 m。

全新统冲积层（Q_4^{al}）：广泛分布于研究区北部长江高漫滩、长江 I 级阶地。岩性上部主要为褐黄色、棕褐色、深灰色粉质黏土，局部有粉土、粉细砂，厚度为 1～9 m；下部为砂砾卵石层，自上而下为粉细砂、中粗砂、粗砂及砂砾卵石，砾卵石呈次棱角状及次圆状，粒径为 8～50 mm，成分为石英、砂岩、灰岩等，结构松散，厚度变化大，为 1～30 m。

上更新统洪冲积层（Q_3^{pal}）：广泛分布于研究区，构成长江 II 级阶地。岩性为棕褐色、棕黄色或红色粉质黏土，含 5%～15%铁锰质，自南向北由细变粗，为长江洪水泛滥所致。厚度为 10～30 m。

②三叠系（T）。

大面积隐伏于研究区，仅西侧丘陵区有出露，呈北东东向条带状展布。

中统嘉陵江组（T_2j）：该组地层按岩性分为上、中、下三段。上段（T_2j^3）上部为灰色、灰白色或灰带浅红色中厚层灰岩夹薄层灰岩，下部为灰色、浅灰色微带红色薄至厚层灰岩，该段地层厚度大于 280 m；中段（T_2j^2）上部为灰色、浅灰色薄层含白云质灰岩，中部灰色巨厚层夹薄层或中厚层角砾状灰质白云岩，下部浅红色中厚层角砾状白云质灰岩，该段地层厚度为 164～238 m；下段（T_2j^1）上部为灰色、浅灰色及深灰色薄至厚层状白云质灰岩及含鲕灰岩，下部为灰色泥质条带灰岩夹泥灰岩或瘤状灰岩，该段地层厚度为 207～253 m。

下统大冶组（T_1d）：与中统嘉陵江组整合接触，按岩性分为上、下两段，上段（T_1d^2）上部为灰色、浅灰色中厚层灰岩夹少量厚层灰岩，下部灰色薄板状灰岩夹黄绿色页岩，该段地层厚度为 227～287 m；下段（T_1d^1）为黄绿色钙质页岩夹灰岩透镜体，该段地层厚度为 18～100 m。

③二叠系（P）。

呈北东东条带状隐伏于研究区北西角、南部，仅牛头山一带丘陵区有出露。

上统长兴组（P_2c）：与三叠系大冶组整合接触，按岩性分为上、下两部分。上部为黑色、灰黑色硅质页岩、炭质页岩夹煤层或煤透镜体；下部为灰黑色中厚层状含燧石结核灰岩。厚度为 17～41 m。

上统龙潭组（P_2l）：与长兴组整合接触，按岩性分为上、中、下三部分。上部为黑色炭质页岩，呈叶片状；中部为煤层，变质程度高，局部有开采价值；下部为黏土岩。厚度为 0.5～20 m。

下统茅口组（P_1m）：与龙潭组平行不整合接触，按岩性分为上、下两段。上段（P_1m^2）上部为灰色、灰黑色巨厚层含燧石结核灰岩，中部为灰黑色薄至中厚层含燧石条带灰岩，下部为灰黑色中厚层含燧石结核灰岩，该段地层厚度为 130～150 m；下段（P_1m^1）为灰黑色、黑色炭质页岩夹透镜状灰岩，该段地层厚度为 50 m。

下统栖霞组（P_1q）：与茅口组整合接触，按岩性分为上、下两部分。上部为灰色、灰黑色中厚层状含燧石结核灰岩及灰岩，局部含沥青质；下部灰色厚层状含少量燧石结核灰岩，含炭质及沥青质。地层厚度为 107～130 m。

④石炭系（C）。

上统黄龙组（C_2h）：呈北东东向条带状隐伏于研究区南部，与栖霞组断层接触。按岩性分为上、下两部分。上部为灰色、浅灰色、灰白色微带肉红色厚层状纯灰岩，厚度为 20～50 m；下部为灰色、灰白色中厚层状隐晶质灰质白云岩，厚度为 30～40 m。

⑤泥盆系（D）。

上统五通组（D_3w）：呈北东东向条带状隐伏于研究区南部，与黄龙组地层平行不整合接触。岩性为灰白色、浅灰色含砾石英砂岩、石英砂砾岩，顶部含铁质高。地层厚度为 2～39 m。

⑥志留系（S）。

呈北东东条带状隐伏于南部，仅南西角丘陵区有出露。

中统纱帽组（S_2s）：与泥盆系地层呈平行不整合接触，按岩性分为上、中、下三段。上段（S_2s^3）为猪肝色含铁质细砂岩、泥质粉砂岩夹石英长石砂岩，该段地层厚度为 3～18 m；中段（S_2s^2）上部为灰绿色薄至中厚层状细砂岩、粉砂岩，下部为砖红色、黄褐色泥质粉砂岩，该段地层厚度为 288 m；下段（S_2s^1）为黄绿色蠕虫状泥岩，该段地层厚度为 43 m。

下统罗惹坪组（S_1lr）：与纱帽组地层整合接触，按岩性分为上、下两段。上段（S_1lr^2）为灰黄色粉砂质页岩与石英细砂岩互层，该段地层厚度为 44 m；下段（S_1lr^1）上部为浅黄色中厚层石英细砂岩夹泥质粉砂岩，下部为黄绿色泥质粉砂岩夹泥质细砂岩，该段地层厚度为 294 m。

下统龙马溪组（S_1l）：与罗惹坪组地层整合接触，按岩性分为上、下两段。上段（S_1l^2）为紫红色泥（页）岩夹黄绿色页岩，该段地层厚度为 125～390 m。下段（S_1l^1）上部为黄绿色页岩夹薄至中厚层状泥质细砂岩，中部为土黄色泥质粉砂岩和细砂岩夹黏土质页岩，下部为灰白色、灰紫色含炭质板状页岩、黏土质页岩，该段地层厚度为 369 m。

⑦奥陶系（O）。

呈北东东条带状出露或隐伏于南西角。

上统五峰组（O_3w）：与上覆志留系龙马溪组下段整合接触。岩性为灰黑色、灰白色含泥质硅质页岩夹燧石层。厚度为 0.90～2.20 m。

上统汤头组（O_3t）：与上覆五峰组地层整合接触。岩性为黄褐色钙质页岩夹灰色薄至中厚层瘤状灰岩，厚度为约 51 m。本组岩石遭硅化破碎，其中钙质页岩只破碎、无硅化，而瘤状灰岩既硅化、又破碎，形成构造角砾岩。

中统汤山组（O_2t）：与上覆汤头组地层整合接触。岩性为深灰色厚层灰岩夹薄层生物碎屑灰岩，厚度约为 300 m。本组岩石普遍遭受强烈硅化，具硅质岩特性。

（2）岩浆岩（$\gamma\delta\pi$）。

以岩脉状零星出露于研究区西侧牛头山一带，为晚白垩纪（燕山晚期）花岗闪长斑岩（$\gamma\delta$）侵入，主要以岩脉形态产出，岩石呈浅黄色，花岗斑状结构，块状构造，斑晶为石英和高岭土化的长石，基质为石英、长石、褐铁矿等。

8.2.6 水文地质条件

8.2.6.1 地下水赋存特征

根据含水层的岩性特征、成因类型、赋水空间的形态特征等，区域地下水类型为松散岩类孔隙水、碳酸盐岩裂隙溶洞水、基岩裂隙水三大类。其中，研究范围内主要为松散岩类孔隙水、碳酸盐岩裂隙溶洞水。区域水文地质剖面图、典型钻孔柱状图见图 8-4、图 8-5。

（1）区域地下水赋存特征

①松散岩类孔隙水。

松散岩类孔隙水富水性在各地层差异较大，具体分述如下。

第四系全新统冲淤积层（Q_4^{al-l}）孔隙水：主要赋存于含淤泥质粉质黏土及粉砂细砂孔隙中，水位埋深为 0.2～1.2 m，其渗透系数为 0.022～0.036 m/d，单井涌水量小于 10 m³/d，富水性差，水量贫乏，水力性质为潜水或上层滞水。

第四系全新统冲积层（Q_4^{al}）孔隙水：地下水主要赋存于第四系全新统冲积的粉细砂、细砂及砂砾石层之中，含水层厚度为 0.5～5 m，水位埋深为 0.8～1.7 m，水力性质为微承压水。主要分布于长江沿岸，钻孔单位涌水量为 0.64～0.85 L/（s·m），渗透系数为 0.145～6.93 m/d，富水性中等。

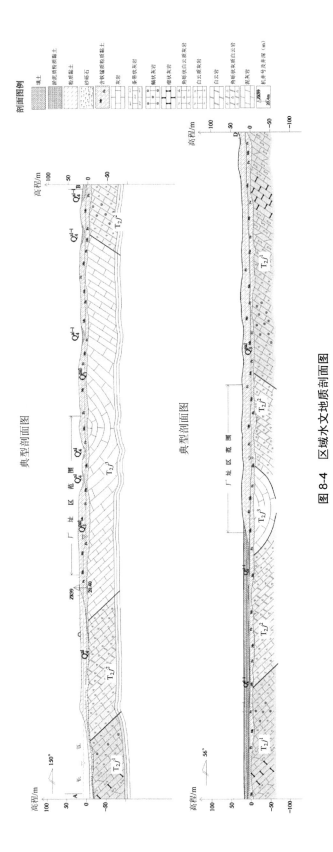

图 8-4　区域水文地质剖面图

工程名称		某铜业地下水影响评价水质水位监测点						
钻孔编号		GW3		钻孔深度	27.50	m	孔口标高	17.29	m
坐标				初见水位	3.1	m	监测日期	2013 年 7 月 6 日
				稳定水位	3.3	m	核准日期	2013 年 7 月 7 日

地质时代	层序	层底标高/m	层底深度/m	分层厚度/m	柱状图 1:150	岩土描述	击数 深度/m	取样编号 深度/m
Q₃	④	-4.81	22.10	22.10		粉质黏土：灰黄、浅黄、黄褐、灰褐等色，硬可塑，组分为黏粒及粉粒，含有铁锰质氧化物斑点，局部夹砾砂。稍有光泽，干强度中，韧性中，无摇震反应		
T₂j	⑥	-8.01	25.30	3.20		石灰岩：灰白、青灰、肉红等色，致密隐晶质结构，厚层状构造。中风化，岩体较完整，见有少量风化裂隙，岩芯采取率较高，多呈短柱状、柱状，少量碎块状		
T₂j	⑥-1	-9.01	26.30	1.00		溶洞：全充填或半充填泥砂		
	⑥-2	-10.21	27.50	1.20		石灰岩：同上		

图 8-5　典型钻孔柱状图

上更新统洪冲积层（Q_3^{pal}）孔隙水：上更新统洪冲积层粉质黏土黏性较大，一般为相对隔水、弱透水层，其局部地段底部见含黏土砂砾卵石层与粗砂透镜体，大面积分布。根据区域资料，其渗透系数一般小于 0.02 m/d，单井涌水量一般小于 10 m³/d，富水性极弱，水力性质主要为上层滞水。

②碳酸盐岩裂隙溶洞水。

赋存于三叠系、二叠系、石炭系、奥陶系灰岩、白云质灰岩岩溶裂隙溶洞中，富水性主要受其岩溶发育强弱控制，分布于三叠系—石炭系覆盖型碳酸盐岩区，水位埋深为2.05～10.77 m，为承压水，钻孔单位涌水量为 0.12～0.92 L/（s·m），渗透系数为 0.37～1.21 m/d，单井涌水量一般为 313.63～840.11 m³/d，地下水富水性中等。

研究区基本处于向斜储水构造的排泄区，主要为三叠系裂隙溶洞水，地下水径流较强烈。地下水主要接受西部丘陵裸露灰岩区地下水径流补给，转化为地下潜流。丰水期江、湖高水位时，江、湖水在静水头压力下对区内地下水产生一定的反补给。

③基岩裂隙水。

主要赋存于泥盆系、志留系及奥陶系上统五峰组粉细砂岩、泥质粉细砂岩、石英砂岩、炭质页岩、页岩的浅部风化裂隙中。其裂隙多被泥质充填，含水性差，仅局部构造裂隙带含水，泉流量常见值为 0.05～7.11 L/s，地下水径流模数常见值为 1.0～3.0 L/（s·km²），单位涌水量为 0.067～1.83 L/（s·m），水量贫乏。地下水主要接受大气降水及第四系松散层地下水垂直入渗补给，由高处向低处渗流，排泄于坡麓、流入湖泊或转为地下径流。此类型地下水基本分布于本次研究范围之外。

研究区西侧牛头山一带花岗闪长斑岩侵入岩脉对厂址区影响较小，对其水文地质特征不进行评述。

（2）厂址区地下水赋存特征

厂址区微地貌为长江冲积平原，其北部为Ⅰ级阶地，中—南部为Ⅱ级阶地，地势总体南高北低，现地面标高为 13.1～29.3 m，最大高差为 16.2 m，地形坡度一般小于 15°；地下水类型主要为下伏碳酸盐岩裂隙溶洞水。

根据厂址区水文地质补充调查，厂址区上覆粉质黏土层由上更新统地层和中更新统地层共同组成。上更新统粉质黏土层厚 5～8 m，平均厚度为 6 m，覆于中更新统地层之上。中更新统粉质黏土层为橘黄色、褐红色蠕虫状粉质黏土，结构致密，可—硬塑状，厚度为10～15 m，属残积成因类型；由于后期湿热风化作用，普遍具灰白色高岭土条斑为其特征，这些条斑长数厘米，不规则弯曲，似蠕虫状。

第四系上更新统冲洪积相粉质黏土、第四系中更新统残坡积相粉质黏土层黏结较紧密，透水性弱，一般富水性差。据试坑双环渗水试验，其渗透系数 $K = 0.0726$ m/d（8.400×10^{-5} cm/s）；据钻孔注水试验，其渗透系数 $K = 0.0152$ m/d（1.759×10^{-5} cm/s）；据室内渗透试验，渗透系数 $K=2.07\times10^{-5}\sim4.26\times10^{-6}$ cm/s。可见粉质黏土层为微透水，其隔水性好，可总体视为相对隔水层。

厂址区内大范围分布有第四系上更新统及中更新统粉质黏土，其渗透系数极小（属微透水），基本阻隔了局部的第四系全新统冲（湖）积含水层与下伏三叠系嘉陵江组含水层之间的水力联系。

8.2.6.2 岩溶发育情况

（1）区域岩溶发育情况

研究区长江冲积平原（Ⅰ级、Ⅱ级阶地）、滨湖平原及丘陵区沟谷地带地表为第四系全新统和上、中更新统松散物覆盖，基岩基本未出露。研究区下伏基岩主要为三叠系中统嘉陵江组—石炭系黄龙组碳酸盐岩夹碎屑岩，属覆盖型灰岩分布区。

①三叠系（T）。

中统嘉陵江组（T_2j）：研究区西侧外围某项目南部区块岩土工程勘察共施工 61 个钻孔，其中 60 个钻孔揭露到该地层，最大揭露厚度为 12.8 m（未揭穿）。其中，26 个孔遇溶洞，钻孔见洞率为 43.33%，线岩溶率为 16.22%，溶洞高 0.7～7.4 m，平均为 2.36 m，洞顶标高为 −17.84～0.09 m，多为无充填或半充填，第四系与灰岩接触面标高为 −22.14～−1.49 m，基岩面形态起伏大。

根据研究区区域详细勘探地质报告，嘉陵江组灰岩钻孔见洞率为 33.75%，总岩溶率为 4.27%。地下岩溶率有垂直分带性，−80 m 标高以上岩溶较发育，连通性较好，0～−40 m 标高岩溶率为 4.73%，−40～−80 m 标高岩溶率为 2.56%，−80 ～−160 m 标高岩溶不发育，−80～−120 m 标高岩溶率为 0.13%，−120～−160 m 标高岩溶率为 0.16%；−160 m 标高以下未见溶洞发育。经综合判定，三叠系中统嘉陵江组灰岩岩溶发育程度为中—强。

下统大冶组上段（T_1d^2）：大冶组灰岩 −40 m 标高以上钻孔见洞率为 37.85%、岩溶率为 4.86%，−40～−80 m 标高岩溶率仅为 0.13%；另外，覆盖型灰岩分布区基岩面起伏不平，岩面上部土层中有土洞发育。综合判定其灰岩岩溶发育程度为中。

另根据补充水文地质物探调查，三叠系地层中，标高 −40 m 以上岩溶较为发育，标高 −40 m 以下岩溶发育相对较弱。

②二叠系（P）。

长兴组、茅口组：长兴组、茅口组灰岩钻孔见洞率为 12%，总岩溶率为 2.83%、充填率为 64%。地下岩溶率有垂直分带性，0 m 标高以上岩溶率为 8.45%；0～−40 m 标高岩溶率为 7.95%；−40～−80 m 标高岩溶率为 3.88%；−80 m 标高以下岩溶率减小，充填率降低。综合判定其灰岩岩溶发育程度为中—强。

下统栖霞组（P_1q）：栖霞组灰岩钻孔见洞率为 36.99%，总岩溶率为 3.58%、充填率为 77.7%。地下岩溶率有垂直分带性，0 m 标高以上岩溶率为 8.99%；0～−40 m 标高岩溶率为 6.31%；−40～−80 m 标高岩溶率为 2.43%；−80 m 标高以下岩溶率减小，充填率降低。综合判定其灰岩岩溶发育程度为中—强。

③石炭系（C）。

上统黄龙组（C₂h）：其钻孔见洞率为 33%，岩溶率为 2.7%。综合判定其灰岩岩溶发育程度为中。

（2）厂址区岩溶发育程度

①岩溶平面分布推断。

长江大堤以北地段，地形较为平坦，下伏基岩岩溶发育较弱；堤防以南地段，第四系厚度变化较大，溶沟、溶槽较发育，且岩溶发育程度受第四系厚度为影响，总体上呈现出第四系厚度为大则岩溶发育较弱、第四系厚度为小则岩溶发育较强的特点。

厂址区内基岩面标高一般为−29～4 m。根据物探高密度色谱图，厂址区内岩溶较发育，岩溶的发育深度在 15～60 m，标高−40 m 以上岩溶较为发育，标高−40 m 以下岩溶发育相对较弱。

将物探高密度电法剖面的解译结果投影在平面上，结合钻孔资料及区域地质资料推断：厂址区内岩溶的走向大致为北东东向；从岩溶的平面分布来看，岩溶主要分布在厂址区的北部及中南部，其他地段岩溶发育相对较弱，见图 8-6。

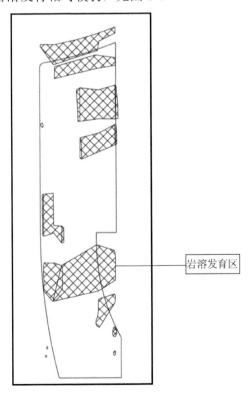

图 8-6　厂址区岩溶平面分布物探解译图

②岩溶连通性、富水性分析。

岩溶发育与地层产状、断裂的发育及展布密切相关。在地质构造简单地区，岩溶一般沿岩层倾向或走向方向发育；在地质构造较复杂的向斜仰起端、与褶皱面相垂直的断裂带附近、各构造体系的复合部位，构造裂隙的发育为岩溶化作用提供了十分有利的条件，对岩溶发育起到了布局的作用。

厂址区属覆盖型灰岩区，碳酸盐岩纯度较高。据钻孔资料显示，钻孔平均见洞率为55.6%～62.16%，岩溶率为 2.43～5.37%。另据水文地质普查报告并结合物探解译资料分析，厂址区碳酸盐岩纯度较高，地下岩溶（裂隙、小溶洞）较发育，连通性较好，但泉水出露点少，地下水在裂隙溶洞中径流途径深长，水力坡度甚小，水交替缓慢，通常做层流形式运动，普遍为承压水性质。

据岩溶水观测孔水位调查资料，地下水位相对较统一，亦说明区内地下水连通性较好。

同时，依据勘查期间所进行的机井 1、机井 2 及 BK1 孔岩溶水稳定流抽水试验，在水位降深不大的前提下，其单位涌水量为 0.528～1.332 L/（s·m），渗透系数为 7.24～7.89 m/d，单井涌水量一般大于 300 m³/d，地下水富水性中等。

8.2.6.3 地下水补径排条件

（1）松散岩类孔隙水

研究区大部分被第四系松散岩类地层所覆盖，岩性主要有全新统冲淤积层的淤泥质粉质黏土（局部分布），冲积层的粉细砂、中粗砂、粗砂及砂砾卵石（主要分布在长江高漫滩区）和上、中更新统洪冲积层的粉质黏土（大面积分布）。由于上、中更新统洪冲积层的粉质黏土为弱透水层，因此本层基本无有效流动的地下水，局部会出现上层滞水，主要接受大气降水、地表水的垂直入渗补给以及下伏承压水的越流补给，缓慢或局部排泄于地势低洼处。

（2）裂隙溶洞水

研究区处于向斜储水构造的排泄区，地下水径流较强烈。下伏基岩主要为三叠系嘉陵江组。地下水主要为碳酸盐岩裂隙溶洞水，属承压水。由于其上覆盖较厚的第四系上、中更新统洪冲积层的粉质黏土相对隔水层，因此垂向上与地表水联系较弱，主要接受西部丘陵裸露灰岩区的地下水侧向径流补给，沿地势由西向东或由南西向北东径流（见图 8-7），排泄于长江、湖泊。丰水期江、湖水位高时，也对地下水进行一定的反补给。研究区各时期的地下水等水位线图见图 8-8。

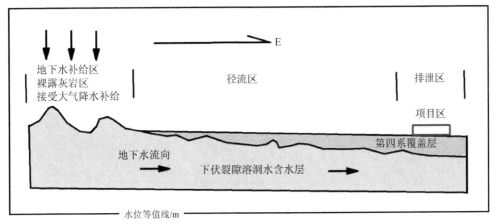

图 8-7　研究区含水层中地下水的补径排关系示意图

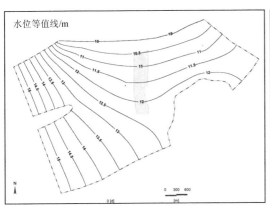

（a）研究区 2 月（枯水期）地下水流场图

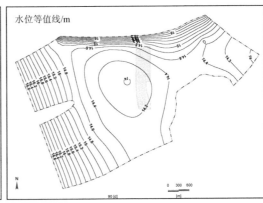

（b）研究区 5 月（丰水期）地下水流场图

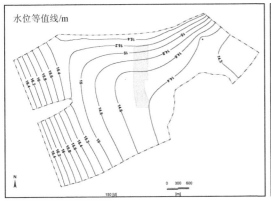

（c）研究区 7 月（丰水期）地下水流场图

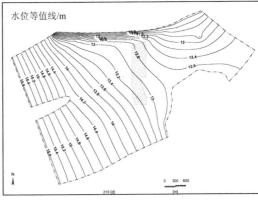

（d）研究区 9 月（平水期）地下水流场图

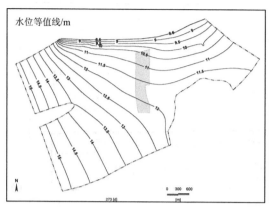 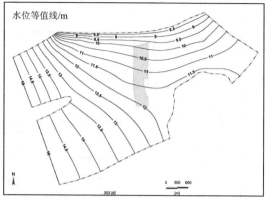

（e）研究区 11 月（平水期）地下水流场图　　　　（f）研究区 12 月（枯水期）地下水流场图

图 8-8　研究区各时期的地下水等水位线图

8.2.6.4　地下水与地表水的水力联系

本研究区地表水主要为长江、湖泊两大水体。长江与湖泊通过其下伏第四系全新统冲积层的粉细砂、中粗砂、砂砾卵石等，与区域裂隙溶洞水发生水力联系，地下水与地表水水力联系较密切。区域地下水（主要为裂隙溶洞水）为承压水，主要接受西部灰岩裸露区的补给，由西向东径流，与地表水体发生水量交换。

研究区地下水位、水量受季节变化影响明显。丰水期时，江、湖水位快速升高，地表水补给地下水；平水期及枯水期时，江、湖水位快速降低，而地下水位相对变化较慢，此时地下水补给地表水。

通过对长江水位的资料收集及部分现场实测值（见表 8-2），得出长江水位与 GW5号孔（长江高漫滩区处）的水位变化关系（见图 8-9）。由此可见，丰水期时长江水位高于地下水位，长江水补给地下水；而枯水期时长江水位低于地下水位，长江水接受地下水的补给。

表 8-2　2013 年长江水位与 GW5 号孔的地下水位值　　　　单位：m

月份	长江水位	GW5 孔地下水位	月份	长江水位	GW5 孔地下水位	月份	长江水位	GW5 孔地下水位
2	10.05	10.79	6	17.5	15.23	10	9.1	11.86
3	13.2	11.79	7	16.34	15.68	11	8.5	11.26
4	16.1	13.12	8	13.6	14.01	12	8.2	9.572
5	16.3	14.11	9	11.4	13.22			

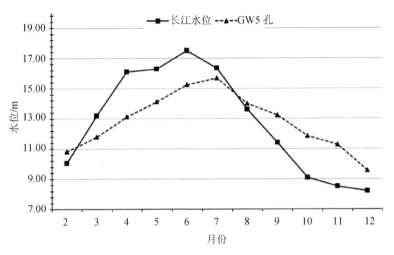

图 8-9　长江水位与 GW5 号孔的地下水位变化关系

8.2.6.5　地下水动态特征

本研究区地势平坦，碳酸盐岩裂隙溶洞水上覆有第四系弱透水盖层。根据区域水文地质资料分析，裂隙溶洞连通性较好，具有同一的地下水面，同一时期内地下水位坡降较小，流速缓慢，补给来源主要是西部的裂隙溶洞水，由西向东流动，由西部的潜水逐渐转化为承压水，地下水位变化幅度为 2～5 m。在湖滨地区，枯季地下水位高于湖水位；在洪峰季节，可见地下水受湖水回压势的影响，随着湖水位上升而上升。

8.2.6.6　地下水开发利用现状

本研究区无大型地下水集中式饮用水水源地及相关地下水保护区，仅有 2 口村民集中供水机井（功能为饮用）及多口分散式居民浅井（功能为生活日常用水）。地下水开采方式为机民井开采，机井开采层位为三叠系中统嘉陵江组裂隙溶洞水。分散式民井用水量小（小于 1 m³/d），多开采第四系松散层渗出的少量孔隙水，水位埋深为 1～9 m；民井开采水主要为洗衣等生活日常用水，不供饮用，且村落已通自来水作为村民饮用水水源，自来水水源为长江水。机民井的分布情况见表 8-3 及图 8-10。

表 8-3　机民井的分布情况一览表

井编号	井深/m	井口标高/m	地下水埋深/m	抽水量/(m³/d)	含水层	类型	抽水时间	功能
环观 01	5.8	18.61	1.88	0	Q_4^{al}	民井	废弃	废弃
环观 02	92	19.33	4.4	80	T_2j	村民集中供水机井	全年	饮用
环观 03	86	28.11	19	200	T_2j	村民集中供水机井	全年	饮用

井编号	井深/m	井口标高/m	地下水埋深/m	抽水量/(m³/d)	含水层	类型	抽水时间	功能
环观 04	10.1	25.73	2.85	小于 1	Q_3^{pal}	民井	偶用	日常生活用水
环观 05	14	24.18	6.3	小于 1	Q_3^{pal}	民井	偶用	日常生活用水
环观 06	12	23.50	4.76	0	Q_3^{pal}	民井	废弃	废弃
环观 07	10.3	21.17	3.1	0	Q_3^{pal}	民井	废弃	废弃
环观 08	8.7	19.40	2.3	小于 1	Q_4^{al}	民井	偶用	日常生活用水
环观 09	5.7	19.95	1.4	0	Q_3^{pal}	民井	废弃	废弃
环观 10	5.5	19.38	2.10	小于 1	Q_3^{pal}	民井	偶用	日常生活用水
环观 11	3	19.42	0.32	小于 1	Q_3^{pal}	民井	偶用	日常生活用水
环观 12	6.9	30.23	2.17	小于 1	Q_4^{al}	民井	偶用	日常生活用水
环观 13	7.2	23.47	4.16	小于 1	Q_3^{pal}	民井	偶用	日常生活用水
环观 14	13.4	25.01	6.35	小于 1	Q_3^{pal}	民井	偶用	日常生活用水
环观 15	13.6	27.57	9.24	小于 1	S_1l	民井	偶用	日常生活用水
环观 16	10.8	24.99	4.76	小于 1	Q_3^{pal}	民井	偶用	日常生活用水
环观 17	16.73	25.59	4.08	小于 1	Q_3^{pal}	民井	偶用	日常生活用水
环观 18	24.4	30.38	8.3	小于 1	Q_3^{pal}	民井	偶用	日常生活用水
环观 19	5.7	22.59	2.74	小于 1	Q_3^{pal}	民井	偶用	日常生活用水

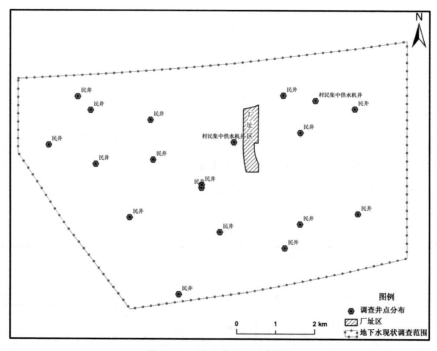

图 8-10　机民井的分布情况

8.3　地下水数值模拟预测及评价

8.3.1　水文地质概念模型

水文地质概念模型是对研究区水文地质条件的简化,是对地下水系统的科学概化,其核心为边界条件、内部结构、地下水流态三大要素,能够准确充分地反映地下水系统的主要功能和特征。根据对研究区的地层岩性、水动力场、水化学场的分析,从而确定概念模型的要素。

8.3.1.1　含水层结构

根据前述研究区水文地质条件,本研究区为覆盖型岩溶水区,上覆第四系上更新统洪冲积相粉质黏土及中更新统残坡积相粉质黏土层,为相对隔水层,大面积分布于研究区;其北部长江高漫滩为全新统冲积层的粉细砂、中粗砂、粗砂及砂砾卵石,而长江大堤以南的长江 I 级阶地虽为全新统冲积层,但由于其黏粒较多,粉质黏土占比较大,根据钻孔的抽水试验,其渗透性和上更新统、中更新统粉质黏土相似,故将其划为粉质黏土相对隔水层区。下伏三叠系中统嘉陵江组(T_2j)及下统大冶组上段(T_1d^2)碳酸盐岩,为裂隙溶洞水较发育的承压水含水层。厂址区周围及下游地区的地下水主要在碳酸盐岩岩溶含水层中赋存和运移。因此,将研究区地层结构概化为两层,上层主要为第四系粉质黏土相对隔水层,下层为裂隙溶洞水承压含水层。

为了较精确地刻画研究区地层结构,也为了强调上层粉质黏土隔水层的防污性能,本次建模考虑粉质黏土层中的包气带的作用,并增加模型中粉质黏土层的垂向分辨率,将第一层分为两个子模拟层(即 Q_3、Q_2 分别建立子模拟层)。因此,整个研究区地层结构概化为三层,见表 8-4、图 8-11。

表 8-4　含水层系统概化表

模拟层	地层	含水层性质	厚度为/m	岩性
第一层	第四系上更新统(北部长江沿岸为全新统)	相对隔水层,基本为包气带	6	棕褐色或红色粉质黏土(长江沿岸为粉细砂、中粗砂、粗砂等)
第二层	第四系中更新统(北部长江沿岸为全新统)	相对隔水层,分布有包气带及局部缓慢流动的潜水	10~25	橘黄色、褐红色蠕虫状粉质黏土(长江沿岸为粉细砂、中粗砂、粗砂等)
第三层	三叠系中统嘉陵江组、下统大冶组上段	承压水、主要含水层	30~50	中厚层灰岩夹薄层灰岩、白云质灰岩及灰质白云岩

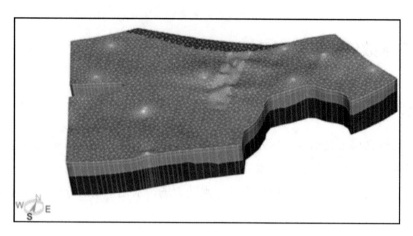

图 8-11   研究区地层结构示意图

8.3.1.2   边界条件

根据地质条件（岩层展布等）、水文地质条件（地下水埋藏特征等）、地下水与地表水的水力联系及厂址区周围敏感目标分布情况，将边界条件（以三层概化模型为对象）概化如下。

北部边界：由于研究区所含长江段水力坡度很小，因此定为水位变化一致的水头边界。

西北部及南部边界：以三叠系下统大冶组下段（T_1d^1）黄绿色钙质页岩为界，属自然相对隔水边界。

西南部边界：沿地下水等水位线，以灰岩裸露区与覆盖区的交界处附近为界，为流量边界［其中间凸出的部分为大冶组下段（T_1d^1）黄绿色钙质页岩隔水层边界］。

东南部边界：以湖泊为界，由于该湖属人工调蓄的湖泊，水力坡度几乎为零，为水位变化一致的水头边界。

东北部边界：以三叠系灰岩和第三系砂岩地层的角度不整合界线为界，属自然相对隔水边界。

上边界为地表面，接受大气降水补给且以人工开采的形式进行地下水排泄；下边界位于中厚层灰岩含水层底板，此边界以下岩溶发育程度较差，为相对隔水边界。

8.3.1.3   水文地质参数

（1）非饱和带相关参数

①垂向饱和渗透系数。

本次研究在厂址区内进行了一组双环渗水试验。试坑深度为 0.40 m；采用双环法，外环直径为 50 cm，内环直径为 25 cm，内环面积为 0.049 m²，试验时保持坑内水深 0.10 m，试验后开挖测量入渗深度，根据岩性和经验确定土层毛细上升高度。试验结果见表 8-5。

表 8-5　试坑双环渗水试验成果表

试验点号	试验地点	试坑深度/m	地形地貌
SK1	厂址区内	0.40	岗丘边缘，地形较平坦，现为旱地
坑底岩性	试验时间	延续时间/h	稳定时间/h
褐黄色可塑状粉质黏土	2013 年 12 月 29 日 10：00－16：30	6.5	4.5
试验方法	坑内水深/m	稳定渗流量	
		m³/d	L/s
双环法	0.10	0.047 7	5.526×10^{-4}
毛细上升高度/m	入渗深度/m	渗透系数	
		m/d	cm/s
3.0	0.25	0.072 6	8.400×10^{-5}

②非饱和带水分特征曲线参数。

在非饱和带中，含水率和渗透系数都是随压力水头变化的函数；其中，含水率和压力水头的关系可以用水分特征曲线来表征。目前，水分特征曲线的确定主要是通过实验来获得，但也可使用经验公式进行拟合计算。本次模拟则采用 Van Genuchten 模型拟合计算：

$$\theta(h) = \theta_r + \frac{\theta_s - \theta_r}{\left[1 + |\alpha h|^b\right]^a} \quad (其中，\ a = 1 - 1/b,\ b > 1) \tag{8-1}$$

$$K(h) = K_s S_e^l \left[1 - \left(1 - S_e^{1/a}\right)^a\right]^2 \left(其中，S_e = \frac{\theta - \theta_r}{\theta_s - \theta_r}\right) \tag{8-2}$$

式中：θ_r、θ_s —— 残余含水率和饱和含水率，$L^3 L^{-3}$；

　　　K_s —— 饱和渗透系数，LT^{-1}；

　　　S_e —— 有效饱和度，量纲一；

　　　α —— 进气值，L^{-1}；

　　　a，b，l —— 经验参数，量纲一。

其中，对 θ_r、θ_s、K_s、α、b 和 l 等 6 个参数，通常根据美国国家盐改中心（US Salinity Laboratory）通过室内或田间脱湿试验完成的一个非饱和土壤水力性质数据库（UNSODA）获得。

本研究区的包气带岩层（粉质黏土、粉细砂等）均包含在上述数据库中，参考上述数据库中的参数值并结合本研究区包气带岩性的实际情况，确定其残余饱和度 S_r、最大饱和度 S_s（S_r、S_s 由 θ_r、θ_s 换算得出）、α、b、l 参数值见表 8-6。

表8-6　包气带水力特征参数表

类型	S_r	S_s	α/（1/m）	b	l
粉细砂（长江沿岸）	0.1	1	7.5	2.2	0.5
粉质黏土（大面积分布）	0.23	1	1.1	1.4	0.5

（2）饱和带相关参数

①钻孔（机井）抽水试验。

a. 裂隙溶洞水稳定流抽水试验。

在集体供水机井1、集体供水机井2及BK1孔中进行了岩溶水稳定流抽水试验，抽水井均为完整井，采用承压水完整井公式计算：

$$K = \frac{0.366Q}{mS_w} \lg \frac{R}{r_w} \tag{8-3}$$

$$R = 10 S_w \sqrt{K} \tag{8-4}$$

式中：K——含水层渗透系数，m/d；

Q——抽水井涌水量，m³/d；

R、r_w——影响半径、抽水井半径，m；

m——主要含水层（溶蚀段及溶洞）的厚度，m；

S_w——水位降深，m。

依据上述公式计算，得到岩溶含水层水文地质参数，计算结果见表8-7。

表8-7　碳酸盐岩裂隙溶洞水含水层稳定流抽水试验计算成果表

孔号	时代岩性	类型	静止水位埋深/m	井半径 r_w/m	溶蚀段及溶洞厚度为 m/m	水位降深 S_w/m	涌水量 Q		单位涌水量 q/[L/(s·m)]	渗透系数 K/(m/d)	影响半径 R/m
							L/s	m³/d			
BK1孔			9.30	0.054	4.64	2.55	1.000	86.4	0.215 5	8.381	73.82
机井2	T₂j 灰岩	承压水	17.50	0.079 5	2.10	22.60	2.798	241.7	1.332 4	7.240	608.10
机井1			9.25		5.30	7.20	2.798	241.7	0.524 5	7.896	202.30

b. 孔隙含水层稳定流抽水试验。

在QK1（长江大堤以南）孔中进行了潜水稳定流抽水试验。抽水井均为完整井，采用潜水完整井公式计算：

$$K = \frac{0.732Q}{(2H - S_w)S_w} \lg \frac{R}{r_w} \tag{8-5}$$

$$R = 2S_w\sqrt{HK} \qquad (8-6)$$

式中：K——含水层渗透系数，m/d；

Q——抽水井涌水量，m^3/d；

R、r_w——影响半径、抽水井半径，m；

H——静止水位至含水层底板的距离，m；

S_w——水位降深，m。

依据上述公式计算，得到的计算结果见表 8-8。

表 8-8 孔隙含水层稳定流抽水试验计算成果表

孔号	岩性	类型	静止水位埋深/m	井半径 r_w/m	静止水位至含水层底板距离 H/m	水位降深 S/m	涌水量 Q		单位涌水量 q/[L/(s·m)]	渗透系数 K/(m/d)	影响半径 R/m
							L/s	m^3/d			
QK1	粉质黏土	潜水	3.70	0.08	12.20	10.73	0.022	1.90	0.001 8	0.018 1	4.78

②钻孔注水试验。

在 BK3 孔（揭露基岩前停止钻进）进行注水试验，连续往孔内注水，形成稳定的水位和常量的注水量，并按下式计算土层渗透系数：

$$K = 0.423\frac{Q}{h^2}\lg\frac{2h}{r} \qquad (8-7)$$

式中：K——土层渗透系数，m/d；

Q——稳定注水量，m^3/d；

h——孔中水柱高度，m；

r——钻孔半径，m。

依据上述公式计算，得到的计算结果见表 8-9。

表 8-9 钻孔注水试验成果表

试验点号	岩性	稳定注水量/(m^3/d)	水柱高度/m	钻孔半径/m	土层渗透系数/(m/d)
BK3	粉质黏土	0.396	5.0	0.054	0.015 2

各试验钻孔的分布情况见图 8-12。

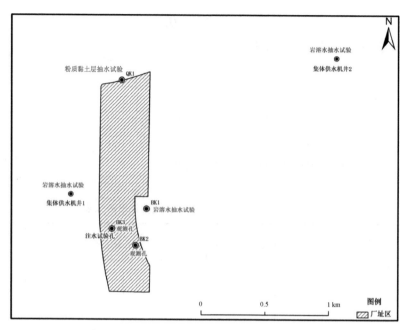

图 8-12   各试验钻孔的分布图

③土的水理性质参数。

取原状土样 4 组（岩性为粉质黏土）进行室内土工试验分析，测试依据为《土工试验方法标准》（GB/T 50123）。试验结果见表 8-10。

表 8-10   土的水理性质测试成果表

孔号	土层岩性	取样深度/m	水理性质					
			孔隙率/%	含水量/%	液限/%	塑限/%	渗透系数/（cm/s）	
							水平	垂直
QK1	粉质黏土	3.1～3.7	0.93	33.6	46.5	25.2	$3.21×10^{-5}$	$2.15×10^{-6}$
		16.2～16.8	0.81	29.8	41.8	27.1	$9.26×10^{-6}$	$1.06×10^{-6}$
BK3		2.7～3.3	0.73	24.4	41.6	23.6	$1.24×10^{-4}$	$2.07×10^{-5}$
		4.3～4.9	0.70	24.8	43.5	24.3	$1.88×10^{-5}$	$4.26×10^{-6}$

综合上述结果，给出研究区各水文地质参数的建议值，见表 8-11。

表 8-11   水文地质参数建议值

岩性	渗透系数 K/（m/d）	弹性释水系数 μ^{*}	给水度	孔隙度
粉细砂等砂层	0.145～6.93	0.000 1～0.000 4	0.35	0.48
粉质黏土层	0.015～0.018	0.000 1～0.000 4	0.1	0.41～0.42
灰岩、白云质灰岩	7.24～8.38	0.000 1～0.000 4	0.05	0.1

④溶质运移参数。

地下水溶质运移模型参数主要为弥散度，本次研究的弥散度取值见表8-12。

表 8-12 弥散度取值表

岩性	纵向弥散度/m	横向弥散度/m
粉细砂等砂层	10	1
粉质黏土层	1	0.1
灰岩、白云质灰岩	10	1

8.3.2 地下水数学模型及模拟软件选择

8.3.2.1 地下水数学模型

综合上述研究区地层岩性、地下水类型、地下水补径排特征、地下水动态变化等水文地质条件，在现有资料的基础上，将研究区地下水流系统概化为非均质各向异性、空间多层结构、三维非饱和-饱和非稳定地下水流系统，其水流和溶质的数学模型可表达如下。

（1）水流模型

①控制方程。

$$C(h)\frac{\partial h}{\partial t} = \frac{\partial}{\partial x}\left[K_{xx}(h)\frac{\partial h}{\partial x}\right] + \frac{\partial}{\partial y}\left[K_{yy}(h)\frac{\partial h}{\partial y}\right] + \frac{\partial}{\partial z}\left[K_{zz}(h)\frac{\partial h}{\partial z}\right] + \frac{\partial K_{zz}(h)}{\partial z} + W \quad (8-8)$$

②初始条件。

$$h(x,y,z,t)|_{t=0} = h_0(x,y,z), \quad (x,y,z) \in G \quad (8-9)$$

③边界条件。

第一类边界条件（给定水头）：

$$h(x,y,z,t)|_{\Gamma_1} = h_1(x,y,z,t), \quad (x,y,z) \in \Gamma_1, \quad t>0 \quad (8-10)$$

第二类边界条件（给定流量）：

$$\left[K_{xx}(h)\frac{\partial h}{\partial x}\cos(n,x) + K_{yy}(h)\frac{\partial h}{\partial y}\cos(n,y) + K_{zz}(h)\frac{\partial(h+z)}{\partial z}\cos(n,z)\right]\Bigg|_{\Gamma_2}$$

$$= q(x,y,z,t) \quad (x,y,z) \in \Gamma_2, \quad t>0 \quad (8-11)$$

式中：h —— 压力水头，[L]；

θ —— 体积含水率，量纲一；

$C(h)$ —— 容水度，[L^{-1}]，$C(h) = \partial\theta/\partial h$；

K（h）—— 渗透系数张量，[LT^{-1}]；

W—— 源汇项，[T^{-1}]，得到为正，失去为负；

h_0（x, y, z）—— 给定的初始压力水头，[L]；

h_1（x, y, z, t）—— 第一类边界 Γ_1 给定的压力水头，[L]；

q（x, y, z, t）—— 在第二类边界 Γ_2 上给定的垂直通过边界的水通量，[LT^{-1}]，
得到为正，失去为负；

G—— 研究域；

Γ —— 研究域的边界，$\Gamma = \Gamma_1 + \Gamma_2$；

$\cos$（n, x）、$\cos$（n, y）、$\cos$（n, z）—— 边界外法线矢量与坐标轴正向之间夹角
的余弦。

（2）溶质模型

本次建立的地下水溶质运移模型是针对三维水流影响下的三维弥散问题，水流主方向和坐标轴重合，溶液密度不变，存在局部平衡吸附和一级不可逆动力反应，溶解相和吸附相的速率相等，即 $\lambda_1 = \lambda_2$。在此前提下，溶质运移的三维水动力弥散方程的数学模型如下。

①控制方程。

$$\frac{\partial \theta C}{\partial t} = \frac{\partial}{\partial x}\left(\theta D_{xx}\frac{\partial C}{\partial x} + \theta D_{xy}\frac{\partial C}{\partial y} + \theta D_{xz}\frac{\partial C}{\partial z}\right) + \frac{\partial}{\partial y}\left(\theta D_{yx}\frac{\partial C}{\partial x} + \theta D_{yy}\frac{\partial C}{\partial y} + \theta D_{yz}\frac{\partial C}{\partial z}\right)$$

$$+ \frac{\partial}{\partial z}\left(\theta D_{zx}\frac{\partial C}{\partial x} + \theta D_{zy}\frac{\partial C}{\partial y} + \theta D_{zz}\frac{\partial C}{\partial z}\right) - \frac{\partial \theta u_x C}{\partial x} - \frac{\partial \theta u_y C}{\partial y} - \frac{\partial \theta u_z C}{\partial z} + I \qquad (8\text{-}12)$$

②初始条件。

$$C(x,y,z,t)|_{t=0} = C_0(x,y,z), \quad (x,y,z) \in G \qquad (8\text{-}13)$$

③边界条件。

第一类边界条件（给定浓度）

$$C(x,y,z,t)|_{\Gamma_1} = C_1(x,y,z,t), \quad (x,y,z) \in \Gamma_1, \quad t>0 \qquad (8\text{-}14)$$

第三类边界条件（给定溶质通量）

$$\left(\theta D_{ij}\frac{\partial C}{\partial x_j} - \theta u_i C\right)\cos(n,x_j)|_{\Gamma_3} = g(x,y,z,t), (x,y,z) \in \Gamma_3, t>0 \ i,j=x,y,z \qquad (8\text{-}15)$$

式中：C —— 浓度，[ML^{-3}]；

D —— 非饱和对流弥散系数，[L^2T^{-1}]，为含水率的函数；

u_x、u_y、u_z —— 非饱和水运动实际速度，[LT^{-1}]；

I —— 源汇项，[$ML^{-3}T^{-1}$]，即单位时间单位体积多孔介质得到的污染物质量；

θ —— 含水率，量纲一；

C_0（x, y, z）—— 初始时刻渗流场的浓度，[ML^{-3}]；

C_1（x，y，z，t）——第一类边界 Γ_1 上的浓度函数，[ML^{-3}]；

$\cos$（n，x_j）——边界外法线矢量与坐标轴正向之间夹角的余弦；

g（x，y，z，t）——第三类边界 Γ_3 上给定的污染物对流弥散通量，[$ML^{-2}T^{-1}$]。

8.3.2.2　模拟软件选择

由于项目场地位于长江沿岸覆盖型岩溶区，上覆第四系上更新统洪冲积相粉质黏土及中更新统残坡积相粉质黏土层，为相对隔水层，因此为了真实反映废水从地面泄漏后的溶质运移情况，本次模拟必须要考虑非饱和带，进行饱和-非饱和带的耦合模拟。

常用的区域饱和-非饱和地下水水流和溶质耦合模型是采用一维垂向运动来描述非饱和带水流和溶质运移，然后通过潜水面与饱和带的水流和溶质运移进行耦合。如：早期的 LIKEFLOW 模型[1]将模拟非饱和区垂向流动的 Richards 方程的有限差分解与模拟饱和区水流的三维有限差分模型 MODFLOW 进行耦合。将一维土壤水分运动模型 SVAT 与 MODFLOW 进行耦合[2]，在 MODFLOW-2005 的基础上发展了非饱和水流运动计算程序包 UZF1[3]并加以应用[4]，采用 HYDRUS-1D 程序包与 MODFLOW-2000 进行耦合[5,6]，将 HYDRUS-1D 与 MODFLOW 以及 MT3D 进行耦合，用于研究溶质在冰水和沉积层中的运移，并研究城市饮用水含水层的污染修复过程[7]。而真正呈现完全三维饱和-非饱和带溶质迁移转化过程通常是通过 FEFLOW、HydroGeoShpere 等软件进行模拟[8]。

本次研究选取德国 WASY 公司开发的 FEFLOW 软件，该软件采用伽辽金为基础的有限单元法，并配备若干先进数值求解法来控制和优化求解过程，其中包括快速直接求解法（如 PCG、BICGSTAB、CGS、GMRES 以及带预处理的再启动 ORTHOMIN 法），用于减小数值弥散的 up-wind 技术（如流线 up-wind 和奇值捕捉法 Shock capturing），用于自动调节模拟时间步长的皮卡和牛顿迭代法，用于处理自由表面含水层以及非饱和带模拟问题的垂向滑动网格 BASD 技术和适应流场变化强弱的有限单元自动加密放疏技术等。

8.3.3　地下水流场数值模拟

在建立水文地质概念模型、数学模型的基础上，运用基于有限单元法的 FEFLOW 软件，建立了研究区非饱和-饱和地下水流数值模型，经参数识别与模型检验后，对研究区地下水流系统进行模拟分析，作为地下水溶质运移模拟的基础。

8.3.3.1　模型网格剖分

基于 FEFLOW 模型，应用 Triangle 三角网格生成法，将研究区 17.00 km² 的范围剖分为 3 层，共 15 320 个结点、22 377 个计算单元，同时对厂址区及其周围的抽水井进行了单元加密处理。在进行某一情景的计算时，又对污染源及其附近的网格进行了一定程度的加密。具体见图 8-13。

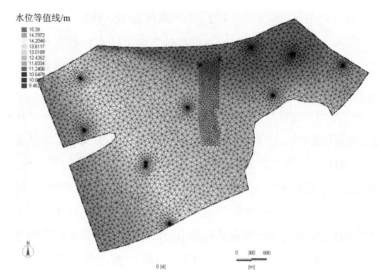

图 8-13　研究区地下水模型网格剖分图

8.3.3.2　源汇项处理

研究区分布有零星的水塘、沟渠,其中零星分布的水塘面积较小且基本均处于淤泥质粉质黏土相对隔水层上,对研究区模型的水量变化影响较小;沟渠属暂时性的水渠,雨天疏导大气降水,雨后基本干涸,对研究区模型的水量几乎没有影响。研究区模型主要的垂向补给量来自大气降水,且由于上覆盖层的影响,对下伏岩溶含水层的补给量不大(降水入渗系数取值见表 8-13),垂向排泄量为人工抽水井。降水入渗补给等在 Excel 中处理好,通过 FEFLOW 物质属性中的 In/outflow on top/bottom 属性进行赋值;对人工开采通过第四类边界条件 Multilayer Well 赋值;对水头边界采用第一类边界条件 Hydraulic-head BC 赋值。

表 8-13　大气降水入渗系数表

岩性分区	粉质黏土区	粉细砂区	西南丘陵带灰岩区
降水入渗系数	0.05	0.3	0.1

8.3.3.3　参数识别

模型的识别是整个模拟中极为重要的一步工作,通常要反复调整参数,才能达到较为理想的拟合结果。本次模型识别过程采用试估-校正法,属于反求参数的间接方法之一。

本次模拟将 2013 年 2 月 6 日—7 月 6 日(即从枯水期到丰水期的时间段)作为识别期。利用枯水期的水位监测资料以及相关水文地质参数的初始建议值,应用 FEFLOW 建立稳定流地下水数值模型,并在输入所有计算要素之后,运行模型,形成以枯水期资料为基础的地下水稳定流场(见图 8-14),以此作为非稳定流模型的初始流场。

水位等值线/m

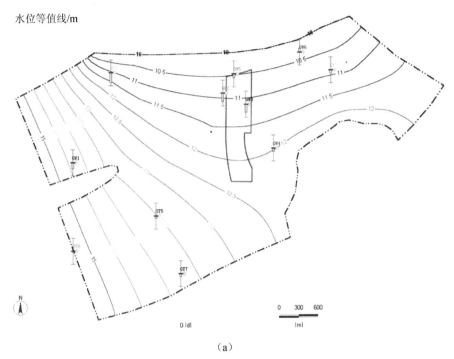

（a）

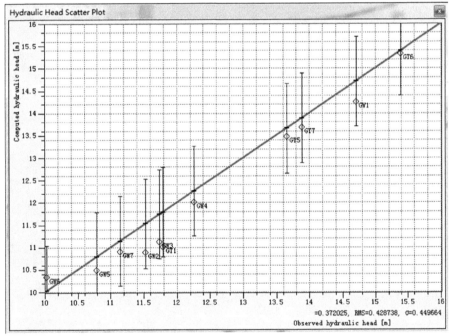

（b）

图 8-14　枯水期（2 月）研究区地下水初始流场及拟合点情况

运行计算程序，可得到在给定水文地质参数条件下的 2013 年 7 月 6 日（丰水期）模拟区地下水流场，通过反复调整参数，拟合丰水期的地下水流场（见图 8-15），识别各项水文地质参数，使建立的模型更加符合模拟区的水文地质条件。识别的水文地质参数中，给水度、孔隙度、弥散度、非饱和带水分特征曲线参数均与建议值一致，承压含水层的弹性释水系数为 0.000 1，而第四系地层与三叠系岩溶含水层的渗透系数（K_x、K_y）见图 8-16，渗透系数的垂直各向异性比（K_x/K_z）等于 10。

对于第四系地层的渗透系数分区，虽然长江大堤以南有一部分全新统的地层，但是经过 QK1 抽水试验可知，长江大堤以南的长江 I 级阶地的全新统地层由于含黏粒较多，粉质黏土占较大比例，导致其渗透性与 Q_3 地层的渗透性相似，因此将长江大堤以南的全新统地层与 Q_3 地层合为一个区；对于三叠系岩溶含水层的渗透系数分区，通过岩性的差异（大冶组和嘉陵江组）以及物探查明的岩溶发育的方向，将岩溶含水层沿着北东东向划分渗透系数分区，且由抽水试验可知，厂址区附近的岩溶含水层的渗透性较强。

水位等值线/m

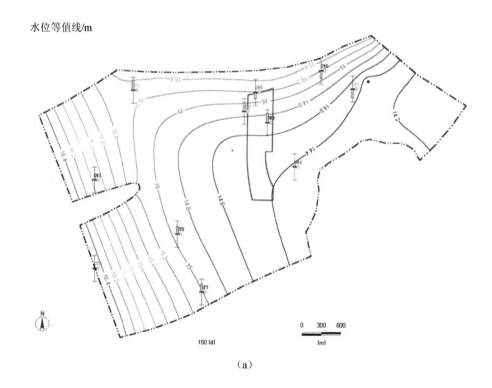

（a）

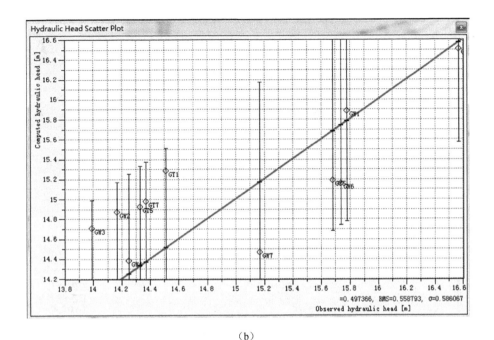

（b）

图 8-15 丰水期（7 月）研究区地下水流场及拟合点情况

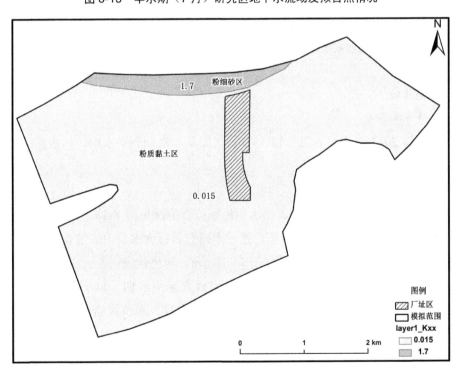

（a）第四系地层 K 值分区

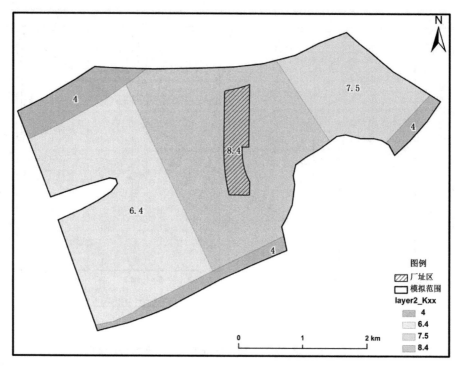

（b）岩溶含水层 K 值分区

图 8-16　第四系地层和岩溶含水层渗透系数识别结果（K 值单位：m/d）

8.3.3.4　模型验证

（1）验证期与参数

本次模拟将 2013 年 7 月 6 日—12 月 6 日（即从丰水期到平水期、枯水期的时间段）作为验证期。

（2）验证结果

平水期流场拟合情况见图 8-17。枯水期流场拟合情况见图 8-18。图（a）中柱体长短表示误差值大小。根据地下水动态特征，鉴于本研究目标含水层为岩溶含水层，取水位拟合误差值范围为±1 m。绿色代表误差小于等于 1 m，红色代表误差大于 1 m。图（b）中是各拟合点的计算值与观测值比较。由图可知，研究区平水期（11 月）水位拟合点中，误差小于 1 m 的数据占到 91%；研究区枯水期（12 月）水位拟合点中，误差小于 1 m 的数据占到 93%，模拟结果基本可信。

水位等值线/m

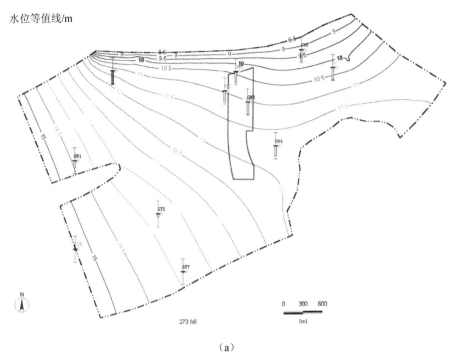

（a）

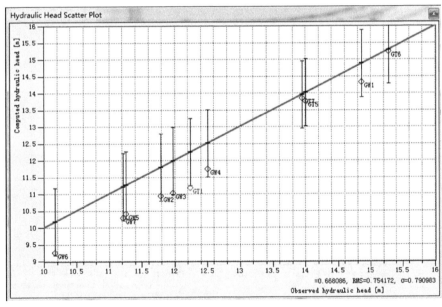

（b）

图 8-17　平水期（11 月）研究区地下水流场及拟合点情况

水位等值线/m

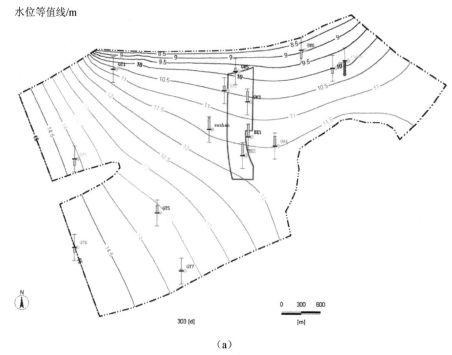

（a）

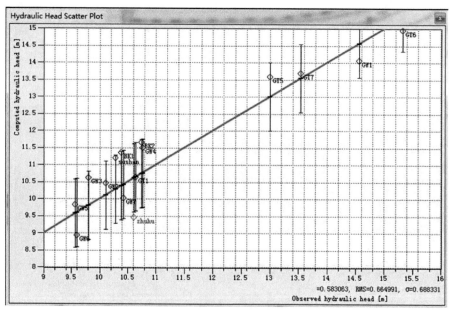

（b）

图 8-18　枯水期（12 月）研究区地下水流场及拟合点情况

（3）水位动态检验

将现状监测点（拟合点）中的 GW3、GW4、GW5 设置为水位动态观测孔，记录第 1 个枯水期、丰水期、平水期、第 2 个枯水期（2013 年 2—12 月）每月的地下水位变化。对地下水位的动态观测数据与模拟的水位变化进行拟合（见图 8-19），可见模拟的地下水位的动态变化与实测的地下水位动态变化基本一致。

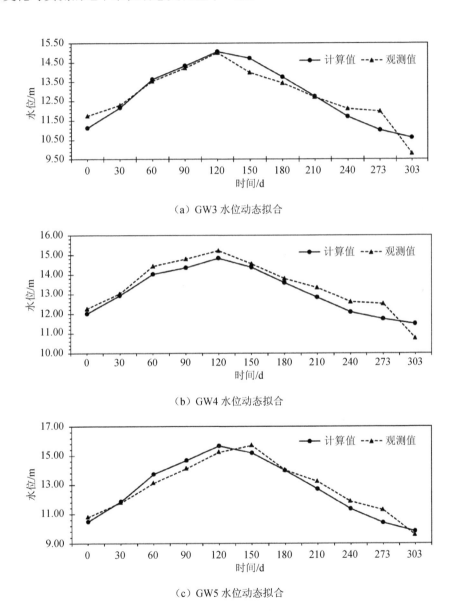

（a）GW3 水位动态拟合

（b）GW4 水位动态拟合

（c）GW5 水位动态拟合

图 8-19 研究区水位动态拟合情况

（4）水文地质参数分析

根据研究区水文地质资料分析，本次研究的给水度、孔隙度、弥散度、非饱和带水分特征曲线参数等均与建议值一致，比较符合当地水文地质条件。在模型识别过程中对渗透系数进行了一定程度的调整；根据水文地质条件，本研究区上覆盖层主要为粉质黏土相对隔水层，渗透系数较小，仅长江沿岸高漫滩区是粉细砂，渗透系数相对要大一些。对下伏裂隙溶洞水含水层，根据地层岩性、岩溶发育方向、岩溶发育程度的不同，分别赋予了相应的渗透系数，与建议值相差不大。调整后的渗透系数等水文地质参数基本符合本研究区水文地质条件的变化规律。

（5）地下水流场分析

由研究区各时期的地下水等水位线图可知，枯水期时，地下水由西部灰岩裸露区向东部径流，排泄入长江、湖泊。到丰水期时，由于地表水水位的上升，对研究区地下水形成反补给；由于地下水径流传导的滞后性，且西部水位仍然较高，因此形成了西部、地表水方向水位较高而中间水位相对较低的水位漏斗。到平水期时，中部的漏斗区水位由于周围高水位地下水的径流补给而渐渐升高，地表水水位渐渐降低，因此漏斗逐渐消失。到一个水文年末的枯水期时，地表水水位相对较低，而西部和中部处于高水位，因此又形成了地下水由西向东补给地表水的流场分布情况。可见模拟的地下水流场变化符合当地地下水、地表水的补排关系。

另外，由于岩溶水含水层上覆粉质黏土相对隔水层，而长江沿岸为渗透性较好的粉细砂含水层，导致随着长江水位的强烈涨落，长江沿岸高漫滩区的地下水水力坡度变化较大，而厂址区及区域其他大部分地区的水力坡度变化相对较小。

综上所述，由流场验证、水位动态检验、水文地质参数检验等可知，所建立的模型基本达到精度要求，符合研究区水文地质条件，基本反映了本区地下水系统的动力特征，可以用该模型进行地下水污染情景预报。

8.3.4　地下水溶质运移模拟

8.3.4.1　事故情景设计

经过排查，厂址区内长期贮水、含重金属污染物且直接接地的池子主要有废水处理站调节池、熔炼工段浇铸机冷却水池、渣缓冷场回水池、电解车间阳极泥地坑、净液车间黑铜泥地坑等。其他（如废酸处理站的废酸处理池、干吸工段的干吸地下槽、电石渣浆化的机械搅拌槽等）均为间接接地（即盛于槽罐中）。另外，其他（如初期雨水池、事故池等）均为暂时性贮水设施，一旦有暂时性的废水排入，即在一定时间内经过废水处理站处理后进入工艺流程循环利用。

由于废水处理站是全厂废水集中处理的工序，其废水种类复杂，污染物质量浓度较高，是全厂重点风险源，也是重点防渗区域。因此，本次研究确定废水处理站调节池废水泄漏为主要预测对象，地下水污染事故情景为废水调节池底部防渗系统整体破裂（即防渗膜及其上层防腐防渗层、下层黏土或素土夯实的基础层等）情况下的废水泄漏。

8.3.4.2　模拟条件概化

本次模拟将上述情景的污染源设定为浓度边界，污染源位置按实际设计概化。由于污染物在地下水系统中的迁移转化过程十分复杂，包括挥发、扩散、吸附、解吸、化学与生物降解等作用，因此本次预测本着风险最大原则，在模拟污染物扩散时不考虑吸附作用、化学反应等因素，重点考虑了地下水的对流、弥散作用。另外，由于包气带渗透性较差，为了突出包气带对污染物的阻滞作用，预测情景中污染物泄漏对地下水环境的影响评价都包含对包气带的模拟预测。

8.3.4.3　模拟时段设定

从 2013 年 2 月（0 天）开始，将总时段设为 30 年，一共 10 950 天。具体到预测情景时，则视污染物泄漏时间、扩散时间及扩散范围而定。预测过程中，针对厂址周围各保护目标，利用验证后的地下水数值模型预测泄漏点污染物随地下水流扩散所造成的影响。

8.3.4.4　溶质运移模拟预测及评价

（1）泄漏面积

考虑地面贮存场所防渗系统防渗膜的接缝处可能做得粗疏或防渗膜铺设不到位以致出现拉裂现象等，将防渗膜铺设不到位的地方及破裂处的面积定为整个场地面积的 5%（根据场地设计经验，5% 的破裂面积对于平地型的临时堆场及贮存场也是较为合理的）。

废水处理系统废水调节池的面积为 405 m²，泄漏面积为 405×0.05=20.3 m²。

（2）泄漏量

泄漏量为 $Q=A \times K \times T$（A 为泄漏面积，m²；K 为包气带土层垂向渗透系数，m/d；T 为污染物处理时间，d）。在防渗系统整体破裂的情况下，废水以该处包气带的饱和渗透系数（0.072 6 m/d）的速度下渗，由此计算得到每天的泄漏量为 1.47 m³。由于废水调节池的废水汇入量为 1 537 m³/d，因此本情景的废水泄漏量占总废水汇入量的 0.096%，泄漏量很小，且本研究区开展包气带双环渗水试验时，试验深度为工程地基之处，而场地越往下部，岩土压实度越高，渗透系数越小，包气带平均实际垂向饱和渗透系数应比实验值要小，因此废水下渗量要小于上述计算值。在这种情况下，泄漏事故在短时间内很难被发现。

（3）污染源概化及泄漏时间

根据废水汇入量、废水调节池面积及有效容积，可知废水调节池基本保持 1.4 m 的积水深度。假设废水调节池积水一段时间后出现底部防渗系统破裂的情况，由于本工程地基之下包气带的平均渗透系数很小，废水下渗量较小，短时间内很难被发现，因此考虑最不利情况，将污染源概化为具有一定水头高度的定浓度连续点源污染。根据地下水跟踪监测点的位置，通过模拟试算，废水泄漏引起的岩溶地下水污染将在泄漏后的 11 个月（330 天）内被监测到，因此将发现污染物泄漏并采取措施以停止泄漏的时间确定为 11 个月（330 天）。

（4）泄漏污染物质量浓度及预测因子选择

①等标污染负荷计算。

等标污染负荷计算公式：

$$P_i = \frac{C}{C_0}Q, \quad P = \sum_{i=1}^{n}P_i \qquad (8\text{-}16)$$

式中：P_i——某污染源中第 i 种污染物的等标污染负荷，m^3/d；

P——某污染源中 n 种污染物的总等标污染负荷，m^3/d；

C——第 i 种污染物排放的平均质量浓度，mg/L；

C_0——第 i 种污染物的标准质量浓度，mg/L；

Q——某污染源的废水排放量，m^3/d。

等标污染负荷比计算公式：

$$K_i = \frac{P_i}{P} \qquad (8\text{-}17)$$

式中：P_i、P 的意义同上；

K_i——某污染源中第 i 种污染物的等标污染负荷比，量纲一。

进入调节池的废水汇入量为 1 537 m^3/d，废水中的污染物为 pH 值 1～3、COD 169 mg/L、氨氮 5.0 mg/L、氟化物 100 mg/L、石油类 1.2 mg/L、Cu 50 mg/L、Pb 5.0 mg/L、Zn 87 mg/L、As 131 mg/L、Cd 20 mg/L、Cr^{6+} 0.04 mg/L、Hg 0.015 mg/L。

据此计算的废水处理站污染源各污染物的等标污染负荷比见表 8-14。

表 8-14　废水处理站各污染物的等标污染负荷比计算

污染物	C/（mg/L）	C_0/（mg/L）	Q/（m^3/d）	P_i/（m^3/d）	K_i/%
COD	169	3	1 537	86 584.33	1.11
氨氮	5	0.2	1 537	38 425.00	0.49
氟化物	100	1	1 537	153 700.00	1.98

污染物	C/（mg/L）	C_0/（mg/L）	Q/（m³/d）	P_i/（m³/d）	K_i/%
石油类	1.2	0.3	1 537	6 148.00	0.08
Cu	50	1	1 537	76 850.00	0.99
Pb	5	0.05	1 537	153 700.00	1.98
Zn	87	1	1 537	133 719.00	1.72
As	131	0.05	1 537	4 026 940.00	**51.80**
Cd	20	0.01	1 537	3 074 000.00	39.54
Cr^{6+}	0.04	0.05	1 537	1 229.60	0.02
Hg	0.015	0.001	1 537	23 055.00	0.30
合计				7 774 350.93	100

注：由于本次预测时《地下水质量标准》（GB/T 14848—2017）未发布，而本书旨在展示地下水污染预测的相关技术方法，为读者提供一种地下水污染预测的思路，其结果具有参考作用，因此在标准方面仍然使用《地下水质量标准》（GB/T 14848—93）。

②预测因子分析。

由于在模拟污染物扩散时未考虑吸附作用、化学反应等因素，在其他条件（水动力条件、泄漏量及弥散作用等）相同的情况下，污染物的扩散主要取决于污染物的初始浓度。因此，本情景根据上述污染物的等标污染负荷计算情况，综合考虑污染物质量浓度、超标倍数、毒性大小、等标污染负荷比等因素，选取毒性较大、超标倍数最大、等标污染负荷比最大（51.8%）的污染物 As 作为预测因子。

（5）防渗系统整体破裂情况下 As 的迁移扩散预测及评价

在 FEFLOW 溶质运移模型中，将废水泄漏处设置为 1.4 m 水头积高的给定浓度边界，联合运行水流模型和水质模型，得到 As 的扩散预测结果，详见图 8-20～图 8-24。各图分别给出了泄漏后 100 天、330 天，停止泄漏后 1 000 天、5 000 天、10 000 天，As 在包气带和岩溶含水层水平方向上的运移范围。按照《地下水质量标准》（GB/T 14848—93）中Ⅲ类标准，As 的标准限值为 0.05 mg/L，各图中污染范围的外边界即为 0.05 mg/L 等浓度线。

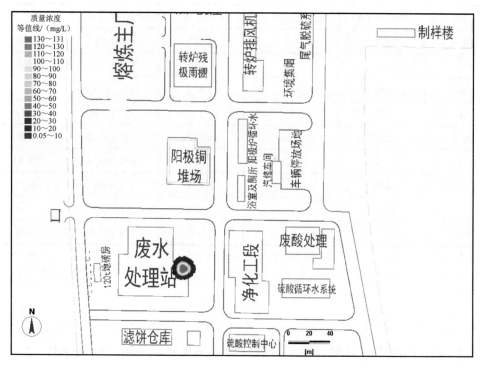

（a）As 在包气带中的扩散

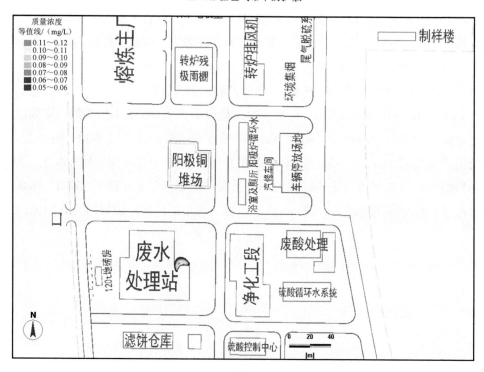

（b）As 在岩溶含水层中的扩散

图 8-20 防渗破裂时废水泄漏 100 天后 As 的扩散

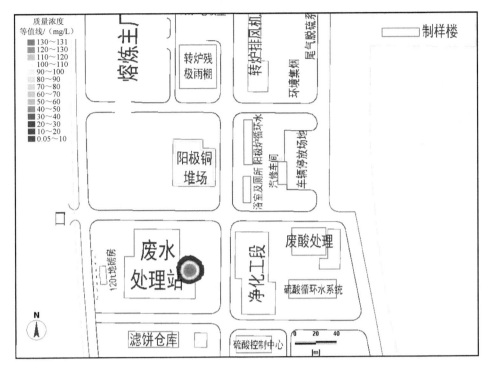

（a）As 在包气带中的扩散

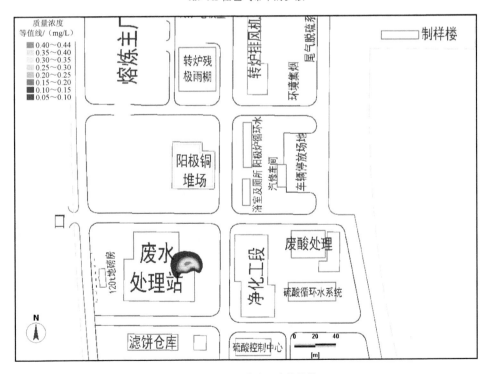

（b）As 在岩溶含水层中的扩散

图 8-21　防渗破裂时废水泄漏 330 天后 As 的扩散

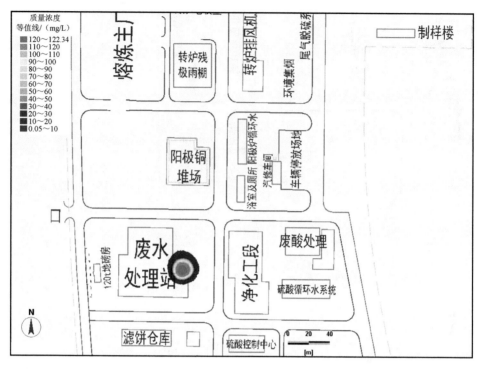

（a）As 在包气带中的扩散

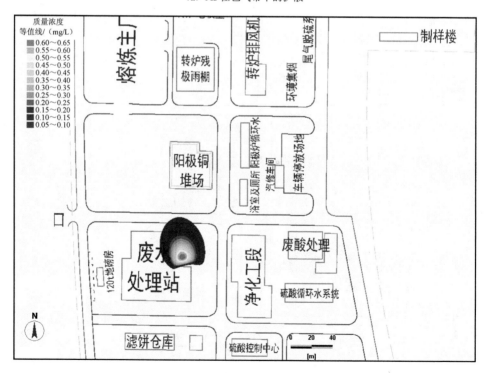

（b）As 在岩溶含水层中的扩散

图 8-22　停止泄漏 1 000 天后 As 在包气带和岩溶含水层中的扩散

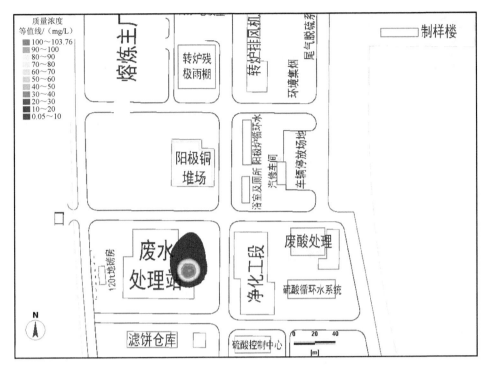

（a）As 在包气带中的扩散

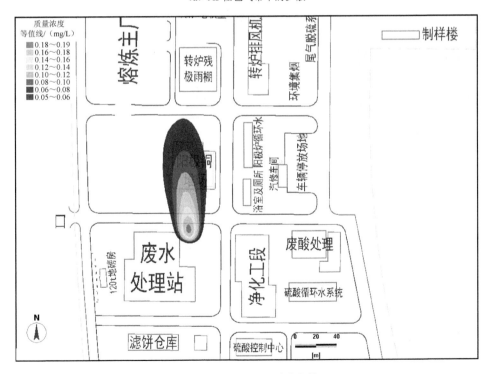

（b）As 在岩溶含水层中的扩散

图 8-23　停止泄漏 5 000 天后 As 在包气带和岩溶含水层中的扩散

（a）As 在包气带中的扩散

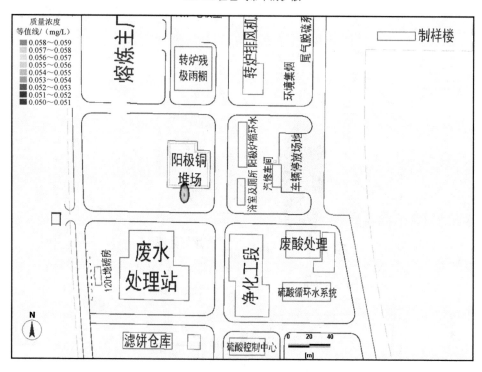

（b）As 在岩溶含水层中的扩散

图 8-24 停止泄漏 10 000 天后 As 在包气带和岩溶含水层中的扩散

As 在包气带负压及岩溶含水层水动力条件下向周围及下游扩散，其污染晕的运移扩散情况及浓度变化情况见表 8-15。

表 8-15　As 的迁移扩散预测结果

预测时间	包气带		岩溶含水层			
	最大扩散距离/m	超标范围/m²	最大扩散距离/m	超标范围/m²	污染晕最大质量浓度/（mg/L）	超标倍数
泄漏后100 天	8	380	开始出现明显污染晕	开始出现明显污染晕	0.12	1.4
泄漏后330 天	10	450	14	518	0.44	7.8
停止泄漏后1 000 天	14	710	51	2 250	0.65	12.0
停止泄漏后5 000 天	33	1 590	140	3 560	0.19	2.8
停止泄漏后10 000 天	40	1 900	77	95	0.06	0.2

注：由于本次预测时《地下水质量标准》（GB/T 14848—2017）未发布，而本书旨在展示地下水污染预测的相关技术方法，为读者提供一种地下水污染预测的思路，其结果具有参考作用，因此在标准方面仍然使用《地下水质量标准》（GB/T 14848—93）。

由上述分析结果及模拟图件可知：

①废水处理站调节池的废水泄漏后，污染物受到了包气带的阻滞，首先在包气带中迁移扩散，在 100 天后废水穿透包气带、进入岩溶含水层，并形成明显污染晕。采取措施以停止泄漏后，残留在包气带中的废水继续扩散；在水平方向上，废水在包气带中继续扩散，但基本维持在污染源附近，在 30 年左右的模拟期内，包气带污染晕的扩散半径在 40 m 以内，范围维持在废水处理站场地之内；在垂直方向上，由于泄漏在 330 天时停止及包气带的阻滞作用，一部分污染物滞留于粉质黏土层中，一部分泄漏到岩溶含水层中。而污染物在岩溶含水层中的污染范围先变大、后变小，最远扩散距离小于 140 m，即维持在废水处理站和阳极铜堆场的场地之内，且随着岩溶水的稀释作用，岩溶含水层中的污染晕将渐渐消失。

②对厂址区周围及下游地下水环境的影响：污染物在 100 天时到达岩溶含水层并形成明显污染晕、向周围扩散。停止泄漏后，一部分残留污染物形成的岩溶水污染晕在水动力条件下继续扩散，由于岩溶含水层地下水流场的反向摆动变化（即丰水期、枯水期的地下水流向变化），以及厂址区所在处地下水水力坡度较小，使污染晕的迁移较缓慢，总体趋

势为主要向北侧迁移扩散。且随着岩溶水的稀释作用，污染晕将先变大、后变小，直至渐渐消失。污染范围在较长一段时间（30 年左右）仍局限于废水处理站、阳极铜堆场的场地范围内，因此本情景废水泄漏对周围及下游地下水环境不会产生明显不利影响。

③对周围保护目标的影响：周围最近的保护目标是距离废水处理站北西方向 387 m 的集体供水机井 1，而本情景岩溶含水层 As 污染晕的最大污染距离小于 140 m，且该机井不在污染晕的迁移方向上，因此本情景废水泄漏不会对周围水井（集体供水机井 1 和集体供水机井 2）产生不利影响，也不会对长江、湖泊产生不利影响。

8.4 地下水污染防治对策

为了确保项目的生产运行不会对周围地下水产生污染，根据上述包气带及饱水带溶质运移预测及评价，建设单位应对厂址区实施防渗措施并设置长期观测井，同时做好应急预案，防止岩溶塌陷等事故情况发生。

8.4.1 分区防渗

本厂址区的潜在污染源来自各事故水池、废水处理站、渣缓冷场回水池、熔炼车间、废酸处理站、铅砷滤饼库等，针对厂址区各工作区特点和岩土层情况，提出以下相应的分区防渗要求，见表 8-16。

表 8-16 厂址区各工作区防渗要求

防渗级别	功能区	工作区	防渗要求
重点防渗区	熔炼区	白烟尘库	等效黏土防渗层厚度为 ≥6.0 m，渗透系数≤ 1.0×10^{-7} cm/s；或参照 GB 18598 执行
	制酸区	铅、砷滤饼库	
		酸库及装酸站台	
		硫化钠库	
		净化车间、干吸车间、转化车间	
		废水处理站	
		废酸处理站	
	电解区	黑铜粉库	
		电解车间	
		净液车间	
	动力区	应急柴油电站地下储油罐	
	仓储区	轻油库	
	公辅工程	初期雨水收集池	
		末端废水应急处理站	

防渗级别	功能区	工作区	防渗要求
一般防渗区	熔炼区	熔炼工段浇铸机冷却池	等效黏土防渗层厚度为 ≥1.5 m，渗透系数≤ 1.0×10^{-7} cm/s；或参照 GB 16889 执行
		熔炼及动力循环水车间	
		阳极铜堆场	
		转炉残极车间	
		阳极炉循环水	
		渣缓冷场及回水设施	
		电解区域循环水车间	
	制酸区	中和渣暂存库	
		石膏渣库	
		硫酸循环水系统	
		电石渣浆化系统	
		环集尾气、硫酸尾气脱硫系统	
	渣选区	渣堆场	
		精矿、尾矿浓密机及回水系统	
		磨浮车间	
		渣选尾矿仓	
	动力区	化学水处理站	
简单防渗区	项目其他部分	项目其他部分对厂址区地下水基本不存在风险的车间以及各路面、室外地面等部分	视情况进行防渗或地面硬化处理；渗透系数≤ 1.0×10^{-5} cm/s

注：对于存在泄漏风险的悬空装置，应在其下方设置相应防渗级别的围堰，并定期检查，及时处理泄漏废水。

　　鉴于石油类污染物一旦泄漏，对地下水的污染较严重，为了确保厂址区周围及下游地下水的安全，还需强调：厂址区的地下储油罐应选用具有二次保护空间的双层储油罐，其二次保护空间应能进行泄漏检测（可根据实际情况选择气体法、液体法或传感器法进行泄漏检测），且在储油罐底还应设计现浇混凝土地坑，以确保储油罐的安全。另外，厂址区内各污水管道下方设置集废水渠道，并采用抗渗混凝土整体浇筑，以防跑冒滴漏及管道泄漏等产生的废水发生渗漏，并将收集到的废水排往废水处理站处理后回用；所有原料堆存场地均设在室内，确保防雨、防渗措施的完好；对厂址区路面采取硬化处理，并设集水沟，防止撒落的物料在雨水冲刷下渗入地下；各绿化区范围外设置截水沟，防止区外雨水或污水流入绿化区；成立专门事故小组，小组成员分班每日检查各车间设备及堆渣场等处的运行情况，尤其强调每日检查各车间废水泄漏风险点处的防渗系统的维护情况，确保防渗系统的完好无损，并记录、处理各种非正常情况。

8.4.2 监测管理措施

8.4.2.1 地下水跟踪监测

建设单位应组织专业人员定期对地下水水质进行监测，以掌握厂址区及周围地下水水质的动态变化，为及时应对地下水污染提供依据，确保建设项目的生产运行不会影响周围地下水环境。因此，在厂址区上下游及各风险污染源处设置多口长期观测井，对地下水水质进行监测，具体监测方案如下。

①监测点布设：根据厂址区周围地下水流向变化，在厂址区周围及各风险污染源位置处共布设孔隙水长期监测点 4 个、岩溶水长期监测点 8 个，同时各处的长期观测井在必要的情况下也起到应急抽水井的作用，见表 8-17。

表 8-17　厂址区地下水跟踪监测点分布

功能	编号	位置	监测层位及井深	备注
监测岩溶水	1#	北侧厂界之内，初期雨水收集池北侧 20 m 左右（新孔）	监测三叠系嘉陵江组的裂隙溶洞水；根据厂址区岩溶含水层埋深，监测井的井深应在 20～30 m，以到达岩溶含水层进尺 2～5 m 为宜	对于岩溶水监测点：由于地表水水位的丰枯升降，地下水流向会相应发生变化，监测点的上下游功能会互换。1#、8# 点对长江、湖泊起到了监测和保护作用；2#～7# 点对风险污染源及整个厂址区都起到了监测和保护作用。同时在必要时，各监测点用作应急抽水井。
监测岩溶水	2#	熔炼主厂房浇铸机冷却池北侧 10 m 左右（新孔）		
监测岩溶水	3#	厂界东侧的 BK1 孔（已有观测孔）		
监测岩溶水	4#	废酸处理站北侧 5 m 左右（新孔）		
监测岩溶水	5#	废水处理站废水调节池北侧 10 m 左右（新孔）		
监测岩溶水	6#	铅砷滤饼库北侧 BK3 孔（已有观测孔）		
监测岩溶水	7#	渣缓冷场回水设施北侧 5 m 左右（新孔）		
监测岩溶水	8#	厂界东南侧 10 m 左右（新孔）		
监测孔隙水	1#	北侧厂界之内，初期雨水收集池北侧 20 m 左右（新孔）	监测第四系的孔隙水；根据厂址区周围孔隙水埋深，监测井的井深应在 10～20 m	对于孔隙水监测点：1#、4# 点对长江、湖泊起到了监测和保护作用；2#、3# 点对主要风险污染源起到了监测和保护作用，确保项目运行不会影响第四系孔隙水
监测孔隙水	2#	熔炼主厂房浇铸机冷却池北侧 10 m 左右（新孔）		
监测孔隙水	3#	废水处理站废水调节池北侧 10 m 左右（新孔）		
监测孔隙水	4#	厂界东南侧 5 m 左右（新孔）		

②监测项目：pH 值、铜、铅、锌、砷、镉、六价铬、汞、氟化物、石油类等。

③监测频率：每季度监测一次。

④将每次的监测数据及时进行统计、整理，并将每次的监测结果与相关标准及历史监测结果进行比较，以分析地下水水质各项指标的变化情况，确保厂址区周围地下水环境的安全。

8.4.2.2　地下水监测管理

为保证地下水监测有效、有序管理，制定相关规定、明确职责，采取相应的管理措施和技术措施。同时制定厂址区地下水应急预案，明确各种情景下的应急处置措施。具体见第 4 章相关内容。

8.4.3　防止岩溶塌陷的措施

①建厂前进行详细的水文地质和工程地质勘探，进一步查清厂址区及附近地下水岩溶发育程度、岩溶塌陷易发区，并针对易发生岩溶塌陷的特征，采取相应措施：

a. 在挖方段进行基础施工前，应对地基土进行钎探，以探明隐伏的土洞，如揭露有土洞，要完全挖开，先对其下部的岩溶管道进行封堵处理，然后再将土洞回填夯实。

b. 在填方区进行清表时，如发现地面有凹陷迹象，要进一步深挖开来检查，看是否有隐伏土洞存在，以便及时处理。

c. 清除桩（墩）底面不稳定石芽及其间的充填物。嵌岩深度应确保桩（墩）的稳定及其底部与岩体的良好接触。

d. 对已外露的浅埋洞隙，可采用挖填置换，清理洞隙后以碎石或混凝土回填。当洞体深度较大，而两侧岩体完好，可挖填至一定深度，回填体断面呈倒梯形。对有地下水活动的洞体，应回填反滤层并留有水流排泄通道。

e. 当洞体开口较小、开挖清理困难时，可用灌浆填塞，灌填材料视要求而定，可选用砂石砂浆或混凝土，也可用小压力灌浆法加固基底下一定厚度为的溶隙及破碎岩体。

f. 当条件允许时，尽量采用浅基，充分利用上覆性能较好的土层为持力层或使基底与洞体间保留相当厚度为的完好岩体。

g. 当以岩石作持力层时，局部加深基础，通过钻孔灌注桩或墩穿过单个洞体，使基础荷载传递到下部完好的岩体上。

②厂址区选址合理性分析及针对性岩溶塌陷防范措施。

a. 厂址区选址合理性分析。

从水文地质条件来看，本选址位于长江 I 级阶地和 II 级阶地上，距离长江较近，且处于覆盖型岩溶发育区，厂址区下伏三叠系碳酸盐岩裂隙溶洞水含水层，富水量中等。根据补充水文地质物探调查，厂址区溶洞发育，主要分布在滨江大道附近以及厂址区的北部和中南部，发育方向为北东东。从水文地质条件来说，不利于建设大型建筑物及工厂。但是从厂址区水文地质调查可知，本区上覆第四系粉质黏土相对隔水层较厚，可达 $20 \sim 50$ m，且厂址区内有一定的岩溶不发育的空间。如果利用好岩溶不发育的地段，根据岩溶发育分区来布置各设施、车间，同时实施针对性的防止岩溶塌陷的措施，是可以满足建设要求的。

从厂址区平面布局来看，厂址区分为三类区域，即管理区、公辅区、生产区。对地下水有较大威胁的是生产区，处于整个厂址区的南部。而离长江最近的是管理区（即生活区），对地下水、地表水的风险程度较低。这样的布局有利于避免发生生产事故时对地表水的影响。而真正要消除对地下水的隐患，必须结合岩溶分布来布置厂址区平面。在岩溶发育区布置一些轻污染或无污染的车间，而在岩溶不发育区则布置相对污染较重的车间。

因此，应利用好岩溶发育程度分区，合理布置车间，并有针对性地采取防止岩溶塌陷的措施。

b. 针对性岩溶易塌陷区防范措施。

对照岩溶平面分布与厂址区平面布置（见图 8-6，厂址区岩溶平面分布物探解译图），提出以下平面布置优化及岩溶塌陷防范措施：

- 厂址区北侧滨江大道段为岩溶发育区，应建议相关政府部门采取措施，禁止大型及超大型货车行驶，并控制该段道路的车速，防止由于震动及重荷载引发岩溶塌陷。
- 在生活区，尤其是停车场，应控制车辆的车速及荷载，禁止大型车辆停靠。
- 建议初期雨水收集池、末端废水应急处理站、事故应急水池整体南移，与总降压站置换位置，避开岩溶发育区；如不移动，应采取严格的防渗、打钢筋混凝土桩基等措施。
- 应控制制氧站整体建筑的荷载（建筑高度），并避免平时的地面震动。
- 建议化学水处理站西移，与钢材库置换，避开岩溶发育区，并进行严格的防渗等措施；应注意精矿库整体的荷载及运输作业，避免过大的地面震动。
- 建议熔炼主厂房中的浇铸机冷却池避开岩溶发育区，并采取严格的防渗等措施。
- 整个制酸区（包括废水处理站、废酸处理站、铅砷滤饼库、石膏工段、电石渣浆化工段、固废暂存库、净化工段、干吸工段、转化工段、硫酸循环水系统等）均处于岩溶发育区，建议重新调整布局，使其避开岩溶发育区，否则应采取严格的防渗、打钢筋混凝土桩基等措施。
- 渣缓冷场东侧处于岩溶发育区，应采取针对性的防渗等措施；回水设施正好处于岩溶发育区，建议将渣缓冷场的回水设施调至渣缓冷场东南侧的岩溶不发育区，并采取严格的防渗等措施。
- 由于厂址区西侧物流出入口处于岩溶发育区，建议大型车辆从东侧物流出入口进出。

总体来看，建议建设单位根据岩溶发育的平面分区，重新调整并优化厂址区平面布置，并实施针对性的防止岩溶塌陷的措施。

防止岩溶塌陷的一项有效措施为打桩至基岩。针对岩溶塌陷可能性较大（岩溶发育处）的初期雨水收集池、事故应急池、末端废水应急处理站、熔炼主厂房、废水处理站、废酸处理站、危废仓库等重要构筑物所在地，均可采取打钢筋混凝土桩至基岩的措施。桩基的初步设置情况见表 8-18。表中的初步设计工程量为保守工程量，具体工程量应根据实际详细水文地质勘察情况进行详细设计核算。

表 8-18　各构筑物桩基设计情况

序号	场区位置	钢筋混凝土桩的最小长度（粉质黏土层平均厚度为）/m	最小工程量（以直径1.2 m 计）/m³	造价（以单位工程量造价 0.102 万元/m³ 计）/万元
1	初期雨水收集池	20	22.6	2.3
2	末端废水处理站	24	27.1	2.8
3	事故应急处理设施	16	18.1	1.8
4	制氧站	22	24.9	2.5
5	精矿库	20	22.6	2.3
6	化学水处理站	18	20.3	2.1
7	低压锅炉房	12	13.6	1.4
8	闪速炉电收尘工段	22	24.9	2.5
9	熔炼主厂房	20	22.6	2.3
10	转炉电收尘工段	20	22.6	2.3
11	废水处理站	20	22.6	2.3
12	废酸处理站	30	33.9	3.5
13	净化工段	27	30.5	3.1
14	硫酸循环水系统	30	33.9	3.5
15	铅砷滤饼仓库	21	23.7	2.4
16	石膏工段	22	24.9	2.5
17	电石渣浆化工段	23	26.0	2.7
18	固废暂存库	23	26.0	2.7
19	转炉溶剂库	26	29.4	3.0
20	转化工段	28	31.6	3.2
21	干吸工段	27	30.5	3.1
22	渣缓冷场东部	18	20.3	2.1
合计			552.6	56.4

　　岩溶塌陷是一个过程，根据水文地质勘察单位提供的岩溶发育程度分区图，针对可能发生岩溶塌陷的废水处理站、废酸处理站、危废仓库等，建立地表位移监测桩，对地表位移进行监测。一旦发现地表发生位移，立即停产，将有废水的装置内的废水清除，并对发生地表位移的部分查找原因，如为岩溶塌陷引起，采取措施对场地进行治理。

　　地表位移监测桩的设置情况见表 8-19。

表 8-19　地表位移监测桩设置

序号	地表位移监测桩位置 （场地周边）	地表位移监测桩数量/根	费用（以单价 0.3 万元/根计）/万元
1	初期雨水收集池	4	1.2
2	末端废水处理站	4	1.2
3	事故应急处理设施	4	1.2
4	制氧站	4	1.2
5	精矿库	4	1.2
6	化学水处理站	4	1.2
7	低压锅炉房	4	1.2
8	闪速炉电收尘工段	4	1.2
9	熔炼主厂房	4	1.2
10	转炉电收尘工段	4	1.2
11	废水处理站	4	1.2
12	废酸处理站	4	1.2
13	净化工段	4	1.2
14	硫酸循环水系统	4	1.2
15	铅砷滤饼仓库	4	1.2
16	石膏工段	4	1.2
17	电石渣浆化工段	4	1.2
18	固废暂存库	4	1.2
19	转炉溶剂库	4	1.2
20	转化工段	4	1.2
21	干吸工段	4	1.2
22	渣缓冷场东部	4	1.2
合计		88	26.4

　　总体来说，在采取针对性岩溶易塌陷区防范措施过程中，应优先考虑对厂址区平面布置进行优化，使重点污染风险源避开岩溶发育区；所采取的针对性岩溶易塌陷区防范措施应重视施工质量，杜绝偷工减料、表面工程、粗心大意等情况出现。

8.4.4　其他地下水污染预防措施

　　①工程建设前，应进行厂址区工程地质详细勘察和进一步的详细水文地质勘察，查明厂址区所在处及其附近的断裂构造详情、岩溶发育分布及程度、地下水位埋深及水位动态变化等情况，取得更加详细的工程地质及水文地质资料，为工程设计提供基础。

　　②工程勘察钻孔施工后要及时封孔，水文观测孔施工后要及时采取保护措施。加强工程建设及运营管理，采取有效措施避免经常性机械振动、开挖土体及建筑（构）物加载等可能导致的地面塌陷，从而避免可能由此导致的地下水污染事件。

③根据工程地质灾害危险性评估报告，厂址区及周边应禁止抽采岩溶地下水。建议停止或适当减少地下水集体供水机井的运行，为周边居民提供自来水。

④含重金属废水采用架空管道输送，管子材质为增强纤维管（UPVC 材质），使用寿命在 10 年以上；一般的间接循环冷却水排污管采用 UPVC 双壁波纹管；若管道埋地敷设，埋深应在当地冰冻线以下；对埋地的隐蔽工程，应在管道沿途设置地下集水廊道或采用双层套管，防止由于事故而发生的废水泄漏。

⑤电解车间、净液车间的主要设备机组、电解槽等应布置在二层，管道可以布置在一层和二层之间，管道不应埋地。电解槽内衬 FRP，为玻璃钢材质，应具备防腐防渗的效果，使用寿命一般要求在 20 年以上。

⑥对于厂址区范围内的断裂发育区，应采取针对性的预防及治理措施，包括使重点污染源避开断裂发育区以及对断裂发育区进行灌浆充填及防渗等措施，避免其成为地下水污染通道。

8.5　结论及建议

①本区为长江高漫滩、长江冲积平原（Ⅰ级、Ⅱ级阶地）、滨湖平原地带，地形相对平坦；地下水类型主要为第四系松散岩类孔隙水和三叠系灰岩裂隙溶洞水；岩溶发育程度为中—强；地下水与地表水联系密切，地下水主要接受西部灰岩裸露区的岩溶水侧向补给，总体上由西向东径流并排泄入长江、湖泊等地表水，而丰水期地表水水位高时，也对区域地下水形成一定程度的反补给。

②应用建立的数值模型进行包气带和饱水带的溶质运移预测，结果表明：

废水处理站调节池的废水泄漏后，污染物受到了包气带的阻滞，首先在包气带中迁移扩散，在 100 天后废水穿透包气带、进入岩溶含水层，并形成明显污染晕。采取措施停止泄漏后，残留在包气带中的废水继续扩散；在水平方向上，废水在包气带中继续扩散，但基本维持在污染源附近，在 30 年左右的模拟期内，包气带污染晕的扩散半径在 40 m 以内，范围维持在废水处理站场地之内；在垂直方向上，由于在 330 天时泄漏已停止及包气带的阻滞作用，一部分污染物滞留于粉质黏土层中，一部分泄漏到岩溶含水层中。而污染物在岩溶含水层中的污染范围先变大、后变小，最远距离小于 140 m，即维持在废水处理站和阳极铜堆场的场地之内，且随着岩溶水的稀释作用，岩溶含水层中的污染晕将渐渐消失。因此，废水泄漏对厂址区周围及下游地下水环境不会产生明显不利影响。

可见，由于厂址区上覆第四系粉质黏土层的相对隔水作用，废水泄漏得到了有效的阻滞。

③建设单位在加强管理、提高环保意识并严格执行分区防渗、监测管理、制定应急预

案之外，要采取有针对性的防止岩溶塌陷的措施：

a. 利用岩溶发育程度分区，合理布置车间；

b. 针对岩溶发育处的重要构筑物所在地，采取打钢筋混凝土桩至基岩的措施；

c. 针对可能发生岩溶塌陷的地区，建立地表位移监测桩以进行监测；一旦发现地表发生位移，立即停产，将有废水的装置内的废水清除，并对发生地表位移的部分查找原因，若为岩溶塌陷引起，应采取针对性措施对场地进行治理；

d. 在有条件的情况下，建议厂址尽量避开岩溶发育区；如确实无法避开，应使厂址区内对地下水有污染风险的车间或设施避开岩溶发育区，尤其是废水收集池和固体废物贮存场等更应避开活动断层和溶洞区。

参考文献

[1] Havard P L, Prasher S O, Bonnell R B, et al. LINKFLOW, a water flow computer model for water table management: Part1. Model development[J]. Transactions of the ASAE, 1995, 38 (2): 481-488.

[2] Facchi A, Ortuani B, Maggi D, et al. Coupled SVAT-groundwater model for water resources simulation in irrigated alluvial plains[J]. Environmental Modelling & Software, 2003, 19 (11): 1053-1063.

[3] Niswonger R G, Prudic D E, Regan R S. Documentaion of the Unsaturated-Zone Flow (UZF1) Package for modeling unsaturated flow between the land surface and the water table with MODFLOW—2005[R]. US Geological Survey Techniques and Methods, 2006, 6-A19, 62.

[4] 程勤波, 陈喜, 赵玲玲, 等. 饱和与非饱和带土壤水动力耦合模拟及入渗试验[J]. 河海大学学报（自然科学版）, 2009, 5: 284-289.

[5] Twarakavi N K C, Šimůnek J, Sophia S. Evaluating interactions between groundwater and vadose zone using the HYDRUS—Based Flow Package for MODFLOW[J]. Vadose Zone Journal, 2008, 7 (2): 757-768.

[6] 胡丹. 基于集合卡尔曼滤波的区域饱和-非饱和水流模拟[D]. 武汉：武汉大学, 2018.

[7] Bergvall M, Grip H, Sjöström J, et al. Modeling subsurface transport in extensive glaciofluvial and littoral sediments to remediate a municipal drinking water aquifer[J]. Hydrology and Earth System Sciences, 2011, 15 (141): 2229-2244.

[8] 朱焱. 区域拟三维饱和-非饱和水流与溶质运移模型研究与应用[D]. 武汉：武汉大学, 2013.

水位等值线/m

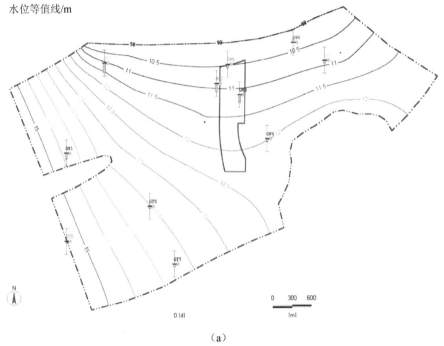

（a）

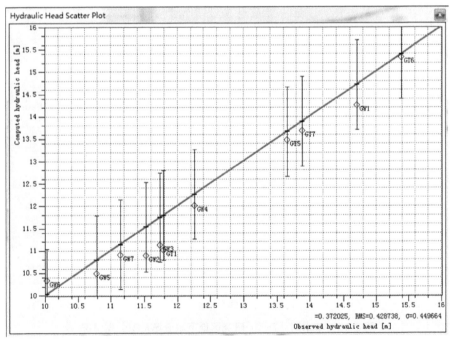

（b）

图 8-14　枯水期（2 月）研究区地下水初始流场及拟合点情况

水位等值线/m

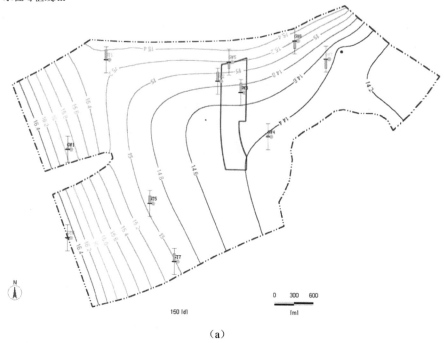

（a）

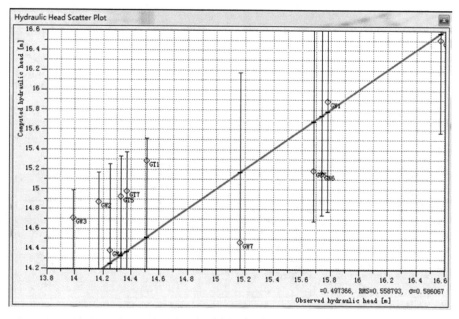

（b）

图 8-15　丰水期（7 月）研究区地下水流场及拟合点情况

水位等值线/m

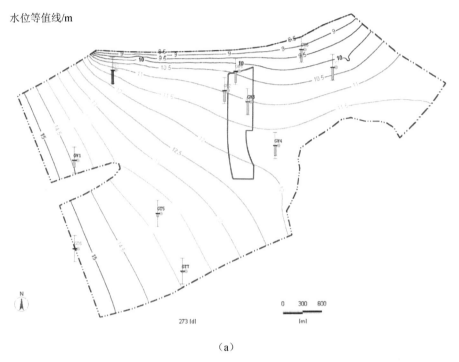

（a）

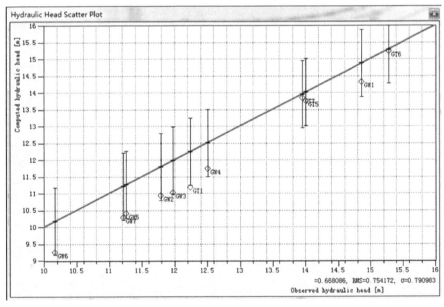

（b）

图 8-17　平水期（11 月）研究区地下水流场及拟合点情况

水位等值线/m

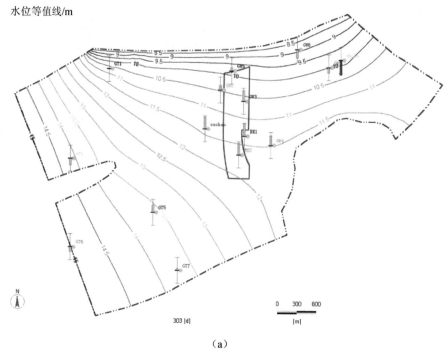

（a）

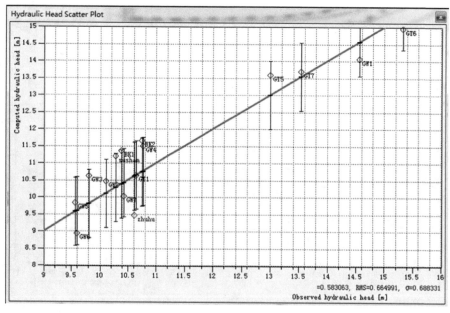

（b）

图 8-18　枯水期（12 月）研究区地下水流场及拟合点情况

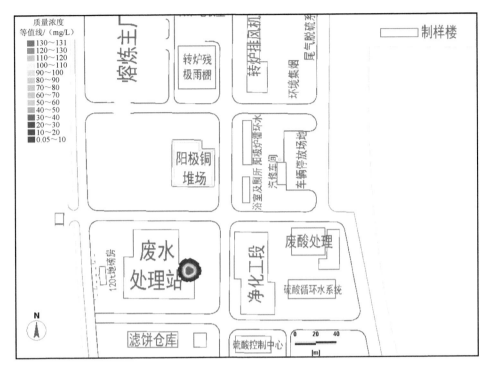

（a）As 在包气带中的扩散

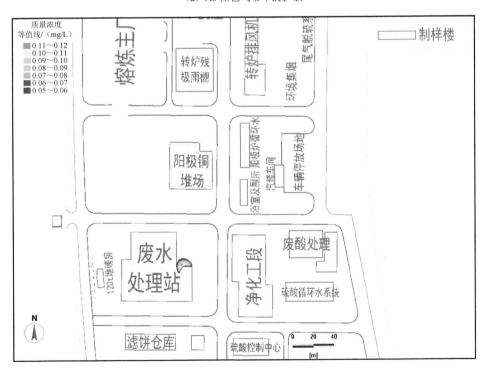

（b）As 在岩溶含水层中的扩散

图 8-20　防渗破裂时废水泄漏 100 天后 As 的扩散

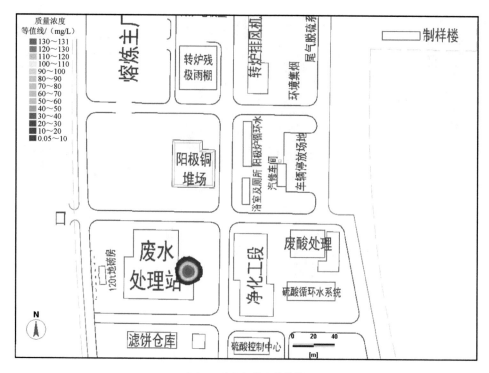

（a）As 在包气带中的扩散

（b）As 在岩溶含水层中的扩散

图 8-21　防渗破裂时废水泄漏 330 天后 As 的扩散

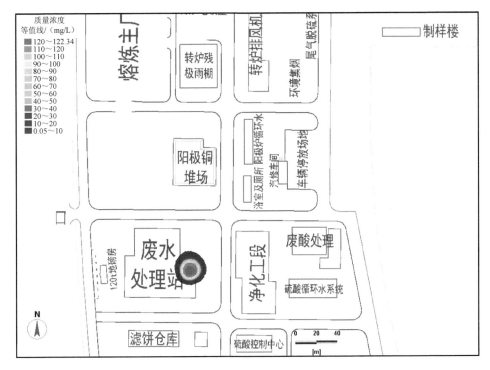

（a）As 在包气带中的扩散

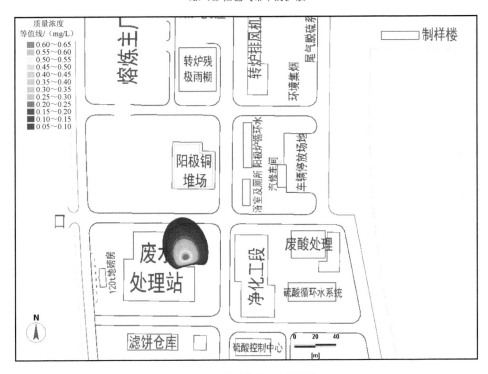

（b）As 在岩溶含水层中的扩散

图 8-22　停止泄漏 1 000 天后 As 在包气带和岩溶含水层中的扩散

（a）As 在包气带中的扩散

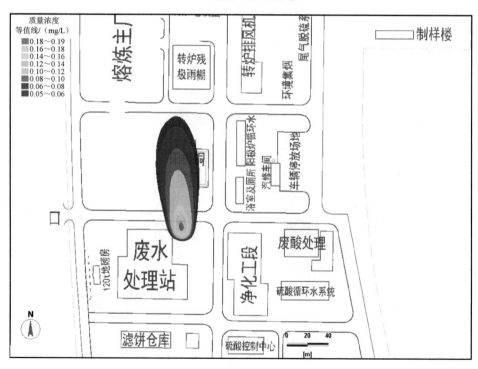

（b）As 在岩溶含水层中的扩散

图 8-23　停止泄漏 5 000 天后 As 在包气带和岩溶含水层中的扩散

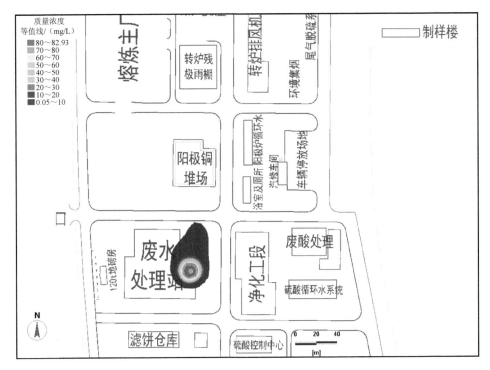

（a）As 在包气带中的扩散

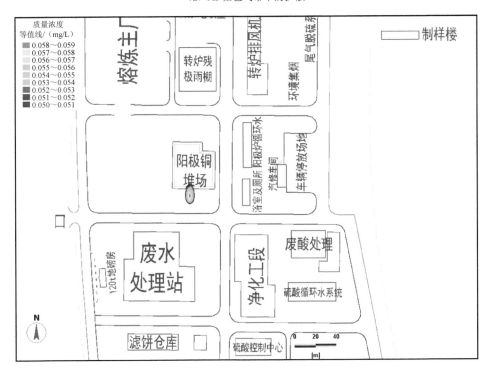

（b）As 在岩溶含水层中的扩散

图 8-24 停止泄漏 10 000 天后 As 在包气带和岩溶含水层中的扩散